Petr Korbel und Milan Novák

MINERALIEN-ENZYKLOPÄDIE

Petr Korbel und Milan Novák

MINERALIEN-ENZYKLOPÄDIE

DÖRFLER
NATUR

Verzeichnis der im Buch verwendeten Abkürzungen

F – Farbe
ST – Strichfarbe
G – Glanz
T – Transparenz
D – Dichte
H – Härte
SP – Spaltbarkeit
B – Bruch
M – Morphologie
LU – Lumineszenz
A – Anmerkung
X – Kristall
XX – Kristalle

Bei den Bildbeschreibungen ist immer die größere Seitenlänge angegeben.

Die Häufigkeit des Vorkommens:

● – sehr selten
●● – selten
●●● – eher selten
●●●● – häufig
●●●●● – weit verbreitet

Übertragung aus dem Holländischen: Werner Horwath
Umschlaggestaltung: Andreas Dorn

ISBN 3-89555-076-0

4 5 6 5 4

Inhalt

Einführung

Eine zunehmende Anzahl von Veröffentlichungen, die sich mit Mineralien befassen, steht in einem engen Zusammenhang mit einem wachsenden Interesse an der Natur. Die meisten dieser Publikationen beschäftigen sich entweder nur mit einigen Dutzend der am weitesten verbreiteten Mineralien oder Edelsteine. Dieses Buch soll eine Lücke zwischen diesen Publikationen füllen, da es auch wenig bekannte und sehr seltene Mineralien beinhaltet.

Die Autoren beschreiben mehr als 600 Mineralarten und -varietäten, die von über 750 Farbfotos begleitet werden. Der Grund für die Auswahl einzelner Mineralien war nicht nur ihr Vorkommen in der Natur und ihre wirtschaftliche Bedeutung, sondern es spielten auch die ästhetischen Gesichtspunkte (Kristallgröße, Farbe usw.) eine große Rolle. Deshalb sind in diesem Buch neben all den weithin bekannten auch einige sehr seltene Mineralien zu finden, die teilweise in der ganzen Welt nur an einem Ort auftreten – aber dennoch sehr attraktive Kristalle oder Aggregate bilden.

Die systematische Einteilung dieses Buches basiert auf dem mineralogischen System von Hugo Strunz, das er in seinen „Mineralogischen Tabellen" 1978 veröffentlichte. Die chemischen Formeln einzelner Mineralien entsprechen der Form, wie sie im „Glossary of Mineral Species 1995" von M. Fleischer und J. A. Mandarino aufgeführt sind. In beiden Fällen ist die Information von den neuesten Erkenntnissen aus der wissenschaftlichen Literatur ergänzt, wie bei der neuen Nomenklatur von Hornblenden, Glimmer und Zeolithen.

Die Beschreibung der Mineralien beinhaltet die grundlegenden physikalischen und chemischen Angaben, einschließlich der chemischen Formel und des Kristallsystems. Die Angaben entsprechen hauptsächlich den Endgliedern. In der chemischen Formel ist die weniger verbreitete Wertigkeit der chemischen Elemente aufgeführt (Fe^{3+}, Mn^{3+}, As^{3+}, Mn^{4+}, Pb^{4+}). Ist jedoch ein Element mit beiden Wertigkeiten im Mineral enthalten, sind beide aufgeführt (z. B. bei Ilvait).

Die Bildung einzelner Mineralien wird ausführlich behandelt. Doch da es sich hierbei meist um eine sehr komplexe Fragestellung handelt, die selten exakt geklärt werden kann, haben wir ein relativ einfaches Schema erarbeitet. Hierbei unterscheiden wir zwischen primärer Entstehung (wenn ein Mineral direkt durch Verfestigung von Magma, der Kristallisierung einer wässrigen Lösung oder durch Metamorphose – einer Umkristallisation in festem Zustand – gebildet wird) und sekundärer Entstehung (wenn ein Mineral aufgrund der Umwandlung des Ursprungsminerals, z. B. während der Oxidation oder Reduktion unter niedrigen Temperaturen und Drucken in Nähe der Erdoberfläche entsteht).

Primäre Mineralien werden in folgende Gruppen eingeteilt: 1. magmatisch, wenn ein Mineral direkt aus der Schmelze kristallisiert (dazu gehören magmatische und effusive Ergussgesteine, einschließlich granitische und alkalische Syenitpegmatite und Meteorite); 2. sedimentär, wenn ein Mineral während der Sedimentdiagenese oder unter normalen Temperaturbedingunen aus wässrigen Lösungen kristallisiert (klastische, organische und chemische Sedimentgesteine); 3. metamorph, wenn ein Mineral während der Metamorphose in festem Zustand kristallisiert (dazu gehören regional- und kontaktmetamorphe Gesteine sowie Skarn); 4. hydrothermal, wenn Mineralien unter hohen bis niedrigen Temperaturen aus wässrigen Lösungen und Flüssigkeiten kristallisieren (dazu gehören Erz- und alpinotype Gänge, Hohlräume in Vulkangesteinen, Mineralien und Gesteine, die unter hoher Temperatur hydrothermal umgewandelt werden, z. B. Greisen).

Sekundäre Mineralien werden in folgende Gruppen unterteilt: 1. Oxidation, wenn Mineralien durch Oxidation (Verwitterung) primärer Mineralien in der Oxidationszone von Erzlagerstätten und anderer Gesteine entstehen (das umfasst auch die Bildung von Malachit und Azurit bei der Oxidation von Kupferkies; ebenso die Bildung sekundärer Phosphate in granitischen Pegmatiten bei der Oxidation primärer Phosphate); 2. Zementation, wenn Mineralien durch die Verdrängung primärer Mineralien entstehen (die Bildung von Gediegen Kupfer und Gediegen Silber durch Verdrängung in der Zementationszone von Erzlagerstätten).

Diese Klassifizierung ist natürlich sehr vereinfacht, da in vielen Fällen die genaue Bildung eines bestimmten Minerals nicht leicht bestimmbar ist. Das bezieht sich auf Mineralien, die unter solchen Bedingungen kristallisieren, die im Gunde einen Übergang zwischen einzelnen Bildungsphasen darstellen: Dies ist z. B. der Fall bei der magmatischen oder hydrothermalen Entstehung von Elbait in Pegmatithohlräumen; der metamorphen oder hydrothermalen Entstehung von Grossular im Skarn; der magmatischen oder metamorphen Entstehung von Cordierit in Migmatiten; der hydrothermalen oder sekundären Entstehung so mancher Phosphate in granitischen Pegmatiten usw.

Was die Fundorte der einzelnen Mineralien betrifft, so haben wir versucht, die weltweit wichtigsten Fundorte aufzuzählen, auch wenn sie in jüngerer Zeit keine Mineralien mehr hervorbrachten. Genauso werden Fundorte erwähnt, die erst vor kurzem entdeckt wurden, aber dennoch bereits an Bedeutung gewonnen haben. Am Schluss einer Mineralbeschreibung wird noch auf die Verwendung des Minerals hingewiesen, sofern diese von Belang ist.

Wir möchten uns bei all jenen bedanken, die zur Entstehung dieses Buches beigetragen haben, vor allem bei den privaten Sammlern und den Instituten, die uns ihre Exemplare zum Fotografieren überließen.

Das Buch ist Herrn Dr. Jaroslav Švenek gewidmet, der mit seiner Begeisterung für die Mineralogie und mit seiner Lebenseinstellung mehrere Generationen der tschechischen und slowakischen Mineralogen und Mineraliensammler auf außergewöhnliche Weise inspirieren konnte.

links: Markasit, Misburg, Deutschland

1. Elemente

Kupfer

Cu

KUBISCH ● ● ● ● ●

Kupfer 42 mm, Cornwall, Großbritannien

Eigenschaften: F – blass rosarot bis kupferrot, läuft an der Luft grün bis schwarz an; ST – rot; G – metallisch; T – undurchsichtig; D – 8,9; H – 2,5–3; SP – keine; B – hakig; M – kubische Kristalle und ihre Kombinationen, dendritische Aggregate, plattig, drahtförmig, massig.

Bildung und Fundorte: Primäres Kupfer kommt meist in basischen Magmatiten vor und ist häufig auch in Oxidationszonen anzutreffen. Begleitmineralien sind Cuprit, Malachit, Azurit, Silber, Kupferglanz, Bornit u. a. Mineralien. Die wichtigsten Fundorte von primärem Kupfer befinden sich auf der Keweenaw-Halbinsel im Oberen See, Michigan, USA. Besonders häufig sind Calcitkristalle mit Kupfereinschlüssen. Prächtige Exemplare von sekundären Kupferkristallen entstammen vielen Fundorten wie Tsumeb, Namibia und Chessy, Frankreich. Bis zu 14 cm lange Kristalle wurden in der Ray Mine und in Bisbee, Arizona, USA entdeckt. Sehr schöne, bis zu 5 cm große Zwillinge nach dem Spinell-Gesetz sowie dendritische Aggregate wurden in Mednorudnyansk, Ural, Russische Föderation gefunden; neuere Fundstücke sind bis zu 3 cm große Kristalle aus Dzhezkazgan, Kasachstan. Schöne Exemplare von Kupfer in Begleitung von Cuprit, Azurit und Malachit stammen aus Rudabánya, Ungarn.

Verwendung: Elektronik, Elektroindustrie, Legierungen.

links: Silber 52 mm, Freiberg, Deutschland
Kupfer 120 mm, Keweenaw, USA

Silber

Ag

KUBISCH ● ● ●

Eigenschaften: F – silberweiß, läuft grün bis schwarz an; ST – silberweiß; G – metallisch; T – undurchsichtig; D – 10,5; H – 2,5–3; SP – keine; B – hakig; M – kubische Kristalle, dendritische Aggregate, Drähte, Bleche, massig.
Bildung und Fundorte: Hydrothermal auf Erzgängen und auch in Zementationszonen mit den Begleitmineralien Akanthit, Stephanit, Proustit, Pyrargyrit, Kupfer und vielen anderen Mineralien. Die besten Exemplare von kristallisiertem und drahtförmigem Silber stammen aus Kongsberg, Norwegen, wo bis zu 40 cm lange Drähte und bis zu 4 cm große Kristalle gefunden wurden. Schöne, über 10 cm lange Exemplare von Drahtsilber kennt man aus Freiberg, Schneeberg and St. Andreasberg, Deutschland. Auch in Příbram und Jáchymov, Tschechien wurden mehrere cm lange Drähte entdeckt. Dendritische Aggregate aus Batopilas, Chihuahua, Mexiko sind bis zu 15 cm groß. Mit Kupfer verwachsene Kristalle und Aggregate von Silber wurden bislang nur in den Basaltgängen auf der Keweenaw-Halbinsel im Oberen See, Michigan, USA gefunden. Bis zu 10 cm lange Drähte kommen auch aus der San-Genaro-Mine in Huancavelica und aus Uchucchaqua, Peru. Jüngere Funde von bis zu 15 cm langen Silberdrähten stammen aus Dzhezkazgan, Kasachstan.
Verwendung: Fotografie, Schmuck, Elektrotechnik.

Silber 55 mm, Schwarzwald, Deutschland

Gold, 48 mm, El Dorado, California, USA

Gold 68 mm, Eagles Nest Mine, California, USA

Gold

Au

KUBISCH ● ●

Eigenschaften: F – goldgelb; ST – goldgelb; G – metallisch; T – undurchsichtig; D – 19,3; H – 2,5–3; SP – keine; B – hakig; M – oktaedrische und kubische Kristalle, skelettförmige und dendritische Aggregate, Bleche, Klumpen (Nuggets).
Bildung und Fundorte: Primär hydrothermal auf Erzgängen, auch in kontaktmetamorphen Lagerstätten und Pegmatiten; Seifengold tritt in sekundären Lagerstätten auf. Begleitmineralien sind Pyrit, Arsenkies, Quarz, Sylvanit, Calaverit, Krennerit und andere Mineralien. Schöne Goldblättchen und -kristalle stammen aus zahlreichen Fundorten in California, USA (Colorado Quartz Mine, Nigger Hill und andere). Feines Blattgold kommt aus Roșia Montana, Rumänien. Die besten Kristalle – bis zu 5 cm große, skelettförmige Oktaeder – wurden in den Geröllablagerungen nördlich der Gran Sabana, Venezuela, gefunden. Bis zu 11 cm lange Golddrähte sind seltene Fundstücke der Ground Hog Mine, Gilman, Colorado, USA. Die größten bekannten Schichten aus kristallisiertem Gold fand man in der Jamestown Mine, California, USA, wo am 26. 12. 1992 ein Hohlraum entdeckt wurde, der 49 kg goldener Bleche in sich barg. Das größte hatte Ausmaße von etwa 30 cm und enthielt rund 25,79 kg Gold. Typische Aggregate von Feingolddrähten stammen aus Farncomb Hill bei Breckenridge, Colorado, USA. Schöne Kristalle wurden auch in Berezovsk, Ural und am Mittellauf der Lena, Sibirien, Russische Föderation gefunden. Feine Blättchen und größere Nuggets aus Seifenlagerstätten fand man in Klondike, Alaska; Tuolumne County, California, USA und in Ballarat, Victoria, Australien. Filigrane dendritische Aggregate kennt man von Hope's Nose, Devon, England, GB. Ungewöhnliche Funde von bis zu 10 cm großen Blechen gab es in Křepice bei Vodňany, Tschechien.
Verwendung: Währungs- und Münzmetall, Schmuck, Elektronik und Medizin.

Quecksilber

Hg

TRIGONAL ● ●

Eigenschaften: F – zinnweiß; G – metallisch bis diamanten; T – undurchsichtig; D – 13,6; M – flüssig bei Temperaturen über –39 °C; A – sehr giftige Dämpfe.
Bildung und Fundorte: Hydrothermal in niedriggradigen Erzlagerstätten, auch in Verbindung mit Thermalquellen. Begleitmineralien sind Zinnober, Kalomel und andere Hg-Mineralien. Fundorte von Hg-

Quecksilber 30 mm, Socrates Mine, California, USA

Tröpfchen und flüssigen Höhlenfüllungen sind Almaden, Spanien; Idria und Avala, Serbien; New Almaden und New Idria, California, Terlingua, Texas, USA; Dědova hora, Tschechien und Rudňany, Slowakei.
Verwendung: Chemische Industrie, Messinstrumente, Metallurgie.

Landsbergit

$Ag_2 Hg_3$

KUBISCH ● ●

Eigenschaften: F – silberweiß; ST – silberweiß; G – metallisch; T – undurchsichtig; D – 13,5; H – 3,5; SP – gut; B – muschelig; M – dodekaedrische Kristalle und ihre Kombinationen, körnig, massig.
Bildung und Fundorte: Hydrothermal in niedriggradigen Lagerstätten, Begleitmineralien sind Zinnober, Tetraedrit, Pyrit und andere Mineralien. Mehrere mm lange Kristalle stammen aus Moschellandsberg, Deutschland. Weitere Fundorte sind Sala, Schweden; Les Chalanches, Frankreich und Březina, Tschechien.

Landsbergit 6 mm, körnig, Moschellandsberg, Deutschland

Blei

Pb

KUBISCH ● ●

Eigenschaften: F – grauweiß, läuft bleigrau an und wird glanzlos; ST – bleigrau; G – metallisch; T – undurchsichtig; D – 11,3; H – 1,5; SP – keine; M – oktaedrische und kubische Kristalle, massig.
Bildung und Fundorte: Hydrothermal, auch sedimentär (authigen), Begleitmineralien sind Willemit und andere Mineralien. Die besten Exemplare mit bis zu 4 cm großen Kristallen stammen aus Långban, weitere Kristalle auch aus Pajsberg, Schweden. Bis zu 1 cm große Oktaeder kennt man aus El Dorado, Gran Sabana, Venezuela. Weitere Fundorte sind Franklin, New Jersey, USA und Jalpa, Zacatecas, Mexiko.

Eisen

Fe

KUBISCH ● ●

Eigenschaften: F – stahlgrau bis schwarz; ST – grau; G – metallisch; T – undurchsichtig; D – 7,9; H – 4; SP – undeutlich; B – hakig; M – Kristalle, körnig, massig.
Bildung und Fundorte: Terrestrisches Eisen kommt hauptsächlich in basischen Gesteinen vor, ist aber auch aus Karbonatsedimenten und versteinerten Hölzern bekannt. Der bekannteste Fundort ist

Blei 53 mm, Långban, Schweden

Eisen 80 mm, Bühl, Deutschland

Blaafjeld bei Uivfaq auf der Insel Disko, Grönland, wo bis zu 20 t schwere Massen gefunden wurden. Über 10 kg schwere Klumpen fand man in Bühl bei Kassel, Deutschland. Eisenimprägnationen in Dolerit treten im Khuntukun-Massiv auf und bis zu 80 kg schwere Massen kennt man vom Berg Ozernaya, Sibirien, Russische Föderation.

Platin
Pt

KUBISCH ● ●

Eigenschaften: F – stahlgrau bis dunkelgrau; ST – stahlgrau bis silberweiß; G – metallisch; T – undurchsichtig; D – 21,5; H – 4–4,5; SP – keine; B – hakig; M – kubische Kristalle, Klumpen (Nuggets), Körner und Blättchen.
Bildung und Fundorte: Platin tritt in magmatischen Gesteinen, zusammen mit Chromit, Olivin und Magnetit in ultrabasischen Gesteinen auf; sekundär in Seifen. Die besten, bis zu 1,5 cm großen Kristalle stammen aus Konder in der Region Khabarovsk, kleine Kristalle, aber zumeist Nuggets mit bis zu 11,5 kg, wurden im Einzugsgebiet der Tura bei Turiinsk, Ural gefunden. Primäres Platin stammt aus Lagerstätten in der Umgebung von Nizhniy Tagil, Ural, Russische Föderation; aus der Onverwacht-Mine, Bushveld, Südafrika und aus Sudbury, Ontario, Kanada. Schöne kleinere Nuggets mit bis zu 75 g fand man in den Flussablagerungen des Trinity River in California, USA und den Ablagerungen des Chocó in Kolumbien.
Verwendung: Chemische Industrie, Katalysatoren, Raumfahrtindustrie.

Platin 8 mm, Kondor, Russische Föderation

Arsen 45 mm, Alden Island, Kanada

Antimon 37 mm, New Brunswick, Kanada

Arsen
As

TRIGONAL ● ● ●

Eigenschaften: F – zinnweiß, läuft schnell schwarz an; ST – schwarz; G – metallisch; T – undurchsichtig; D – 5,8; H – 3,5; SP – vollkommen; B – uneben; M – rhomboedrische Kristalle, traubige Aggregate, körnig, massig.
Bildung und Fundorte: Hauptsächlich hydrothermal, zusammen mit anderen As-Mineralien. Es bildet bis zu 20 cm mächtige Gänge, mit traubiger Oberfläche in Jáchymov, Tschechien und in Freiberg, Deutschland. In Akatani, Japan wurden kugelige, aus kleinen Kristallen bestehende Aggregate gefunden. Solche Vorkommen gibt es auch in Săcărîmb, Rumänien. Traubige Aggregate von Arsen mit Goldblättchen fand man in der Royal Oak Mine, Coromandel, Neuseeland. Kristalle metamorphen Ursprungs stammen aus Sterling Hill, New Jersey, USA.

Stibarsen 58 mm, Atlin, Kanada

Stibarsen
SbAs

TRIGONAL ● ● ●

Eigenschaften: F – zinnweiß bis grau, läuft schwarz an; ST – grau; G – metallisch, teilweise matt; T – undurchsichtig; D – 6,3; H – 3–4; SP – vollkommen; M – undeutliche Kristalle, traubige Aggregate.
Bildung und Fundorte: In Pegmatiten mit Antimon, Stibiotantalit und Mikrolith; hydrothermal auf Erzgängen mit Pyrargyrit, Proustit, Pyrostilpnit und Dyskrasit. Schöne, bis zu 10 cm große traubige Aggregate von Stibarsen (früher als Allemonit bekannt) kommen aus Příbram and Třebsko, Tschechien. Bis zu 8 cm große traubige Aggregate und unvollkommene Kristalle fand man in Quarzgängen in Atlin, British Columbia, Kanada. Schöne Exemplare traten auch in einem Li-haltigen Pegmatit bei Varuträsk, Schweden auf.

Antimon
Sb

TRIGONAL ● ● ●

Eigenschaften: F – zinnweiß; ST – grau; G – metallisch; T – undurchsichtig; D – 6,7; H – 3–3,5; SP – vollkommen; B – uneben; M – rhomboedrische Kristalle, traubige Aggregate, massig.
Bildung und Fundorte: Hydrothermal auf Erzgängen mit Silber, Stibnit, Stibarsen, Sphalerit und anderen Mineralien; auch in Pegmatiten. Als kleine Gänge in Pegmatit in Varuträsk, Schweden. Spaltbare Plättchen, bis zu 5 cm groß, sind aus Törnäva, Finnland bekannt. Bis zu 20 cm große massige Aggregate stammen aus Příbram, Tschechien. Vorkommen rhom-

boedrischer Kristalle mit einem Durchmesser bis zu 1 cm und von Akkumulationen mit einer Größe bis zu 30 cm wurden am Lake George, New Brunswick, Kanada entdeckt.

Wismut
Bi

TRIGONAL ● ● ●

Eigenschaften: F – silberweiß, läuft rötlich an; ST – bleigrau; G – metallisch; T – undurchsichtig; D – 9,8; H – 2–2,5; SP – vollkommen; M – rhomboedrische Kristalle, körnig, massig.
Bildung und Fundorte: Vorkommen in Pegmatiten und Greisen, hydrothermal auf Erzgängen zusammen mit Chalkopyrit, Arsenopyrit, Löllingit, Nickelin, Breithauptit und vielen anderen Mineralien. Typisch in Pegmatiten in Anjanabonoina, Madagaskar. Sehr schöne, bis zu 2 cm große Kristalle kommen aus Schlema und Hartenstein, Deutschland. Skelettförmige Aggregate mit aufgewachsenen Arseniden fand man in Jáchymov, Tschechien. Mehrere kg schwere Massen wurden in Bolivien (Tasna, Velaque) und Australien (Kingsgate, New South Wales) gefunden. Bis zu 12 cm große spaltbare Massen sind aus Cobalt und Gowganda, Ontario, Kanada bekannt.
Verwendung: Legierungen.

Arsenolamprit
As

ORTHORHOMBISCH ●

Eigenschaften: F – grauweiß, gewöhnlich schwarz angelaufen; ST – schwarz, G – metallisch bis diamanten; T – undurchsichtig; D – 5,6; H – 2; SP – vollkommen; M – nadelförmige Kristalle, tafelige und fächerförmige Aggregate, massig.
Bildung und Fundorte: Hydrothermal auf Erzgängen in Verbindung mit Arsen, Wismut, Silber und anderen Mineralien. Kristalle und kleine Gänge wurden zusammen mit Cu-Arseniden in Černý důl, Tschechien gefunden. Es kommt außerdem in Jáchymov, Tschechien und Marienberg, Deutschland vor und wurde neuerdings auch in Cavnic, Rumänien entdeckt.

Arsenolamprit 70 mm, Jáchymov, Tschechien

Graphit
C

HEXAGONAL ● ● ● ● ●

Eigenschaften: F – schwarz bis stahlgrau; ST – schwarz bis stahlgrau; G – metallisch, matt, erdig; T – undurchsichtig; D – 2,3; H – 1–2; SP – vollkommen; M – hexagonale, tafelige Kristalle, massig.
Bildung und Fundorte: Metamorph, Ergebnis der Umwandlung von C-haltigen Sedimenten; auch primär magmatisch. Es tritt mit vielen verschiedenen Mineralien auf, unter anderem Granat, Spinell und Calcit. Mehrere cm große Kristalle sind aus Nordre Stromfjord, Grönland bekannt. Außerdem wurden Kristalle in Sterling Hill, New Jersey und Crestmore, California, USA gefunden. Vorkommen blättriger Aggregate in Sri Lanka (Radegara, Region Galle). Akkumulationen in Buckingham und Grenville, Québec, Kanada sind für die Industrie von Bedeutung. Weite Verbreitung auch in Shunga, Karelien, Russische Föderation; in Český Krumlov, Netolice und Bli ná, Tschechien.
Verwendung: Metallurgie, Elektroindustrie, Produktion von Schmiermitteln.

Wismut 20 mm, Cinovec, Tschechien

Graphit 130 mm, Kričim, Bulgarien

Diamant

C

KUBISCH ● ●

Varietäten: Bort (undurchsichtige Industriediamanten), Ballas (dunkle, kugelig-radialstrahlige Aggregate), Carbonado (braun-schwarze bis schwarze, massige, oft koksartige und bis eigroße Aggregate).
Eigenschaften: F – farblos, gelb, braun, weiß, rosa, schwarz, rot, blau, grün; ST – weiß; G – diamanten; T – durchsichtig bis durchscheinend; D – 3,5; H – 10; SP – vollkommen; B – muschelig; M – oktaedrische und kubische Kristalle; LU – manchmal fluoreszent, manchmal phosphoreszent.
Bildung und Fundorte: Primäre magmatische Vorkommen sind auf Kimberlitschlote begrenzt, sekundäre Vorkommen in Sand- oder Geröllablagerungen als Seife. Große primäre Lagerstätten befinden sich in Südafrika (Premier Mine, Kimberley) und Jakutien, Russische Föderation. Primäre und sekundäre Vorkommen gibt es in den Lamproitschloten und Seifenlagerstätten in der Nähe von Argyle, Western Australia, Australien. Die meisten historischen Diamanten aus Indien (Golconda), Brasilien (Diamantina, Minas Gerais), Kongo, Angola und Namibia wurden in Seifenlagerstätten gefunden. Die Förderung von Industriediamanten übertrifft bei weitem die der Schmuckdiamanten. Der größte Schmuckdiamant, Cullinan genannt, wog 3106 Karat und wurde in der Premier Mine in Kimberley, Südafrika gefunden. Aus ihm wurden 104 Steine geschliffen, von denen der größte 531 Karat wiegt. Der größte bekannte geschliffene Diamant, Golden Jubilee genannt, wurde 1986 am selben Ort gefunden. Vor dem Schliff wog er 755 Karat und hat als geschliffener Stein ein Gewicht von 545,65 Karat. Der dunkelblaue Hope (44 Karat) und der grüne Dresden (76 Karat) stammen vermutlich aus Indien. Der einmalige rote Diamant mit 5 Karat, der sich am Smithsonian Institut, Washington, D.C., USA befindet, ist unbekannter Herkunft.
Verwendung: Beliebtester Edelstein; die Varietäten Bort und Carbonado finden als Schleif- und Poliermittel Verwendung.

Schwefel

S

ORTHORHOMBISCH ● ● ● ●

Eigenschaften: F – schwefelgelb, bräunlich gelb, grünlich, rötlich bis gelblich grau; ST – weiß; G – harzig bis fett; T – durchsichtig bis durchscheinend; D – 2,1; H – 1,5–2,5; SP – undeutlich; B – muschelig bis uneben; M – bipyramidale, bisphenoidische und dicktafelige Kristalle, traubige und stalaktitische Aggregate.
Bildung und Fundorte: Hydrothermales Produkt von Fumarolen, Produkt der Tätigkeit von Mikroorganismen, Zersetzung von Sulfiden und sauren chemischen Reaktionen; Begleitmineralien sind Gipsspat, Anhydritspat, Aragonit, Calcit, Coelestin und

Diamant x 15 mm, Mirnyj, Russische Föderation

Schwefel 66 mm, Sizilien, Italien

Halit. Die wohl besten Kristalle der Welt kommen aus der Gegend von Girgenti, Sizilien, Italien (Caltanisseta, Cianciana), wo bis zu 12 cm große Kristalle gefunden wurden. Schöne Kristalle sind auch aus Tarnobrzeg, Polen und Yavokskoye, Ukraine bekannt. Als Produkt von Solfataren tritt Schwefel an vielen vulkanisch aktiven Orten auf, z. B. an den Solfataren bei Pozzuoli, Italien oder in der Schwefellava bei Shiretoku, Japan. Bis zu 30 m dicke Schwefelschichten in Verbindung mit Salzstöcken sind bei Charles Lake, Louisiana, USA anzutreffen. In Rio Tinto, Spanien und Kostajnik, Serbien bildet sich Schwefel durch intensive Oxidation/Reduktion von Pyrit.
Verwendung: Chemische Industrie, Zellstoffindustrie, Vulkanisieren von Kautschuk, Landwirtschaft.

Selen 110 mm, Kladno, Tschechien

Selen

Se

TRIGONAL ● ●

Eigenschaften: F – grau bis rotgrau; ST – rot; G – metallisch, T – undurchsichtig bis durchscheinend; D – 4,8; H – 2; SP – gut; M – nadelförmige Kristalle, Tröpfchen mit glasartiger Oberfläche, verfilzte Aggregate.
Bildung und Fundorte: Sekundär, Entstehung durch Metamorphose, an Fumarolen und als Produkt auf brennenden Kohlenhalden, zusammen mit Schwefel, Salmiak und einigen Sulfaten. Auch als Oxidationsprodukt organischer Verbindungen mit Se in U- und V-haltigen Lagerstätten des Colorado-Plateau-Typs, zusammen mit Pyrit, Zippeit und anderen Mineralien. Rote, bis zu 2 cm lange Nadeln stammen aus der United Verde Mine, Jerome, Arizona, USA. Schwarze Selen-Nadeln kennt man aus brennenden Kohlenhalden in Kladno und Radvanice, Tschechien. Zusammen mit U- und V-Erzen tritt es entlang der Spalten im Sandstein der Peanut Mine, Bull Canyon, Colorado, USA auf. Weiterhin kommt es als Produkt vulkanischer Aktivität auf Vulcano, Liparische Inseln, Italien vor.

Tellur

Te

TRIGONAL ● ●

Eigenschaften: F – zinnweiß; ST – grau; G – metallisch; T – undurchsichtig; D – 6,2; H – 2–2,5; SP – vollkommen; M – prismatische und nadelförmige Kristalle, körnig, massig.
Bildung und Fundorte: Primär hydrothermal in niedriggradigen Erzlagerstätten; es entsteht auch sekundär durch die Oxidation/Reduktion von Telluriden. Begleitmineralien sind Gold, Sylvanit, Altait, Pyrit und andere Mineralien. Bis zu 3 cm lange Kristalle kennt man aus Balya, Türkei. Bis zu 2 cm lange Kristalle wurden in den Au-Lagerstätten Cripple Creek und Colorado City, Colorado, USA gefunden. Kristalle mit einem Durchmesser bis 1 cm kommen aus Kawazu und Suzuki, Japan. Reichhaltige Massen und bis zu 7 cm lange Kristalle fand man in Kochbulak, Usbekistan. Kristallisiertes Tellur ist auch aus Faţa Baii und Baia de Arieş, Rumänien bekannt.

Tellur xx 1 mm, Zlatna, Rumänien

2. Sulfide

Algodonit

Cu_6As

HEXAGONAL ● ●

Eigenschaften: F – stahlgrau bis silberweiß, an der Luft läuft es rasch braun an; ST – grau; G – metallisch; T – undurchsichtig; D – 8,7; H – 4; SP – keine; B – muschelig; M – Kristalle, körnig, massig.
Bildung und Fundorte: Hydrothermal, meist eng verwachsen mit anderen Cu-Arseniden. Die größten Akkumulationen kennt man aus Cu-Lagerstätten in Melaphyren auf der Keweenaw-Halbinsel im Oberen See, Michigan, USA. Es kommt auch in Chile vor (Algodones-Mine bei Coquimbo, Atacama). Weitere Fundorte sind Talmessi, Iran und Långban, Schweden.

Domeykit

Cu_3As

KUBISCH ● ● ●

Eigenschaften: F – zinnweiß bis stahlgrau, läuft gelb an und entwickelt einen braunen Überzug; ST – grau; G – metallisch; T – undurchsichtig; D – 7,9; H – 3–3,5; SP – keine; B – uneben; M – traubige Aggregate, massig.
Bildung und Fundorte: Hydrothermal mit Kupfer, Cuprit, Algodonit und Silber. Vorkommen meist in mehreren kg schweren Massen zusammen mit Algodonit auf der Keweenaw-Halbinsel, Michigan, USA. Die größten bekannten Akkumulationen stammen aus Talmessi und Anarak, Iran. Weitere Vorkommen bei Copiapó und Chañarcillo, Chile. Massige, bis zu 5 cm große Aggregate in Cuprit kommen aus Bělovеs, Tschechien.

links: Sphalerit 56 mm, Picos de Europa, Spanien
Algodonit 60 mm, Keweenaw, USA

Domeykit x 3 mm, Rudabánya, Ungarn

Allargentum

$Ag_{1-x}Sb_x$

HEXAGONAL ●

Eigenschaften: F – silberweiß; ST – grau; G – metallisch; T – undurchsichtig; D – 10,1; H – unbestimmt; SP – keine; M – kleine Kristalle, körnig.
Bildung und Fundorte: Hydrothermal auf silberhaltigen Erzgängen, mit den Begleitmineralien Silber, Breithauptit und Dyskrasit. Bis zu 1 mm Kristalle sind aus Hartenstein, Deutschland bekannt. Verwachsungen mit Silbererz wurden in Cobalt, Ontario, Kanada gefunden. Weitere Vorkommen in Broken Hill, New South Wales, Australien und mikroskopisch im Rejská-Gang in Kutná Hora, Tschechien.

Allargentum 50 mm, Schlema, Deutschland

Dyskrasit
Ag_3Sb

ORTHORHOMBISCH ● ●

Eigenschaften: F – silberweiß, läuft gelbbraun bis schwarz an; ST – silberweiß; G – metallisch; T – undurchsichtig; D – 9,7; H – 3,5-4; SP – gut; B – uneben; M – pyramidale und prismatische Kristalle, körnig, massig.
Bildung und Fundorte: Hydrothermal auf Erzgängen, in Begleitung von Silber, Stibarsen, Pyrargyrit, Calcit und anderen Mineralien. Die besten Exemplare stammen aus den silberhaltigen Gängen, die die U-Lagerstätte Háje bei Příbram, Tschechien kreuzt, wo bis zu 5 cm lange prismatische Kristalle und längs gestreifte, tafelige Zwillinge gefunden wurden. Sie sind meist in Stibarsen eingelagert; alle Exemplare, die in Ausstellungen zu sehen sind, wurden aus dem Ganggestein herausgeätzt. Deformierte Kristalle mit völlig anderem Habitus kennt man aus St. Andreasberg, Deutschland. Kristalle traten auch in der Consols Mine in Broken Hill, New South Wales, Australien zutage.

Kupferglanz
Cu_2S

MONOKLIN ● ● ● ●

Eigenschaften: F – bleigrau bis schwarz; ST – bleigrau bis schwarz; G – metallisch; T – undurchsichtig; D – 5,8; H – 2,5–3; SP – undeutlich; B – muschelig; M – prismatische bis tafelige Kristalle, körnig, massig.
Bildung und Fundorte: Hydrothermal, auch sedimentär und metamorph, meist jedoch sekundär in Oxidations- und Zementationszonen von Erzlagerstätten. Begleitmineralien sind Pyrit, Kupferkies, Covellin, Bornit und andere Mineralien. Bis zu 25 cm große Kristalle wurden in der M'Sesa-Mine, Dem. Rep. Kongo gefunden. Schöne Kristalle mit mehreren cm Durchmesser stammen aus Redruth und St. Just, Cornwall, England, GB. Kristalle mit über 2 cm Durchmesser traten in Bristol, Connecticut und in Butte, Montana auf. Kristalle mit einer Größe bis zu 5 cm kennt man aus der Flambeau Mine bei Ladysmith, Wisconsin, USA. Bis zu 2 cm große zyklische Kristallzwillinge wurden in Dzhezkazgan, Kasachstan gefunden. Massige Aggregate spielen als Cu-Erz eine bedeutende Rolle in Rio Tinto, Spanien; Bor, Serbien; Bisbee, Arizona, USA und Tsumeb, Namibia.
Verwendung: Bedeutendes Cu-Erz.

Djurleit
$Cu_{31}S_{16}$

MONOKLIN ● ● ●

Eigenschaften: F – bleigrau bis schwarz; ST – bleigrau; G – metallisch; T – undurchsichtig; D – 5,8; H – 2,5–3; SP – keine; B – muschelig; M – kurze prismatische bis tafelige Kristalle, körnig, massig.

Dyskrasit 75 mm, Příbram, Tschechien

Kupferglanz x 17 mm, Cornwall, Großbritannien

Bildung und Fundorte: Sekundär als ein Produkt der Zementationszone in Erzlagerstätten. Kristalle mit bis zu 1 cm Durchmesser stammen aus der Botallack Mine bei St. Just, Cornwall, England, GB. Aggregate aus dicken, bis zu 3 cm langen, nadelförmigen Kristallen wurden in Dzhezkazgan, Kasachstan gefunden. Massig tritt es in vielen Porphyrkupferlagerstätten auf (Butte, Montana; Bisbee, Arizona, USA), außerdem in Tsumeb, Namibia zusammen mit Kupferkies, Pyrit und anderen Mineralien.

Djurleit xx 3 mm, Dzhezkazgan, Kasachstan

Berzelianit

Cu_2Se

KUBISCH ● ● ●

Eigenschaften: F – silberweiß, läuft schwarz an; ST – silberglänzend; G – metallisch; T – undurchsichtig; D – 7,3; H – 2,5; SP – keine; B – uneben; M – körnig, massig.

Bildung und Fundorte: Hydrothermal zusammen mit anderen Seleniden in U-, Fe- und Au-Lagerstätten. Es ist das Hauptmineral der Selenid-Mineralisierung in Tilkerode, Deutschland. Körner mit einem Durchmesser bis zu mehreren dutzend cm und einem grünlichen Überzug wurden gemeinsam mit anderen Seleniden in Bukov, Habří, Petrovice und Předbořice, Tschechien gefunden. Ähnliche Vorkommen kennt man aus der Nähe von Pinky Fault am Athabascasee, Saskatchewan, Kanada.

Berzelianit 60 mm, Bukov, Tschechien

Bornit x 15 mm, Dzhezkazgan, Kasachstan

Bornit

Cu_5FeS_4

ORTHORHOMBISCH ● ● ● ●

Eigenschaften: F – kupferrot, läuft buntfarbig an; ST – grauschwarz; G – metallisch; T – undurchsichtig; D – 5,1; H – 3–3,5; SP – undeutlich; B – uneben bis muschelig; M – pseudokubische, oktaedrische Kristalle, massig.
Bildung und Fundorte: Magmatisch, hydrothermal, sedimentär, in Skarn und Pegmatiten zusammen mit Kupferglanz, Kupferkies, Pyrit, Quarz und anderen Mineralien. Kristalle mit einem Durchmesser bis zu 1 cm stammen aus Carn Brea, Cornwall, England, GB. Bis zu 3 cm große Kristalle kommen aus Likasi, Shaba, Dem. Rep. Kongo. Schöne Kristalle mit bis zu 4 cm Durchmesser wurden vor kurzem zusammen mit Kupferglanz in Dzhezkazgan, Kasachstan gefunden. Massige Aggregate werden als Cu-Erz in Kipushi, Shaba, Dem. Rep. Kongo gewonnen. Feinkörniges, sedimentäres Bornit tritt im Cu-haltigen Tonschiefer in Mansfeld, Deutschland zutage, wo es die bedeutendste Erzschicht bildet. Bis zu 2 cm große Kristalle kommen im Cole-Schacht vor und mehrere tausend Tonnen schwere Massen wurden im Campbell-Schacht, Bisbee, Arizona, USA abgebaut.
Verwendung: Cu-Erz.

Bornit xx 3 mm, Dzhezkazgan, Kasachstan

Umangit

Cu_3Se_2

TETRAGONAL ● ● ●

Eigenschaften: F – blauschwarz mit rötlichem Anflug, läuft rosa an; ST – schwarz; G – metallisch; T – undurchsichtig; D – 6,6; H – 3; SP – undeutlich; B – uneben bis muschelig; M – körnig, massig.
Bildung und Fundorte: Hydrothermal auf Erzgängen zusammen mit anderen Seleniden (Clausthalit, Berzelianit). In Verbindung mit Berzelianit wurde es in Tilkerode, Deutschland; Sierra de Umango, Argentinien und Slavkovice, Tschechien gefunden. Größere Akkumulationen traten in der Martin Lake Mine am Athabascasee, Saskatchewan, Kanada zutage.

Akanthit
Ag_2S

MONOKLIN ● ● ●

Eigenschaften: F – schwarz; ST – schwarz; G – metallisch; T – undurchsichtig; D – 7,2; H – 2–2,5; SP – keine; B – uneben; M – pseudokubische Kristalle, massig. Es tritt meist paramorph nach Argentit auf (hochgradige Phase derselben Komponenten).
Bildung und Fundorte: Hydrothermal auf Erzgängen. Schöne Kristalle mit über 5 cm Länge fand man in der Grube Himmelsfürst, Freiberg, in Annaberg und in Schneeberg, Deutschland. Nadelförmige Kristalle sind aus Jáchymov, Tschechien bekannt. Zusammen mit Silber, Proustit, Pyrargyrit, Polybasit, Stephanit, Bleiglanz und anderen Begleitmineralien kommt es häufig in Mexiko vor. Die vermutlich besten paramorphen Exemplare nach Argentit mit einem Durchmesser bis zu 7 cm stammen aus der Rayas-Mine, Guanajuato. Schöne Kristalle treten auch in der Las-Chispas-Mine, Arizpe, Sonora und an vielen anderen Fundorten in Zacatecas, Chihuahua auf.
Verwendung: Bedeutendes Ag-Erz.

Akanthit 23 mm, Arizpe, Mexiko

Argentit
Ag_2S

KUBISCH ● ● ●

Eigenschaften: F – schwarzgrau, läuft schwarz an; ST – schwarz; G – metallisch; T – undurchsichtig; D – 7,1; H – 2–2,5; SP – undeutlich; B – uneben bis muschelig; M – oktaedrische und kubische Kristalle, dendritische Aggregate, massig. Stabil bei Temperaturen über 179 °C, kühlere Temperaturen führen zur Paramorphose von Akanthit nach Argentit.
Bildung und Fundorte: Hydrothermal in niedriggradigen Erzlagerstätten, Begleitmineralien sind Silber, Bleiglanz und Ag-Sulfosalze. Vorkommen auch zwischen der Oxidations- und Zementationszone zusammen mit Stromeyrit, Silber, Jalpait, Jodargyrit und anderen Mineralien. Schöne Kristalle mit bis zu 4 cm Durchmesser kennt man aus Freiberg und Schneeberg, Deutschland. Ähnliche Kristalle kommen aus Jáchymov und Mědĕnec, Tschechien. Bis zu 3 cm große Kristalle kommen in Sarrabus, Sardinien, Italien vor. Die wohl besten Argentit-Kristalle stammen aus den vielen Fundorten in Mexiko (Arizpe, Sonora; Zacatecas; Guanajuato), wo die Kristalle eine Größe bis zu 4 cm erreichen. Schöne Kristalle mit einem Durchmesser bis zu 2 cm sind aus Chañarcillo in Chile bekannt.
Verwendung: Bedeutendes Ag-Erz.

Umangit 40 mm, Beaverlodge Island, Kanada

Argentit 29 mm, Zacatecas, Mexiko

Aguilarit xx 4 mm, Guanajuato, Mexiko

Hessit

Ag_2Te

MONOKLIN ● ● ●

Eigenschaften: F – blei- bis stahlgrau, läuft schwarz an; ST – hellgrau; G – metallisch; T – undurchsichtig; D – 8,4; H – 2–3; SP – undeutlich; B – eben; M – pseudokubische Kristallkombinationen, körnig, massig.
Bildung und Fundorte: Hydrothermal auf mittel- und niedriggradigen Erzgängen, zusammen mit Calaverit, Sylvanit, Altait, Gold, Tellur und anderen Sulfiden. Die besten Exemplare mit Kristallen bis zu 2 cm Durchmesser und bis zu 10 cm großen Aggregaten stammen aus der Boteş-Mine, Rumänien. Vorkommen kleiner Kristalle in der Jamestown Mine, California, USA. Massige Aggregate wurden in Gold Hill, Colorado, USA und Moctezuma, Mexiko gefunden. Aggregate mit einer Größe von mehreren dutzend cm^2 kennt man aus der Zavodinskii-Mine, Altai, Kasachstan.

Aguilarit

Ag_4SeS

ORTHORHOMBISCH ●

Eigenschaften: F – bleigrau, läuft schwarz an; ST – grauschwarz; G – metallisch; T – undurchsichtig; D – 7,7; H – 2,5; SP – keine; B – hakig; M – skelettförmige Kristalle, massig.
Bildung und Fundorte: Hydrothermal auf Erzgängen, zusammen mit Silber, Stephanit, Proustit, Pearceit, Calcit und Quarz. Die besten kristallisierten Exemplare mit Kristallen bis zu 3 cm Durchmesser kommen aus der San Carlos Mine, Guanajuato und Chontalpan, Taxco, Guerrero, Mexiko. Man kennt es auch in Verwachsungen mit Akanthit und Naumannit aus dem Comstock-Gang, Virginia City, Nevada, USA.

Hessit 31 mm, Boteş, Rumänien

Argyrodit
Ag_8GeS_6

ORTHORHOMBISCH ●

Eigenschaften: F – stahlgrau, läuft schwarz an; ST – grauschwarz; G – metallisch; T – undurchsichtig; D – 6,3; H – 2,5–3; SP – keine; B – uneben bis muschelig; M – Kombinationen kubischer Kristalle, traubige Aggregate, massig.
Bildung und Fundorte: Hydrothermal in niedriggradigen Lagerstätten unedler Metalle; Begleitmineralien sind Ag-Sulfosalze. Kristallisiert trat es in der Grube Himmelsfürst, Freiberg, Deutschland zutage. Mehrere Fundorte von Kristallen gibt es auch in Bolivien (Atoche, Colquechaca, Potosí). Ein Kristall mit 6 cm Durchmesser ist aus Porco, Bolivien bekannt.

Argyrodit 34 mm, Mexiko

Stromeyerit
AgCuS

ORTHORHOMBISCH ● ● ●

Eigenschaften: F – dunkelstahlgrau, läuft bläulich an; ST – stahlgrau; G – metallisch; T – undurchsichtig; D – 6,3; H – 2,5–3; SP – keine; B – muschelig; M – pseudohexagonale, tafelige Kristalle, massig.
Bildung und Fundorte: Meist sekundär in der Zementationszone von Erzgängen, Begleitmineralien sind Freibergit, Bornit, Kupferglanz, Bleiglanz und andere Mineralien. Schöne tafelige Kristalle mit bis zu 1 cm Durchmesser fand man in Dzhezkazgan, Kasachstan, wo auch Pseudomorphosen von Stromeyrit nach Silberdrähten auftreten. Skelettförmige, prismatische Pseudomorphosen nach Kupferglanzkristallen kommen aus Vrančice, Tschechien. Massige Aggregate sind häufig in Colorado, USA (Aspen; Red Mountain), Chile (Copiapó), Bolivien (Potosí) und Kanada (Cobalt, Ontario) anzutreffen.

Jalpait
Ag_3CuS_2

TETRAGONAL ● ●

Eigenschaften: F – hellgrau, läuft dunkelgrau bis buntfarbig an; ST – schwarz; G – metallisch; T – undurchsichtig; D – 6,8; H – 2–2,5; SP – gut; B – muschelig; M – Kristalle, körnig.
Bildung und Fundorte: Hydrothermal auf niedriggradigen Erzgängen. Kristalle mit einem Durchmesser bis 2,5 cm sind aus Jalpa, Querétaro, Mexiko bekannt. Kristalle mit bis zu 3 cm Durchmesser stammen aus der Caribou Mine, Colorado, USA. Massige Aggregate mit den Begleitmineralien Bleiglanz, Sphalerit, Pyrit, Stromeyerit, Polybasit und anderen Mineralien fand man in Příbram, Tschechien.

Stromeyerit xx 6 mm, Dzhezkazgan, Kasachstan

Jalpait 30 mm, Příbram, Tschechien

Pentlandit 90 mm, Sudbury, Kanada

Sphalerit 70 mm, Olkusz, Polen

Pentlandit

$(Fe,Ni)_9S_8$

KUBISCH ● ● ● ●

Eigenschaften: F – hellbronzefarben bis rotbraun; ST – schwarz; G – metallisch; T – undurchsichtig; D – 5,0; H – 3,5–4; SP – keine; B – muschelig; M – Kristalle, massig.
Bildung und Fundorte: Typisches liquidmagmatisches Mineral mit den Begleitmineralien Magnetkies und Kupferkies. Bekannte Vorkommen in Sudbury, Ontario, Kanada, meist als mikroskopische Einschlüsse in Kupferkies, aber auch als unvollkommene Kristalle. Große Akkumulationen kennt man aus Talnakh bei Norilsk, Sibirien, Russische Föderation, wo es zusammen mit Cu-, Pt- und Pd-Sulfiden auftritt. Es ist auch ein bedeutendes Erz in der Lagerstätte bei Rustenburg, Südafrika.
Verwendung: Wichtigstes Ni-Erz.

Sphalerit

ZnS

KUBISCH ● ● ● ●

Varietäten: Cleiophan (grün, gelb, orange), Marmatit (schwarz).
Eigenschaften: F – farblos, gelb, orange, grün, braun, schwarz; ST – bräunlich, hellgelb, weiß; G – harzig bis diamanten; T – durchsichtig bis durchscheinend; D – 4,1; H – 3,5–4; SP – vollkommen; B – muschelig; M – tetraedrische und dodekaedrische Kristalle, traubige, faserige und stalaktitische Aggregate, massig; LU – manchmal orange.
Bildung und Fundorte: Liquidmagmatisch (in Pegmatiten); hydrothermal in niedrig- bis hochgradigen Lagerstätten, Skarn und hydrothermalen, sedimentären Lagerstätten; selten sedimentär und metamorph. Begleitmineralien sind Bleiglanz, Pyrit, Kupferkies, Markasit, Fluorit, Baryt, Quarz und andere

Sphalerit 31 mm, Elmwoodhill, USA

Mineralien. Schöne Kristalle mit einem Durchmesser bis zu 10 cm kommen aus Trepča, Serbien. Grüne und rote, bis zu 10 cm große Kristalle kennt man aus Cananea, Sonora, Mexiko. Schöne gelbe Kristalle mit bis zu 3 cm Größe traten in Banská Štiavnica, Slowakei zutage; Vorkommen ähnlicher Kristalle in Madan, Bulgarien. Die schönsten gelben, orangefarbenen und roten Kristalle mit einem Durchmesser bis zu 15 cm wurden in Picos de Europa, Santander, Spanien gefunden. Manchmal sind sie facettiert. Braune, bis zu 5 cm große Kristalle kommen aus Joplin, Missouri; stalaktitische Aggregate mit einer Länge bis zu 15 cm fand man in Galena, Illinois, USA. Vollkommene schwarz glänzende Kristalle und bis zu 5 cm große Zwillinge sind bekannte Funde aus Dalnegorsk, Russische Föderation; bis zu 3 cm große, gelbe Kristalle fand man in Dzhezkazgan, Kasachstan. Durchsichtige, bis zu 3 cm große Kristalle wurden auch in Franklin, New Jersey, USA gefunden. Grüne Kristalle mit bis zu 10 cm Durchmesser kamen in der Big Four Mine, Colorado, USA vor. Bis zu 5 cm große Kristalle kennt man aus der Oppu-Mine, Aomori, Japan.
Verwendung: Wichtiges Zn-Erz.

Coloradoit
HgTe

KUBISCH ● ●

Eigenschaften: F – schwarzgrau; ST – schwarzgrau; G – metallisch; T – undurchsichtig; D – 8,1; H – 2,5; SP – keine; B – uneben bis muschelig; M – körnig, massig.
Bildung und Fundorte: Hydrothermal, mit Altait, Calaverit, Krennerit, Gold, Pyrit und anderen Begleitmineralien in Au-haltigen Gängen. Hauptsächliche Vorkommen in Cripple Creek und in der Smuggler Mine, Colorado und in der Norwegian Mine, California, USA. Bis zu mehrere mm große Körner stammen aus Jílové, Tschechien.

Coloradoit 70 mm, Kalgoorlie, Australien

Kupferkies xx 10 mm, Cavnic, Rumänien

Kupferkies
$CuFeS_2$

TETRAGONAL ● ● ● ● ●

Eigenschaften: F – messinggelb, läuft buntfarbig an; ST – grünschwarz; G – metallisch; T – undurchsichtig; D – 4,3; H – 3,5–4; SP – undeutlich; B – uneben; M – tetraedrische Kristalle, traubige Aggregate, massig.
Bildung und Fundorte: Magmatisch, hydrothermal und sedimentär; Begleitmineralien sind Sphalerit, Bleiglanz, Tetraedrit, Pyrit und viele andere Sulfide. Schöne Kristalle mit bis zu 3 cm Durchmesser kennt man aus Banská Štiavnica, Slowakei und aus Cavnic, Rumänien. Kristalle mit einem Durchmesser bis zu 12 cm kommen in Verbindung mit anderen Sulfiden in der Nikolai-Mine in Dalnegorsk, Russische Föderation vor. Sehr schöne, bis zu 12 cm große Kristalle wurden in Japan gefunden (Arawaka, Osarizawa). Mehrere cm große Kristalle treten auch in Peru (Huanzala, Huaron) zutage. Massige Aggregate sind ein bedeutendes Cu-Erz in Sudbury, Ontario, Kanada; Bingham, Utah; Bisbee, Arizona, USA und Rio Tinto, Spanien.
Verwendung: Bedeutendes Cu-Erz.

Kupferkies xx 15 mm, Grand Hog Mine, USA

Luzonit 60 mm, Récsk, Ungarn

Luzonit

Cu_3AsS_4

TETRAGONAL ●●

Eigenschaften: F – dunkelrosa bis braun; ST – schwarz; G – metallisch; T – undurchsichtig; D – 4,5; H – 3,5; SP – gut; B – uneben bis muschelig; M – Kristalle, körnig, massig.
Bildung und Fundorte: Hydrothermal in niedrig- bis mittelgradigen Gängen, mit Enargit, Tetraedrit, Sphalerit, Wismutglanz, Ag-Sulfosalzen und anderen Begleitmineralien. Kristalle mit bis zu 4 cm Durchmesser stammen aus Quiruvilca; häufig kommt es in Cerro de Pasco, Peru vor. Außerdem wurde es oft in der Teine-Mine, Hokkaido, Japan gefunden; Kristalle kennt man auch aus Kinkwaseli, Taiwan. Weitere Fundorte sind Bor, Serbien und Récsk, Ungarn.

Stannin

Cu_2FeSnS_4

TETRAGONAL ●●●

Eigenschaften: F – stahlgrau bis schwarz, läuft blau an; ST – schwarz; G – metallisch; T – undurchsichtig;

Stannin xx 10 mm, Potosí, Bolivien

Germanit 40 mm, Tsumeb, Namibia

D – 4,5; H – 4; SP – undeutlich; B – uneben; M – pseudooktaedrische Kristalle, körnig, massig.
Bildung und Fundorte: Hydrothermal in hochgradigen Sn-Lagerstätten. Die besten Exemplare stammen aus Bolivien, Kristalle mit einem Durchmesser bis zu 5 cm kennt man aus Llallagua; bis zu 3 cm große Kristalle aus Chocaya und kreuzartige Verwachsungen aus den Minen von San José und Itos bei Oruro. Vorkommen als massige Gangfüllungen in Carn Brea, Cornwall, England, GB und Cínovec, Tschechien. Es wurde auch in Amblygonit-Pegmatiten in Caceres, Spanien und in Quarz-Amblygonit-Gängen bei Vernéřov, Tschechien gefunden.
Verwendung: Sn-Erz.

Germanit

$Cu_{26}Fe_4Ge_4S_{32}$

KUBISCH ●●

Eigenschaften: F – violettrosa, läuft dunkelviolett an; ST – schwarz; G – metallisch; T – undurchsichtig; D – 4,5; H – 4; SP – keine; B – muschelig bis uneben; M – tetraedrische Kristalle, körnig, massig.
Bildung und Fundorte: Hydrothermal, oft in Verwachsungen mit Tennantit, Bornit und anderen Mineralien. Bedeutende Funde gab es nur an einer Stelle in Tsumeb, Namibia, wo größere Akkumulationen zutage traten. Kleinere Vorkommen fand man in der Shikanai-Mine, Japan; kleine kubische Kristalle stammen aus der Humboldt Mine, Colorado, USA.

Tennantit

$Cu_{12}As_4S_{13}$

KUBISCH ●●●●

Eigenschaften: F – stahlgrau; ST – schwarz, braun bis dunkelrot; G – metallisch; T – undurchsichtig; D – 4,6; H – 3–4,5; SP – keine; B – muschelig bis uneben; M – tetraedrische Kristalle, körnig, massig.
Bildung und Fundorte: Hydrothermal auf Erzgängen

und Greisen mit Pyrit, Calcit, Dolomitspat, Quarz und anderen Sulfiden sowie Cu-Pb-Zn-Ag-Sulfosalzen. Schöne Kristalle kennt man aus Cornwall, England, GB (Wheal Jewel, Gwennap; Carn Brea). Kristalle mit bis zu 15 cm Durchmesser kommen aus Tsumeb, Namibia. Kristalle aus so genanntem Binnit in Lengenbach, Binntal, Schweiz waren bis zu 3 cm groß. Kristalle mit bis zu 2 cm Durchmesser wurden vor kurzem in Dzhezkazgan, Kasachstan gefunden. Große Massen traten in Kipushi, Dem. Rep. Kongo zutage. Bis zu 2,5 cm große Kristalle fand man in El Cobre, Zacatecas, Mexiko.
Verwendung: Cu-Erz.

Tennantit 26 mm, El Cobre, Mexiko

Tetraedrit

$Cu_{12}Sb_4S_{13}$

KUBISCH ● ● ● ●

Eigenschaften: F – stahlgrau bis schwarz; ST – schwarz, braun; G – metallisch; T – undurchsichtig; D – 5,0; H – 3–4,5; SP – keine; B – muschelig; M – tetraedrische Kristalle, körnig, massig.
Bildung und Fundorte: Hydrothermal in niedrig- bis mittelgradigen Gängen; in kontaktmetamorphen Lagerstätten zusammen mit Kupferkies, Bleiglanz, Sphalerit, Pyrit, Bornit, Calcit, Quarz und anderen Begleitmineralien. Die größten bekannten Kristalle mit bis zu 25 cm Durchmesser stammen aus Anzen und Irazein in den Pyrenäen, Frankreich. Gewöhnliche, mehrere cm große Kristalle treten in Cavnic, Rumänien auf. Schöne Exemplare mit Kristallen mit bis zu 7 cm Durchmesser fand man in der Mercedes Mine in Huallanca, Peru. Auch aus anderen peruanischen Fundorten wie Casapalca und Morococha kennt man schöne kristallisierte Exemplare. Bis zu 2 cm große Kristalle fand man auch in Příbram, Tschechien.
Verwendung: Cu-Erz.

Tetraedrit xx 10 mm, Peru

Freibergit xx 15 mm, Obecnice, Tschechien

Freibergit

$(Ag,Cu,Fe)_{12}(Sb,As)_4S_{13}$

KUBISCH ●●●

Eigenschaften: F – grau bis schwarz; ST – schwarz, braun bis dunkelrot; G – metallisch; T – undurchsichtig; D – 5,4; H – 3–4,5; SP – keine; B – uneben bis muschelig; M – tetraedrische Kristalle, massig.
Bildung und Fundorte: Hydrothermal in Erzlagerstätten, Begleitmineralien sind viele Sulfide und Sulfosalze. Hauptsächlich massige Vorkommen in der Grube Himmelsfürst in Freiberg, Deutschland; Cobalt, Ontario, Kanada und in Mt. Isa, Queensland, Australien. Es war ein bedeutendes Ag-Erz in Kutná Hora, Tschechien.
Verwendung: Ag-Erz.

Wurtzit

ZnS

HEXAGONAL ●●●

Eigenschaften: F – dunkelrotbraun, dunkelbraun bis braunschwarz; ST – braun; G – harzig bis metallartig;

Wurtzit xx 30 mm, Animas, Bolivien

T – durchscheinend bis undurchsichtig; D – 4,1; H – 3,5–4; SP – gut; M – pyramidale, prismatische bis dicktafelige, horizontal gestreifte Kristalle, radialfaserige Aggregate.
Bildung und Fundorte: Hydrothermal auf Erzgängen mit Sphalerit, Markasit, Pyrit und anderen Begleitmineralien. Auch niedriggradigen Ursprungs entlang der Spalten von Tonkonkretionen. Die besten Wurtzit-Kristalle kommen aus Bolivien, Kristalle mit bis zu 4 cm Durchmesser aus Animas und Kristalle mit bis zu 2 cm Durchmesser aus Llallagua und Potosí. Schöne Kristalle mit einem Durchmesser bis zu 3 cm fand man in Talnakh bei Norilsk, Sibirien, Russische Föderation. Interessante radialstrahlige Aggregate mit mehreren cm Durchmesser traten in Příbram, Tschechien zutage.

Greenockit

CdS

HEXAGONAL ●●●

Eigenschaften: F – gelb bis orange, dunkelrot; ST – gelborange bis ziegelrot; G – diamanten bis harzig; T – undurchsichtig bis durchscheinend; D – 4,8; H – 3–3,5; SP – gut; B – muschelig; M – Zwillinge, Drillinge, pulveriger Überzug.
Bildung und Fundorte: Hauptsächlich sekundär als pulveriger Überzug auf Sphalerit. Vorkommen auch in Hohlräumen vulkanischer Gesteine zusammen mit Prehnit, Zeoliten und Calcit. Kristalle kennt man aus Erzgängen in Llallagua, Bolivien. Pulverige Überzüge sind aus Příbram, Tschechien; Bleiberg, Österreich und aus den Lagerstätten der Tri State Region, Missouri, USA bekannt. Bis zu 1 cm große Kristalle traten in den Hohlräumen vulkanischer Gesteine bei Renfrew, Schottland, GB zutage.

Enargit

Cu_3AsS_4

ORTHORHOMBISCH ●●●●

Eigenschaften: F – grauschwarz bis schwarz; ST – grauschwarz; G – metallisch; T – undurchsichtig; D –

Greenockit 20 mm, Ocna de Fier, Rumänien

4,4; H – 3; SP – vollkommen; B – uneben; M – tafelige und prismatische, oft längs gestreifte Kristalle, massig.
Bildung und Fundorte: Hydrothermal in mittelgradigen, manchmal auch in niedriggradigen Lagerstätten, Begleitmineralien sind Quarz, Pyrit, Sphalerit, Bleiglanz, Bornit und andere Mineralien. Schöne Kristalle mit einem Durchmesser bis zu 10 cm stammen aus der Luz-Angelica-Mine in Quiruvilca; Kristalle mit bis zu 15 cm Durchmesser aus Morococha und Cerro de Pasco, Peru. Schöne Kristalle wurden auch in Butte, Montana, USA und in Mancayano, Luzon, Philippinen gefunden. In mehreren Bergwerken tritt es als bedeutendes Cu-Erz auf (Bor, Serbien; Huaron, Peru).
Verwendung: Cu-Erz.

Enargit 41 mm, Butte, USA

Cubanit
Cu_2FeS_3

ORTHORHOMBISCH ● ● ●

Eigenschaften: F – messinggelb bis bronze; ST – schwarz; G – metallisch; T – undurchsichtig; D – 4,1; H – 3,5; SP – keine; B – muschelig; M – tafelige Kristalle, massig.
Bildung und Fundorte: Magmatisch in liquidmagmatischen Lagerstätten als Einschlüsse in Kupferkies, hydrothermal in hochgradigen Lagerstätten mit den Begleitmineralien Kupferkies, Pyrit, Magnetkies und Sphalerit. Die besten Kristalle, Zwillinge mit bis zu 4 cm Durchmesser, kommen aus der Henderson No. 2 Mine, Chibougamau, Québec, Kanada. Kristallvorkommen sind auch aus Sudbury, Ontario, Kanada und Morro Velho, Brasilien bekannt. Größere Akkumulationen sind ein bedeutendes Cu-Erz in Sudbury, Ontario, Kanada; in Mooihoek, Südafrika und in Prince William Sound, Alaska, USA.
Verwendung: Bedeutendes Cu-Erz.

Cubanit x 33 mm, Chibougamau, Kanada

Sternbergit 20 mm, St. Andreasberg, Deutschland

Sternbergit

Ag_2FeS_3

ORTHORHOMBISCH ● ●

Eigenschaften: F – goldbraun; ST – schwarz; G – metallisch bis diamanten; T – undurchsichtig; D – 4,3; H – 1–1,5; SP – vollkommen; M – dünntafelige, pseudohexagonale Kristalle, oft in rosettenartigen und fächerförmigen Aggregaten.
Bildung und Fundorte: Hydrothermal auf Ag-haltigen Gängen, zusammen mit Stephanit, Akanthit, Proustit, Argentopyrit und anderen Begleitmineralien. Tafelige Kristalle mit mehreren mm Durchmesser kennt man aus Jáchymov und Mědĕnec, Tschechien; aus St. Andreasberg, Johanngeorgenstadt, Schneeberg und Freiberg, Deutschland.

Argentopyrit 60 mm, Mědĕnec, Tschechien

Argentopyrit

Ag_2FeS_3

ORTHORHOMBISCH ● ●

Eigenschaften: F – grauweiß, läuft buntfarbig an; ST – grau; G – metallisch; T – undurchsichtig; D – 4,3; H – 3,5–4; SP – keine; B – uneben; M – dicktafelige, pseudohexagonale Kristalle, körnig.
Bildung und Fundorte: Hydrothermal auf Erzgängen, Begleitmineralien sind Proustit, Pyrargyrit, Stephanit, Sternbergit, Dolomitspat, Quarz und andere Mineralien. Kristalle mit bis zu 5 mm Durchmesser kommen aus Jáchymov und Mědĕnec, Tschechien; weitere Fundorte sind Schlema, Freiberg und Schneeberg, Deutschland sowie Colquechaca, Bolivien.

Magnetkies 68 mm, Dalnĕgorsk, Russische Föderation

Magnetkies

$Fe_{1-x}S$ (x = 0-0,17)

MONOKLIN ● ● ● ●

Eigenschaften: F – bronzegelb bis braun, läuft schnell an; ST – dunkelgrauschwarz; G – metallisch; T – undurchsichtig; D – 4,7; H – 3,5–4,5; SP – keine; B – uneben bis muschelig; M – tafelige, pyramidale und prismatische Kristalle, massig.
Bildung und Fundorte: Liquidmagmatisch in basischen Gesteinen, zusammen mit Pyrit und Pentlandit; in Pegmatiten; hydrothermal in hochgradigen und metasomatischen Lagerstätten; sedimentär und metamorph. Tafelige Kristalle mit bis zu 30 cm Durchmesser kommen aus Trepča, Serbien und Dalnegorsk, Russische Föderation; prismatische, bis zu 15 cm lange Kristalle wurden in Santa Eulalia, Chihuahua, Mexiko und in Chiuzbaia, Rumänien gefunden. Bis zu 11 cm große, tafelige Kristalle traten in Cavnic, Rumänien zutage. Große unvollkommene Kristalle mit einem Überzug aus Wavellit sind aus Llallagua, Bolivien bekannt. Vorkommen großer Massen von industrieller Bedeutung in Sudbury, Ontario, Kanada; Talnakh bei Norilsk, Sibirien, Russische Föderation und anderen Fundorten.
Verwendung: Teilweise als Fe-Erz.

Nickelin 138 mm, Pöhla, Deutschland

Nickelin

NiAs

HEXAGONAL ● ● ● ●

Eigenschaften: F – lichtkupferrot, läuft grau bis schwarz an; ST – hellschwarzbraun; G – metallisch; T – undurchsichtig; D – 7,8; H – 5–5,5; SP – keine; B – muschelig; M – gestreifte Kristalle, traubige und dendritische Aggregate, körnig, massig.
Bildung und Fundorte: Hydrothermal auf hochgradigen Erzgängen mit Skutterudit, Nickelskutterudit, Safflorit, Rammelsbergit und anderen Begleitmineralien. Auch magmatisch in Noriten und Peridotiten. Kristalle mit bis zu 1,5 cm Durchmesser kommen aus Pöhla; kleine Kristalle wurden in Richelsdorf, Deutschland gefunden. Filigrane, massige Aggregate und kleine Kristalle traten in Bou Azzer, Marokko zutage. Vorkommen großer Akkumulationen in Cobalt und Gowganda, Ontario, Kanada.
Verwendung: Ni-Erz.

Breithauptit

NiSb

HEXAGONAL ● ●

Eigenschaften: F – lichtkupferrot, violettblau; ST – rotbraun; G – metallisch; T – undurchsichtig; D – 8,6; H – 5,5; SP – keine; B – muschelig bis uneben; M – dünntafelige Kristalle, dendritische Aggregate, massig.
Bildung und Fundorte: Magmatisch, hydrothermal und metamorph, Begleitmineralien sind Silber, Nickelin, Kobaltglanz und andere Sulfide. In Verwachsungen mit Magnetkies und Pentlandit tritt es in der liquidmagmatischen Lagerstätte Vlakfontein, Südafrika auf. Häufige Vorkommen in hydrothermalen Gängen in Cobalt, Ontario, Kanada; weitere Vorkommen in Sarrabus, Sardinien, Italien und St. Andreasberg, Deutschland.

Breithauptit 80 mm, Cobalt, Kanada

Millerit 26 mm, Antwerp, USA

Millerit
NiS

TRIGONAL ● ● ●

Eigenschaften: F – hellmessinggelb bis bronze, läuft buntfarbig an; ST – grünlich schwarz; G – metallisch; T – undurchsichtig; D – 5,4; H – 3–3,5; SP – vollkommen; B – uneben; M – nadelförmige Kristalle, spaltbare Massen, Aggregate aus parallel verwachsenen Kristallen mit samtiger Oberfläche.
Bildung und Fundorte: Hydrothermal in niedriggradigen Erzlagerstätten, auch als ein Verwitterungsprodukt von Ni-Sulfiden. Begleitmineralien sind Magnetkies, Ankerit, Whewellit, Baryt und andere Mineralien. Vorkommen spaltbarer Massen nahe Temagami bei Sudbury, Ontario, Kanada und in Kambalda, Western Australia, Australien. Nadelförmige Kristalle stammen aus Erzgängen in Jáchymov und Příbram, Tschechien; bis zu 7 cm lange Nadeln in Hohlräumen von Sideritkonkretionen in der Umgebung von Kladno, Tschechien. Bis zu 8 cm lange, nadelförmige Kristalle kennt man aus den Kalksteinhöhlen bei Dortmund, Deutschland. Schöne Exemplare mit bis zu 5 cm langen Kristallen traten in Hämatitgängen der Sterling Mine, Antwerp, New York, USA auf. Samtige, faserige Aggregate wurden in der Thompson Mine, Manitoba, Kanada gefunden.
Verwendung: Ni-Erz.

Alabandin 40 mm, Săcărîmb, Rumänien

Alabandin
MnS

KUBISCH ● ●

Eigenschaften: F – schwarz; ST – grün; G – metallartig; T – undurchsichtig; D – 4,1; H – 3,5–4; SP – vollkommen; B – uneben; M – kubische und oktaedrische Kristalle, körnig, massig.
Bildung und Fundorte: Hydrothermal auf Erzgängen, Begleitmineralien sind Rhodochrosit, Calcit, Bleiglanz, Sphalerit, Pyrit und andere Mineralien. Kristalle mit bis zu 2 cm Durchmesser in Verbindung mit körnigen Aggregaten sind in Rumänien (Săcărîmb, Baia de Arieş, Roşia Montana) relativ weit verbreitet. Kristalle kennt man auch aus der Queen of the West Mine, Colorado und aus der Lucky Cuss Mine, Tombstone, Arizona, USA.

Bleiglanz 56 mm, Neudorf, Deutschland

Bleiglanz 66 mm, Picher, USA

Bleiglanz

PbS

KUBISCH ● ● ● ● ●

Varietäten: Steinmannit.
Eigenschaften: F – bleigrau; ST – grauschwarz; G – metallisch; T – undurchsichtig; D – 7,6; H – 2,5; SP – vollkommen; B – muschelig; M – kubische Kristalle und ihre Kombinationen, tafelige Kristalle, skelettförmige Aggregate, massig.
Bildung und Fundorte: Magmatisch, hydrothermal, metamorph, sehr selten auch sedimentär, zusammen mit Sphalerit, Kupferkies, Pyrit, Quarz und anderen Begleitmineralien. Große, bis zu mehrere dutzend cm große Kristalle stammen aus zahlreichen Fundorten in den USA (Joplin, Missouri; Galena, Kansas; Picher, Oklahoma; Sweetwater Mine, Missouri). Schöne, oft skelettförmige Kristalle oder Zwillinge nach dem Spinell-Gesetz mit einem Durchmesser bis zu 20 cm kennt man aus der Nikolai-Mine in Dalnegorsk, Russische Föderation. Schöne Kristalle treten auch in Naica, Chihuahua, Mexiko auf. Komplexe Kristallkombinationen sind aus Neudorf, Deutschland bekannt. Bis zu 1 cm große oktaedrische Kristalle (der Varietät Steinmannit) wurden in Příbram, Tschechien gefunden. Sehr schöne Exemplare mit mehreren cm großen Würfeln kommen aus Madan, Bulgarien; Zwillinge nach dem Spinell-Gesetz traten in Herja, Rumänien zutage.
Verwendung: Bedeutendstes Pb-Erz.

Clausthalit 20 mm, Tilkerode, Deutschland

Clausthalit

PbSe

KUBISCH ● ● ●

Eigenschaften: F – bleigrau, bläulich; ST – schwarzgrau; G – metallisch; T – undurchsichtig; D – 8,3; H – 2,5–3; SP – gut; B – körnig; M – körnig, massig.
Bildung und Fundorte: Hydrothermal auf Erzgängen mit niedrigem S-Gehalt, Begleitmineralien sind Berzelianit, Umangit, Uranpecherz und andere Mineralien. Vorkommen in Form massiger Aggregate in Calcitgängen mit anderen Seleniden in Clausthal und Tilkerode, Deutschland. Ähnliche Vorkommen in Skrikerum, Schweden; häufige Funde in den U-Lagerstätten von Předbořice, Bukov und Zlatkov, Tschechien.

Altait 65 mm, Stania, Rumänien

Altait
PbTe

KUBISCH ● ● ●

Eigenschaften: F – zinnweiß bis gelblich, läuft bronzefarben an; ST – schwarz; G – metallisch; T – undurchsichtig; D – 8,3; H – 3; SP – vollkommen; B – muschelig; M – kubische und oktaedrische Kristalle, massig.

Miargyrit 20 mm, Potosí, Bolivien

Bildung und Fundorte: Hydrothermal in Au-Lagerstätten, Begleitmineralien sind andere Telluride, Bleiglanz und andere Mineralien. Kristalle mit bis zu 2 cm Durchmesser kennt man aus der Revenge Mine, Colorado, USA. Massig kommt es mit Aguilarit in Kalgoorlie, Western Australia, Australien vor. Ziemlich häufige Vorkommen mit anderen Telluriden in Săcărîmb, Rumänien; in der Zavodinskii-Mine, Altai, Russische Föderation und in Zod am Sewansee, Armenien.

Miargyrit
$AgSbS_2$

MONOKLIN ● ● ●

Eigenschaften: F – schwarz bis stahlgrau; ST – kirschrot; G – metallisch, diamanten; T – undurchsichtig; D – 5,3; H – 2,5; SP – undeutlich; B – muschelig; M – dicktafelige, gestreifte Kristalle, massig.
Bildung und Fundorte: Hydrothermal auf niedriggradigen Erzgängen, zusammen mit Proustit, Pyrargyrit, Polybasit, Silber, Quarz und anderen Mineralien. Schöne Kristalle mit einem Durchmesser bis zu 1 cm kennt man aus Příbram und Kutná Hora, Tschechien sowie aus Bräunsdorf und Freiberg, Deutschland. Zahlreiche Fundorte gibt es in Bolivien (Tatasi, Oruro – 1 cm große Kristalle, Potosí) und Mexiko (Sombrerete, Catorce). Vorkommen auch in Hiendelaencina, Guadalajara, Spanien.
Verwendung: Ag-Erz.

Franckeit
$(Pb,Sn)_6FeSn_2Sb_2S_{14}$

TRIKLIN ● ●

Eigenschaften: F – grauschwarz; ST – grauschwarz; G – metallisch; T – undurchsichtig; D – 5,9; H – 2,5–3; SP – vollkommen; M – dünntafelige, gekrümmte Kristalle, oft rosettenartige Kristallaggregate.

Franckeit 30 mm, Oruro, Bolivien

Kylindrit 50 mm, Poopó, Bolivien

Bildung und Fundorte: Hydrothermal in Ag-Sn-Lagerstätten; Begleitmineralien sind Kylindrit, Zinkenit, Kassiterit, Wurtzit und andere Mineralien; in kontaktmetamorphem Kalkstein. Die besten Kristalle mit einem Durchmesser bis zu 6 cm stammen aus mehreren Fundorten in Bolivien (Mollecagua bei Poopó; Huanuni; Chocoya bei Potosí; Colquechaca und Oruro). Vorkommen in kontaktmetamorphem Kalkstein aus der Kalkargrube in California, USA.
Verwendung: Sn-Erz.

Kylindrit

$Pb_3Sn_4FeSb_2S_{14}$

TRIKLIN ● ●

Eigenschaften: F – bleigrau bis schwarz; ST – schwarz; G – metallisch; T – undurchsichtig; D – 5,4; H – 2,5; SP – vollkommen; M – zylindrische, konische und kugelige Kristallaggregate, massig.
Bildung und Fundorte: Hydrothermal auf Sn-haltigen Gängen, zusammen mit Franckeit, Stannin, Kassiterit, Bleiglanz und anderen Begleitmineralien. Weltbekannte Exemplare mit bis zu 5 cm langen Kristallen stammen aus den Minen von Trinacria und Santa Cruz bei Poopó, Bolivien. Weitere Vorkommen in den Lagerstätten von Smirnovsk, Transbaikalien, Russische Föderation.

Zinnober

HgS

TRIGONAL ● ● ● ●

Eigenschaften: F – rot bis braunrot; ST – scharlachrot; G – diamanten bis metallisch, auch matt; T – undurchsichtig; D – 8,2; H – 2–2,5; SP – vollkommen; B – muschelig bis uneben; M – rhomboedrische, dicktafelige und prismatische Kristalle, massig.
Bildung und Fundorte: Niedriggradig hydrothermales Mineral, zusammen mit Realgar, Quecksilber, Pyrit, Markasit und anderen Begleitmineralien. Die weltweit besten Exemplare von Kristallen mit bis zu 7 cm Durchmesser kommen wohl aus den zahlreichen Fundorten in China (Provinzen Hunan und Guizhou). Schöne glänzende Kristalle mit einem Durchmesser bis zu 1 cm stammen aus Nikitovka, Ukraine und aus Khaidarkan, Kirgistan. Bis zu 3 cm große Kristalle wurden in Monte Amiata und in Rippa bei Seravezza, Italien gefunden. Die massigen Aggregate sind ein bedeutendes Hg-Erz unter anderem in Allchar, Makedonien und in Almaden, Spanien.
Verwendung: Wichtigstes Hg-Erz.

Zinnober x 30 mm, Hunan, China

Covellin 65 mm, Butte, USA

Covellin
CuS

HEXAGONAL ●●●

Eigenschaften: F – blauschwarz, läuft buntfarbig an; ST – blauschwarz; G – metallartig bis harzig; T – undurchsichtig; D – 4,6; H – 1,5–2; SP – vollkommen; B – uneben; M – hexagonale, tafelige Kristalle, massig.
Bildung und Fundorte: Selten hydrothermal; meist sekundär in der Oxidationszone von Erzlagerstätten, Begleitmineralien sind Kupferkies, Djurleit, Bornit und andere Mineralien. Tafelige Kristalle mit bis zu 3 cm Durchmesser kennt man aus Butte, Montana und Summitville, Colorado, USA sowie aus Sarrabus, Sardinien, Italien. Massige Aggregate sind häufig in Bor, Serbien; Bisbee, Arizona, USA und andernorts anzutreffen.
Verwendung: Cu-Erz.

Linneit
$Co^{2+}Co^{3+}{}_2S_4$

KUBISCH ●●●

Eigenschaften: F – hellgrau bis stahlgrau; ST – grauschwarz; G – metallisch; T – undurchsichtig; D – 4,9; H – 4,5–5,5; SP – undeutlich; B – uneben bis muschelig; M – oktaedrische Kristalle, körnig, massig.
Bildung und Fundorte: Hydrothermal auf Erzgängen und in metamorphen Lagerstätten, zusammen mit Kupferkies, Magnetkies, Millerit, Wismutglanz und Sphalerit. Die besten Kristalle mit einem Durchmesser bis zu 3 cm kommen aus der Kilembe Mine, Uganda. Kristallvorkommen auch in Musonoi, Shaba, Dem. Rep. Kongo und Müsen, Deutschland; in Sideritkonkretionen von Kladno, Tschechien und in der Bastnäs-Mine bei Riddarhyttan, Schweden.
Verwendung: Co-Erz.

Carrollit
$Cu(Co,Ni)_2S_4$

KUBISCH ●●●

Eigenschaften: F – hell- bis stahlgrau, läuft rötlich an; ST – grau; G – metallisch; T – undurchsichtig; D – 4,8; H – 4,5–5,5; SP – undeutlich; B – muschelig bis uneben; M – oktaedrische Kristalle, körnig, massig.
Bildung und Fundorte: Hydrothermal auf Erzgängen, Begleitmineralien sind Linneit, Kupferkies und andere Mineralien. Es ist das wichtigste Co-Erz in den Lagerstätten der Dem. Rep. Kongo. Schöne Kristalle mit bis zu 2 cm Durchmesser kennt man aus der M'Sesa-Mine bei Kambove, Kolwezi und aus Kamoto, Shaba.
Verwendung: Co-Erz.

Linneit 60 mm, Ruwenzori, Uganda

Carrolit x 8 mm, Kambove, Dem. Rep. Kongo

Stibnit

Sb_2S_3

ORTHORHOMBISCH ● ● ● ●

Eigenschaften: F – stahlgrau, läuft buntfarbig oder schwarz an; ST – bleigrau; G – metallisch; T – undurchsichtig; D – 4,6; H – 2; SP – vollkommen; B – muschelig bis uneben; M – dick- bis dünnprismatische Kristalle, dünne Nadeln, massig.
Bildung und Fundorte: Hydrothermal auf mittel- und niedriggradigen Erzgängen mit Quarz und Gold, die anderen Begleitmineralien kommen selten vor (Arsenkies, Berthierit, Gudmundit, Antimon). Die größten bekannten Stibnit-Kristalle stammen aus der Ichinokawa-Mine, Shikoku, Japan, die bis zu 60 cm lang sind. Ähnlich große Kristalle wurden vor kurzem an mehreren Orten in China gefunden (Xikuangshan-Mine, Hunan). Kristalle mit einem Durchmesser bis zu 20 cm kommen aus Manhattan, Nevada, USA. Schöne Kristalle kennt man aus Rumänien; lange, prismatische Kristalle mit Barytkristallen herrschen in Baia Sprie vor, dünne Nadeln stammen aus Herja und dicke, prismatische Kristalle aus Baiuţ. Vollkommene Kristalldrusen mit bis zu 15 cm Länge kommen in Verbindung mit roten Fluorit-Kristallen, Baryt und Calcit in Kadamdzhai, Kirgistan vor. Schöne Stibnit-Kristalldrusen mit Quarz stammen auch aus Kremnica, Slowakei. Weitere frühere Fundorte schöner Kristalle waren Kostajnik, Serbien und La Lucette, Frankreich.
Verwendung: Bedeutendes Sb-Erz.

Stibnit 187 mm, Ichinokawa, Japan

Stibnit 120 mm, Baia Sprie, Rumänien

Wismutglanz 160 mm, Tasna, Bolivien

Tetradymit 80 mm, Ciclova, Rumänien

Wismutglanz

Bi_2S_3

ORTHORHOMBISCH ●●●●

Eigenschaften: F – bleigrau bis zinnweiß, läuft gelb und buntfarbig an; ST – bleigrau; G – metallisch; T – undurchsichtig; D – 6,8; H – 2–2,5; SP – vollkommen; B – uneben; M – dickprismatische bis nadelförmige, gestreifte Kristalle, faserige Aggregate, massig.

Bildung und Fundorte: Hydrothermal in Erzlagerstätten; auch als vulkanisches Exhalationsprodukt, Begleitmineralien sind Wismut, Arsenkies, Stannin, Bleiglanz und andere Mineralien. Die wohl besten Kristalle der Welt mit über 5 cm Länge stammen aus Bolivien (Tasna; Huanuni; Llallagua). Schöne Kristalle wurden auch in Redruth, Cornwall, England, GB gefunden. Reichhaltige Vorkommen in Biggenden, Queensland, Australien. Interessante Kristalle kommen aus Spind, Norwegen.

Verwendung: Bi-Erz.

Kermesit xx 20 mm, Freiberg, Deutschland

Kermesit

Sb_2S_2O

TRIKLIN ●●●

Eigenschaften: F – kirschrot; ST – bräunlich rot; G – diamanten bis metallartig; T – durchscheinend bis undurchsichtig; D – 4,7; H – 1–1,5; SP – vollkommen; M – nadelförmige Kristalle, radialstrahlige Aggregate.

Bildung und Fundorte: Sekundär als Oxidationsprodukt von Stibnit in Sb-Lagerstätten, Begleitmineralien sind Stibnit, Antimon, Snarmontit, Vlentinit und Stibiconit. Bekannte Exemplare mit bis zu 10 cm langen Nadeln in radialstrahligen Aggregaten stammen aus Pezinok und Pernek, Slowakei. Bis zu 5 cm lange Kristalle wurden in der Globe und in der Phoenix Mine, Simbabwe gefunden. Weitere Vorkommen in Bolivien (San-Francisco-Mine, Poopó; Oruro) und Bräunsdorf, Deutschland.

Nagyagit 100 mm, Săcărîmb, Rumänien

Tetradymit

Bi_2Te_2S

TRIGONAL ● ● ●

Eigenschaften: F – hellstahlgrau, läuft dunkel, oft buntfarbig an; ST – hellstahlgrau; G – metallisch; T – undurchsichtig; D – 7,3; H – 1,5–2; SP – vollkommen; M – pyramidale Kristalle, gekrümmte, blättrige Aggregate, massig.
Bildung und Fundorte: Hydrothermal in mittel- bis hochgradigen Au-Lagerstätten; auch in kontaktmetamorphen Lagerstätten zusammen mit Gold, Hessit, Calaverit, Pyrit und anderen Begleitmineralien. Kristalle mit bis zu 1 cm Durchmesser kennt man aus Župkov, Slowakei. Bedeutende Vorkommen in Colorado (Red Cloud) und in California (Carson Hill), USA. Zusammen mit Gold tritt es im Skarn in Baiţa Bihorului, Rumänien auf.

Nagyagit

$Pb_5Au(Te,Sb)_4S_{5-8}$

TETRAGONAL ● ●

Eigenschaften: F – grauschwarz; ST – grauschwarz; G – metallisch; T – undurchsichtig; D – 7,5; H – 1,5; SP – vollkommen; B – uneben; M – dünntafelige bis blättrige Kristalle, körnig, massig.
Bildung und Fundorte: Hydrothermal auf niedriggradigen Gängen, Begleitmineralien sind Altait, Arsen, Gold, Rodochrosit und andere Mineralien. Blättrige Kristalle mit bis zu 4 cm Durchmesser kommen aus Săcărîmb und Baia de Arieş, Rumänien. Schöne Exemplare wurden in Tavua, Viti Levu, Fidschi und in der Sylvia Mine, Tararu Creek, Neuseeland gefunden. Weitere Vorkommen in Gold Hill und Cripple Creek, Colorado, USA sowie in Kalgoorlie, Western Australia, Australien.

Sylvanit

$(Au,Ag)_2Te_4$

MONOKLIN ● ● ●

Eigenschaften: F – stahlgrau bis silberweiß, läuft gelb an; ST – stahlgrau bis silberweiß; G – metallisch; T – undurchsichtig; D – 8,2; H – 1,5–2; SP – vollkommen; B – uneben; M – kurzprismatische bis dicktafelige Kristalle, skelettförmige Aggregate, körnig.
Bildung und Fundorte: Hydrothermal auf niedriggradigen Erzgängen, auch in mittel- und hochgradigen Lagerstätten mit den Begleitmineralien Gold, Calaverit, Hessit, Krennerit und anderen Mineralien. Die besten Exemplare stammen aus Săcărîmb und Baia de Arieş, Rumänien, wo skelettförmige Kristalle und Aggregate auftreten. Kristalle wurden auch in Cripple Creek, Colorado, USA gefunden; Kristalle mit einem Durchmesser bis zu 1 cm stammen aus der Emperor Mine, Viti Levu, Fidschi.

Sylvanit 20 mm, Cripple Creek, USA

Krennerit xx 3 mm, Săcărîmb, Rumänien

Krennerit
$AuTe_2$

ORTHORHOMBISCH ● ●

Eigenschaften: F – silberweiß bis messinggelb; ST – gelblich grau; G – metallisch; T – undurchsichtig; D – 8,9; H – 2–3; SP – vollkommen; B – muschelig bis uneben; M – kurzprismatische, längs gestreifte Kristalle, massig.
Bildung und Fundorte: Hydrothermal auf goldhaltigen Gängen, Begleitmineralien sind Gold, Tellur, Pyrit, Quarz und andere Telluride. Kristalle mit bis zu 2 cm Durchmesser fand man in Tavua, Viti Levu, Fidschi. Kleine Kristalle traten in Săcărîmb und Faţa Baia, Rumänien sowie in Cripple Creek, Colorado, USA zutage.
Verwendung: Au-Erz.

Calaverit
$AuTe_2$

MONOKLIN ● ● ●

Eigenschaften: F – messinggelb bis silberweiß; ST – gelblich grau; G – metallisch; T – undurchsichtig; D – 9,3; H – 2,5–3; SP – keine; B – uneben bis muschelig; M – blättrige und kurzprismatische, längs gestreifte Kristalle, körnig, massig.
Bildung und Fundorte: Hydrothermal auf niedriggradigen, Au-haltigen Gängen, manchmal in mittel- und hochgradigen Lagerstätten, Begleitmineralien sind Coloradoit, Altait, Krennerit und andere Telluride. Häufige Vorkommen in der Mother Lode in California (Carson Hill). Bedeutende Vorkommen zusammen mit Hessit in Cripple Creek; Kristalle mit bis zu 1 cm Durchmesser stammen aus der Cresson Mine, Colorado, USA. Man kennt es auch aus mehreren Gruben bei Kirkland Lake, Ontario, Kanada.
Verwendung: Au-Erz.

Pyrit
FeS_2

KUBISCH ● ● ● ● ●

Eigenschaften: F – hellmessinggelb, läuft buntfarbig an und bildet eine rostfarbene Verwitterungsrinde; ST – grünlich schwarz; G – metallisch; T – undurchsichtig; D – 5,0; H – 6–6,5; SP – undeutlich; B – muschelig bis uneben; M – Kombinationen kubischer Kristalle, gestreifte, stalaktitische und kugelige Aggregate, massig.
Bildung und Fundorte: Magmatische Ausscheidungen in basischen Gesteinen mit Magnetkies und Pentlandit, in Pegmatiten und Skarn; hydrothermal in Porphyr und auf Gängen zusammen mit anderen Sulfiden; hydrothermal-sedimentär, sedimentär und metamorph. Magmatische Ausscheidungen kennt man aus Sudbury, Ontario, Kanada und Merensky Reef, Transvaal, Südafrika. Große Kristalle mit bis zu 20 cm Durchmesser kommen aus Rio Marina, Elba, Italien. Vorkommen schöner Oktaeder in Llallagua, Bolivien. Kristalle mit einem Durchmesser bis zu 12 cm wurden in Bingham und Park City, Utah, USA gefunden. Bis zu 15 cm große Kristalle stammen aus Huanzala und Quiruvilca, Peru. Die größte Pyrit-Lagerstätte ist Rio Tinto, Spanien, wo feinkörniger Pyrit Akkumulationen von etwa 1 Mrd. Tonnen bildet. Schöne, bis zu 8 cm große Würfel kommen aus Navajún, Spanien. Große verformte Kristalle mit bis zu

Calaverit 21 mm, Nagyag, Rumänien

Pyrit 74 mm, Navajún, Spanien

Pyrit 135 mm, Washington, USA

20 cm Durchmesser traten in der Sámo-Mine bei Hnúšťa, Slowakei zutage. Höchst interessante, komplexe Kristallkombinationen fand man in Nanisivik, Northwest Territories, Kanada. Würfel mit bis zu 30 cm Kantenlänge kommen aus Climax, Colorado, USA.
Verwendung: Gewinnung von Schwefelsäure.

Hauerit

MnS_2

KUBISCH ● ● ●

Eigenschaften: F – bräunlich rot bis bräunlich schwarz; ST – rötlich braun; G – metallisch bis diamanten; T – undurchsichtig; D – 3,44; H – 4; SP – vollkommen; B – uneben bis muschelig; M – oktaedrische Kristalle und ihre Kombinationen, kugelige Aggregate.
Bildung und Fundorte: Niedriggradiges Mineral sedimentären Ursprungs, begrenzt auf Tone mit hohem S-Gehalt. Die besten Kristalle mit einem Durchmesser bis zu 5 cm kommen aus der Destricella Mine bei Raddusa, Sizilien, Italien. Bis zu 2,5 cm große Kristalle und ihre Aggregate kennt man aus Víglašská Huta (früher Kalinka) bei Zvolen, Slowakei. Kristalle mit bis zu 1,5 cm Durchmesser treten in Tarnobrzeg, Polen auf. Mit den Begleitmineralien Schwefel, Gipsspat, Realgar und Calcit wurde es in den Salzstöcken bei High Island, Texas, USA gefunden.

Hauerit 39 mm, Raddusa, Italien

Sperrylith 55 mm, Talnach, Russische Föderation

Sperrylith
$PtAs_2$

KUBISCH ● ●

Eigenschaften: F – zinnweiß; ST – schwarz; G – metallisch; T – undurchsichtig; D – 10,8; H – 6–7; SP – undeutlich; B – muschelig; M – komplexe Kombinationen kubischer Kristalle, massig.
Bildung und Fundorte: Meist liquidmagmatischen Ursprungs mit den Begleitmineralien Magnetkies, Pentlandit, Cubanit und anderen Mineralien. Die besten Kristalle kommen aus Talnakh bei Norilsk, Sibirien, Russische Föderation, wo verwachsene Kristalle bis zu 5 cm Größe erreichten. Kristalle mit einem Durchmesser bis zu 4 cm kennt man aus Tweefontein, Potgietersrust, Bushveld, Südafrika. Vorkommen als eingesprengte Aggregate in Sudbury, Ontario, Kanada.

Aurostibit
$AuSb_2$

KUBISCH ● ●

Eigenschaften: F – grau, läuft buntfarbig an; ST – grau; G – metallisch; T – undurchsichtig; D – 9,9; H – 3; SP – keine; M – körnig.
Bildung und Fundorte: Hydrothermal auf Quarzgängen, Begleitmineralien sind Gold und andere Sb-Mineralien. Körner mit bis zu 5 mm Durchmesser kommen aus Krásná Hora, Tschechien. Weitere Vorkommen in der Giant Yellowknife Mine, Northwest Territories und in Hemlo, Thunder Bay, Ontario, Kanada. Funde auch in Bestyube, Kasachstan.

Krutait
$CuSe_2$

KUBISCH ●

Eigenschaften: F – grau; ST – grau; G – metallisch; T – undurchsichtig; D – 6,5; H – 4; M – mikroskopische Kristalle, massig.
Bildung und Fundorte: Hydrothermal, Begleitmineralien sind Clausthalit, Uranpecherz und andere Mineralien. Die reichhaltigsten Akkumulationen massiger Aggregate fand man in der El-Dragón-Mine, Potosí, Bolivien, wo sogar bis zu 1 mm große Kristalle auftraten. Es war zunächst aus Petrovice, Tschechien nur als mikroskopisch bekannt.

Kobaltglanz
CoAsS

ORTHORHOMBISCH ● ● ●

Eigenschaften: F – silberweiß; ST – grauschwarz; G – metallisch, diamanten bis matt; T – undurchsichtig; DE – 6,3; H – 5,5; SP – vollkommen; B – uneben; M – pseudokubische Kristalle, körnig, massig.
Bildung und Fundorte: Hydrothermal in hochgradigen Erzlagerstätten und metamorph, zusammen mit Magnetit, Sphalerit, Kupferkies, anderen Sulfiden und Arseniden von Co und Ni. Die besten Dodekaeder mit mehreren cm Durchmesser stammen aus

Aurostibit 4 mm, körnig, Krásná Hora, Tschechien

Krutait 40 mm, El Dragon, Bolivien

Kobaltglanz x 5 mm, Håkansboda, Schweden

metamorphen Sulfid-Lagerstätten in Tunaberg, Schweden. In anderen schwedischen Fundorten, wie Håkansboda und Ramsberg, traten Kristalle mit bis zu 6 cm Durchmesser auf. Schöne, etwa 1 cm große Kristalle fand man in der Magnesitlagerstätte Mútnik bei Hnúšťa, Slowakei. Kubische Kristalle mit bis zu 3 cm Durchmesser wurden in Espanola, Ontario, Kanada gefunden. Schöne Kristalle kennt man auch aus dem Skarn in Bimbowrie, South Australia, Australien.
Verwendung: Co-Erz.

Gersdorffit

NiAsS

KUBISCH ● ● ●

Eigenschaften: F – silberweiß bis stahlgrau, läuft dunkelgrau an; ST – grauschwarz; G – metallisch; T – undurchsichtig; D – 6,0; H – 5,5; SP – vollkommen; B – uneben; M – oktaedrische, gestreifte Kristalle und ihre Kombinationen, massig.
Bildung und Fundorte: Hydrothermal in mittelgradigen Erzlagerstätten, Begleitmineralien sind Nickelin, Nickelskutterudit, Ullmannit, Siderit und andere Mineralien. Kristalle mit bis zu 10 cm Durchmesser stammen aus der Snowbird Mine, Montana, USA. Wichtige Vorkommen in mehreren Gruben bei Sudbury und Cobalt, Ontario, Kanada. Große, spaltbare Massen kommen in Dobšiná, Rudňany und Nižná Slaná, Slowakei vor. Kristalle aus der Aït-Ahmane-Mine bei Bou Azzer, Marokko waren bis zu 4 cm groß.
Verwendung: Ni-Erz.

Gersdorffit xx 10 mm, Bou Azzer, Marokko

Ullmannit 60 mm, Bou Cricha, Marokko

Ullmannit

NiSbS

KUBISCH ● ●

Eigenschaften: F – stahlgrau bis silberweiß; ST – schwarz; G – metallisch; T – undurchsichtig; D – 6,8; H – 5–5,5; SP – vollkommen; B – uneben; M – Kombinationen kubischer Kristalle, massig.
Bildung und Fundorte: Hydrothermal auf Erzgängen zusammen mit anderen Ni-Mineralien. Schöne Kristalle mit bis zu 2 cm Durchmesser kommen aus Monte Narba bei Sarrabus, Sardinien, Italien. Zwillinge kennt man aus Lölling, Österreich. Bis zu 1 cm große Kristalle wurden in Kšice bei Stříbro, Tschechien gefunden. Größere Vorkommen in Broken Hill, New South Wales, Australien und in Cochabamba, Bolivien.
Verwendung: Ni-Erz.

Markasit 42 mm, Vintířov, Tschechien

Markasit

FeS_2

ORTHORHOMBISCH ● ● ● ●

Eigenschaften: F – zinnweiß, messinggelb, läuft buntfarbig an; ST – grünlich schwarz; G – metallisch; T – undurchsichtig; D – 4,9; H – 6–6,5; SP – gut; B – uneben; M – tafelige, pyramidale und prismatische Kristalle, oft hahnenkammähnliche Zwillingsbildungen, stalaktitisch, traubig und massig.
Bildung und Fundorte: Bildung unter tiefen Temperaturen in sehr saurer Umgebung, entweder in sedimentären oder in hydrothermalen Lagerstätten, Begleitmineralien sind Pyrit, Magnetkies, Bleiglanz, Sphalerit, Fluorit, Dolomitspat und Calcit. Hydrothermale Kristalle und Pseudomorphosen nach Magnetkies kennt man aus Freiberg, Deutschland; Llallagua, Bolivien und Chiuzbaia, Rumänien. Kristalle aus Wiesloch, Deutschland und Reocin, Santander, Spanien sind ähnlichen Ursprungs. Große Kristalle traten in Joplin, Missouri und in Galena, Illinois, USA zutage. Die besten Kristalle sedimentären Markasits stammen aus Kohlegruben. Schöne Kristalle aus Steinkohle fand man in Essen, Deutschland. Hahnenkammähnliche Aggregate mit bis zu 15 cm Durchmesser kommen aus dem Braunkohlebecken in Vintířov, Tschechien. Kugelige, radialstrahlige Konkretionen mit Pyrit kommen in Sparta, Illinois, USA und in der Champagne, Frankreich vor.
Verwendung: Gewinnung von Schwefelsäure.

Markasit 70 mm, Sparta, USA

Löllingit xx 7 mm, Cobalt, Kanada

Löllingit

$FeAs_2$

ORTHORHOMBISCH ● ● ●

Eigenschaften: F – stahlgrau bis silberweiß; ST – grauschwarz; G – metallisch; T – undurchsichtig; D – 7,5; H – 5–5,5; SP – teilweise gut; B – uneben; M – prismatische Kristalle, massig.
Bildung und Fundorte: Magmatisch in Pegmatiten; hydrothermal in Greisen und Sn-W-Gängen, seltener auf anderen Erzgängen, Begleitmineralien sind Skutterudit, Wismut, Nickelin, Siderit, Calcit und andere Mineralien. Schöne Kristalle kennt man aus dem Syenit in Langensundsfjord, Norwegen. Kristalle mit bis zu 50 cm Durchmesser stammen aus einem Pegmatit in Kaatiala, Finnland. Massen treten im Kobokobo-Pegmatit, Kivu, Dem. Rep. Kongo zutage. Massige Aggregate mit Schörl fand man in Dolní Bory, Aggregate mit Kassiterit in Přebuz, Tschechien.

Safflorit

$(Co,Fe)As_2$

ORTHORHOMBISCH ● ● ●

Eigenschaften: F – zinnweiß, läuft dunkelgrau an; ST – grauschwarz; G – metallisch; T – undurchsichtig; D – 7,5; H – 4,5–5; SP – gut; B – uneben bis muschelig; M – prismatische Kristalle, radialstrahlige Aggregate, massig.
Bildung und Fundorte: Hydrothermal in mittelgradigen Bereichen mit den Begleitmineralien Skutterudit, Rammelsbergit, Nickelin, Silber, Wismut und Löllingit. Verbreitet in Schneeberg, Deutschland; Cobalt, Ontario, Kanada; Batopilas, Chihuahua, Mexiko und in Bou Azzer, Marokko.

Rammelsbergit

$NiAs_2$

ORTHORHOMBISCH ● ● ●

Eigenschaften: F – zinnweiß, rötlich; ST – grau bis schwarz; G – metallisch; T – undurchsichtig; D – 7,1; H – 5,5–6; SP – gut; B – uneben; M – prismatische Kristalle, radialstrahlige und faserige Aggregate, massig.
Bildung und Fundorte: Hydrothermal auf mittelgradigen Gängen in Begleitung von anderen Ni- und Co-Mineralien. Traubige Aggregate kommen aus Schneeberg, Deutschland. Größere Vorkommen in Sarrabus, Sardinien, Italien; in der Eldorado Mine am Großen Bärensee; in Cobalt, Ontario, Kanada und Bou Azzer, Marokko.

Safflorit 70 mm, Bou Azzer, Marokko

Rammelsbergit 60 mm, Schneeberg, Deutschland

Arsenkies x 26 mm, Porral, Mexiko

Arsenkies
FeAsS

MONOKLIN ● ● ● ●

Eigenschaften: F – silberweiß bis stahlgrau; ST – schwarz; G – metallisch; T – undurchsichtig; D – 6,2; H – 5,5–6; SP – gut; B – uneben; M – dicktafelige bis prismatische, gestreifte Kristalle, körnig, massig.
Bildung und Fundorte: Vorkommen in Pegmatiten; hydrothermal in hochgradigen Ganglagerstätten und Greisen; metamorph in kontaktmetamorphem Skarn, Gneissen und Glimmerschiefer. Bis zu 30 cm lange, prismatische Kristalle kennt man aus der Obira Mine, Japan. Häufige Vorkommen in Sn- und W-Lagerstätten, schöne Kristalle stammen aus Horní Slavkov, Tschechien und Ehrenfriedersdorf, Deutschland. Schöne Kristalle mit bis zu 5 cm Durchmesser kommen aus Panasqueira, Portugal, wo sie in Begleitung mit Fluorapatit, Wolframit und Siderit auftreten. Von historischer Bedeutung waren die großen Kristalle aus Tavistock, Cornwall, England, GB. Bis zu 4 cm große Kristalle fand man in Llallagua, Bolivien. Kristalle mit bis zu 5 cm Durchmesser wurden vor kurzem in der Nikolai-Mine in Dalnegorsk, Russische Föderation gefunden. Glänzende Kristalle mit bis zu 3 cm Durchmesser kommen aus der Provinz Hunan, China.
Verwendung: As-Erz.

Gudmundit xx 10 mm, Nördlicher Ural, Russ. Föderation

Gudmundit
FeSbS

MONOKLIN ● ● ●

Eigenschaften: F – silberweiß bis stahlgrau; ST – schwarz; G – metallisch; T – undurchsichtig; D – 7,0; H – 5–6; SP – keine; B – uneben; M – prismatische, verzwillingte Kristalle, massig.
Bildung und Fundorte: Rezentes hydrothermales Mineral in Erzlagerstätten, auch in metamorphen Lagerstätten und in Skarn. Häufige Vorkommen in metamorphen Sulfidlagerstätten in Schweden (Boliden, Gudmundstorp). Massige Aggregate kennt man aus Kutná Hora und Vlastějovice, Tschechien. Bekannte Vorkommen in Broken Hill, New South Wales, Australien.

Molybdänglanz
MoS_2

HEXAGONAL ● ● ● ●

Eigenschaften: F – bleigrau; ST – bläulich grau; G – metallisch; T – undurchsichtig; D – 4,0; H – 1–1,5; SP – vollkommen; M – tafelige und prismatische Kristalle, schuppige Aggregate.
Bildung und Fundorte: Magmatisch in Pegmatiten, Graniten und Apliten, hydrothermal auf hochgradigen Gängen, auch auf Erzen in porphyrischen Gesteinen und in kontaktmetamorphen Lagerstätten; Begleitmineralien sind Kupferkies, Quarz und andere Mineralien. Große Kristalle kommen aus Pegmatiten in Blue Hill Bay, Maine, USA und aus Mutue-Fides-Stavoren, Transvaal, Südafrika, wo sie mehrere dutzend cm groß werden. Kristalle mit bis zu 15 x 7 cm Durchmesser stammen aus der Übergangszone zwischen Pegmatiten und Quarzgängen bei Arendal und Moss, Norwegen; große Kristalle treten auch im Temiskaming District, Québec, Kanada zutage; tafelige Kristalle mit bis zu 12 cm Durchmesser wurden in Quarz-Molybdänglanz-Brekzie-Schloten in Australien (Queensland, New South Wales) gefunden. Schöne Kristalle kennt man auch aus Kladnica bei Vitoša, Bulgarien; Horní Slavkov, Tschechien und Ehrenfriedersdorf, Deutschland. Als feinkörniges, eingesprengtes Erz wurde es in Bingham, Utah und Climax, Colorado, USA abgebaut.
Verwendung: Mo-Erz.

Skutterudit
$CoAs_{2-3}$

KUBISCH ● ● ●

Eigenschaften: F – zinnweiß bis stahlgrau, läuft grünlich bis buntfarbig an; ST – schwarz; G – metallisch;

Molybdänglanz 26 mm, Molly Hill, USA

T – undurchsichtig; D – 6,8; H – 5,5–6; SP – gut; B – muschelig bis uneben; M – Kombinationen kubischer Kristalle, skelettförmige Aggregate, körnig, massig.
Bildung und Fundorte: Hydrothermal auf mittel- bis hochgradigen Erzgängen, in Begleitung von anderen Ni- und Co-Mineralien. Kristalle mit einem Durchmesser bis zu 5 cm kommen aus Bou Azzer, Marokko. Mehrere cm große Kristalle wurden in Schneeberg und Annaberg, Deutschland gefunden. Große massige Akkumulationen traten in Cobalt und Gowganda, Ontario, Kanada zutage.
Verwendung: Co-Erz.

Skutterudit 25 mm, Schneeberg, Deutschland

Nickelskutterudit

$NiAs_3$

KUBISCH ● ● ● ●

Eigenschaften: F – zinnweiß bis silber, läuft grau und buntfarbig an; ST – schwarz; G – metallisch; T – undurchsichtig; D – 6,5; H – 5,5–6; SP – gut; B – muschelig bis uneben; M – Kombinationen kubischer Kristalle, skelettförmige Aggregate, körnig.
Bildung und Fundorte: Hydrothermal auf mittelgradigen Gängen mit Arsenkies, Arsen, Wismut, Calcit, Siderit und anderen Begleitmineralien. Kristallvorkommen in Chatham, Connecticut und Chester, Massachusetts, USA sowie im Val d'Anniviérs, Wallis, Schweiz. Massige Aggregate kommen aus Dobšiná, Slowakei; Les Chalanches, Frankreich; aus der Mohawk Mine, Michigan, USA und Schneeberg, Deutschland.
Verwendung: Co- und Ni-Erz.

Nickelskutterudit 36 mm, Deutschland

Proustit 25 mm, Chañarcillo, Chile

Proustit

Ag_3AsS_3

TRIGONAL ● ●

Eigenschaften: F – scharlachrot, dunkelt bei Lichteinwirkung nach; ST – scharlachrot; G – diamanten; T – durchscheinend bis undurchsichtig; D – 5,6; H – 2–2,5; SP – gut; B – muschelig bis uneben; M – prismatische, rhomboedrische und skalenoedrische Kristalle, massig.
Bildung und Fundorte: Niedriggradig hydrothermales Mineral, auch in der Oxidations- und Zementationszone zusammen mit Stephanit, Silber, Xanthokon, Akanthit und anderen Mineralien. Die besten Exemplare mit bis zu 10 cm langen Kristallen kommen aus der Dolores-Mine, Chañarcillo, Chile. Bis zu 8 cm lange Kristalle fand man in der Grube Himmelsfürst in Freiberg, in Niederschlema und Schneeberg, Deutschland. Große Drusen mit Kristallen von einem Durchmesser bis zu 4 x 2 cm traten in Jáchymov zutage; Kristalle mit einem Durchmesser bis zu 2 cm kennt man aus Příbram und Stará Vožice, Tschechien. Schöne Kristalle stammen aus Batopilas, Chihuahua und Sombrerete, Zacatecas, Mexiko. Kristalline Massen von Proustit mit über 250 kg wurden 1865 in der Poorman Mine, Silver City, Idaho, USA entdeckt.
Verwendung: Ag-Erz.

Pyrargyrit 61 mm, Zacatecas, Mexiko

Pyrargyrit
Ag_3SbS_3

TRIGONAL ● ●

Eigenschaften: F – dunkelrot, dunkelt bei Lichteinwirkung nach; ST – kirschrot; G – diamanten; T – durchscheinend bis undurchsichtig; D – 5,9; H – 2,5; SP – gut; B – muschelig bis uneben; M – prismatische, rhomboedrische und skalenoedrische Kristalle, körnig, massig.
Bildung und Fundorte: Niedriggradig hydrothermales Mineral, auch sekundär in der Oxidations- und Zementationszone, Begleitmineralien sind Silber, Akanthit, andere Ag-Sulfosalze, Calcit und Quarz. Kristalle aus Colquechaca, Bolivien und Chañarcillo, Chile sind mehrere cm groß. Bis zu 7 cm lange Kristalle kamen im Santo-Niño-Gang in Fresnillo, Zacatecas, Mexiko vor. Die San-Genaro-Mine in Huancavelica, Peru brachte Kristalle mit bis zu 5 cm Durchmesser zutage. Kristalle mit einem Durchmesser bis zu 4 cm wurden in Freiberg gefunden, etwas kleinere Kristalle kennt man aus St. Andreasberg, Deutschland. Kristalle mit bis zu 2 cm Durchmesser stammen aus Příbram und Stará Vožice, Tschechien. Kristalle mit bis zu 5 cm Durchmesser fand man in der San-Carlos-Mine, Hiendelaencina, Spanien.
Verwendung: Ag-Erz.

Xanthokon
Ag_3AsS_3

MONOKLIN ● ●

Eigenschaften: F – dunkelscharlachrot, orangegelb bis gelbbraun; ST – orangegelb; G – diamanten; T – durchscheinend; D – 5,5; H – 2–3; SP – gut; B – muschelig; M – tafelige und leistenförmige Kristalle, traubige und radialstrahlige Aggregate.

Xanthokon xx 2 mm, Marienberg, Deutschland

Pyrostilpnit 60 mm, Potosí, Bolivien

Bildung und Fundorte: Hydrothermal auf Erzgängen zusammen mit Proustit, Pyrargyrit, Akanthit, Arsen und Calcit. Traubige Massen mit gelben, bis zu 7 mm langen Kristallen kommen aus Freiberg; weitere bedeutende Fundorte sind St. Andreasberg, Deutschland; Sainte-Marie-aux-Mines, Frankreich; Cobalt, Ontario, Kanada; Příbram, Třebsko und Jáchymov, Tschechien.

Pyrostilpnit
Ag_3SbS_3

MONOKLIN ● ●

Eigenschaften: F – hyazinth- bis orangerot; ST – orangegelb; G – diamanten; T – durchscheinend; D – 6,0; H – 2; SP – vollkommen; B – muschelig; M – tafelige bis leistenförmige Kristalle, radialstrahlige Aggregate.
Bildung und Fundorte: Hydrothermal auf niedriggradigen Gängen, Begleitmineralien sind Pyrargyrit, Stephanit, Akanthit und andere Ag-Mineralien. Die besten Kristalle kommen aus St. Andreasberg, Deutschland. Bis zu 1 cm lange Kristalle fand man in Příbram, Třebsko und Jáchymov, Tschechien. Vorkommen auch in Colquechaca, Bolivien und Chañarcillo, Chile.

Samsonit

$Ag_4MnSb_2S_6$

MONOKLIN ●

Eigenschaften: F – stahlgrau; ST – dunkelrot; G – metallisch; T – undurchsichtig; D – 5,5; H – 2,5; SP – keine; B – muschelig; M – prismatische, gestreifte Kristalle.

Bildung und Fundorte: Der einzige Fundort, an dem es in größeren Mengen zutage trat, war die Grube Samson in St. Andreasberg, Deutschland, wo Kristalle mit bis zu 1 cm Durchmesser gefunden wurden.

Samsonit x 12 mm, St. Andreasberg, Deutschland

Chalkostilbit

$CuSbS_2$

ORTHORHOMBISCH ● ●

Eigenschaften: F – bleigrau, läuft blau und grün an; ST – bleigrau; G – metallisch; T – undurchsichtig; D – 5,0; H – 3–4; SP – vollkommen; B – muschelig; M – langprismatische, gestreifte Kristalle, körnig, massig.

Bildung und Fundorte: Hydrothermal auf Erzgängen, Begleitmineralien sind Jamesonit, Kupferkies, Tetraedrit, Stibnit, Andorit und andere Mineralien. Leicht abgeänderte, bis zu 10 cm lange Kristalle kennt man aus Rar-el-Auz bei Casablanca, Marokko. Häufige Vorkommen in Bolivien (Huanchaca, Oruro, Colquechaca), wo bis zu 1 cm große Kristalle auftreten.

Chalkostilbit 29 mm, Saint Pons, Frankreich

Emplektit 60 mm, Schwarzenberg, Deutschland

Die wohl besten Kristalle mit bis zu 16 cm Länge wurden vor kurzem bei Saint Pons, Frankreich entdeckt.

Emplektit

$CuBiS_2$

ORTHORHOMBISCH ●●●

Eigenschaften: F – zinnweiß bis stahlgrau; ST – schwarz; G – metallisch; T – undurchsichtig; D – 6,4; H – 2; SP – vollkommen; B – muschelig bis uneben; M – dünnprismatische bis nadelförmige, längs gestreifte Kristalle.

Berthierit 98 mm, Herja, Rumänien

Wittichenit 50 mm, Wittichen, Deutschland

Bildung und Fundorte: Hydrothermal auf hochgradigen Gängen, Begleitmineralien sind Kupferkies, Molybdänglanz, Quarz, Tetraedrit und andere Mineralien. Schöne, bis zu 3 cm lange nadelförmige Kristalle kommen aus Krupka, Tschechien. Kristallisierte Exemplare fand man auch in Wittichen und Johanngeorgenstadt, Deutschland sowie in Colquijirca, Peru und in der Akenobe-Mine, Japan.

Wittichenit

Cu_3BiS_3

ORTHORHOMBISCH ●●

Eigenschaften: F – stahlgrau bis zinnweiß, läuft gelb bis stahlgrau an; ST – schwarz; G – metallisch; T – undurchsichtig; D – 6,2; H – 2–3; SP – keine; B – muschelig; M – prismatische Kristalle, massig.
Bildung und Fundorte: Hydrothermal auf Erzgängen, Begleitmineralien sind andere Bi-Mineralien, Cu-Fe-Sulfide, Selenide und sekundäre U-Mineralien. Vorkommen in Wittichen, Deutschland; Baiţa Bihorului, Rumänien; Tsumeb, Namibia und Cerro de Pasco, Peru.

Berthierit

$FeSb_2S_4$

ORTHORHOMBISCH ●●●

Eigenschaften: F – dunkelstahlgrau, läuft braun bis buntfarbig an; ST – dunkelbraun bis grau; G – metallisch; T – undurchsichtig; D – 4,7; H – 2–3; SP – undeutlich; M – langprismatische, senkrecht gestreifte Kristalle, faserige, verfilzte und radialstrahlige Aggregate.
Bildung und Fundorte: Hydrothermal in niedriggradigen Sb-Lagerstätten. Nadelförmige, bis zu 1 cm lange Kristalle kennt man aus der St. Antoni de Padua Gallerie in Kutná Hora, Tschechien; dickprismatische Kristalle kommen aus Poproč, Slowakei. Buntfarbige, bis zu 20 cm lange Säulenaggregate fand man in Herja, Rumänien. Schöne Exemplare kennt man auch aus Oruro, Bolivien.

Stephanit xx 8 mm, Zacatecas, Mexiko

Stephanit

Ag_5SbS_4

ORTHORHOMBISCH ● ●

Eigenschaften: F – schwarz; ST – schwarz; G – metallisch; T – undurchsichtig; D – 6,3; H – 2–2,5; SP – undeutlich; B – muschelig; M – kurzprismatische bis tafelige, gestreifte Kristalle, massig.
Bildung und Fundorte: Rezentes hydrothermales Mineral in Ag-Lagerstätten, Begleitmineralien sind Proustit, Akanthit, Silber, Tetraedrit, Bleiglanz, Sphalerit und Pyrit. Bis zu 4 cm lange Kristalle kommen aus Příbram und Jáchymov, Tschechien und aus St. Andreasberg, Deutschland. Kristalle mit bis zu 5 cm Durchmesser fand man in der Las-Chispas-Mine, Arizpe, Sonora, Mexiko und in Hiendelaencina, Spanien. Kleinere Kristalle traten in Freiberg, Schneeberg und Annaberg, Deutschland zutage.
Verwendung: Ag-Erz.

Pearceit

$Ag_{16}As_2S_{11}$

MONOKLIN ● ●

Eigenschaften: F – schwarz; ST – schwarz; G – metallisch; T – undurchsichtig; D – 6,1; H – 3; SP – keine; B – muschelig bis unregelmäßig; M – kurzprismatische bis tafelige Kristalle und rosettenartige Aggregate, massig.
Bildung und Fundorte: Hydrothermal in niedrig- bis mittelgradigen Lagerstätten mit Akanthit, Silber, Proustit, Quarz, Baryt und Calcit. Kristalle mit mehreren mm Durchmesser kennt man aus Jáchymov, Moldava und Měděnec, Tschechien; aus Arqueros, Chile und aus der Veta-Rica-Mine, Coahuila, Mexiko. Kristalle mit bis zu 12 mm Durchmesser fand man in der Caribou-Mine, Colorado, USA sowie in Dzhezkazgan, Kasachstan. Große Akkumulationen von fast reinem Pearceit traten in der Mollie-Gibson-Mine bei Aspen, Colorado, USA zutage.
Verwendung: Ag-Erz.

Polybasit

$(Ag,Cu)_{16}Sb_2S_{11}$

MONOKLIN ● ●

Eigenschaften: F – schwarz; ST – schwarz; G – metallisch; T – undurchsichtig; D – 6,4; H – 2–3; SP – undeutlich; B – uneben; M – pseudohexagonale, tafelige Kristalle, massig.
Bildung und Fundorte: Hydrothermal auf niedrig- bis mittelgradigen Erzgängen, Begleitmineralien sind Pyrargyrit, Tetraedrit, Stephanit, Akanthit, Quarz und andere Mineralien. Kristalle mit mehreren cm Durchmesser kennt man aus Wolfach, St. Andreas-

Pearceit xx 15 mm, Guanajuato, Mexiko

Polybasit 39 mm, Zacatecas, Mexiko

berg, Freiberg und Schneeberg, Deutschland sowie aus Guanajuato, Mexiko. Die besten Exemplare mit tafeligen, bis zu 9 cm Durchmesser erreichenden Kristallen kommen aus der Las-Chispas-Mine, Arizpe, Sonora, Mexiko.
Verwendung: Ag-Erz.

Lorandit

$TlAsS_2$

MONOKLIN ● ●

Eigenschaften: F – scharlachrot, bleigrau, mit einem gelben Überzug; ST – kirschrot; G – metallisch bis diamanten; T – durchscheinend bis durchsichtig; D – 5,5; H – 2–2,5; SP – vollkommen; M – kurzprismatische bis tafelige Kristalle, körnig, massig.
Bildung und Fundorte: Hydrothermal, Begleitmineralien sind Stibnit, Realgar, Auripigment, Pyrit und andere Mineralien. Kristalle mit bis zu 5 cm Durchmesser wurden in Allchar, Makedonien gefunden. Weitere Vorkommen in Djijikrut, Tadschikistan und aus den Dolomitgruben von Lengenbach, Binntal, Schweiz.

Livingstonit

$HgSb_4S_8$

MONOKLIN ● ●

Eigenschaften: F – schwarzgrau; ST – rot; G – metallisch bis diamanten; T – undurchsichtig; D – 5,0; H – 2; SP – vollkommen; M – nadelförmige Kristalle, säulige und faserige Aggregate, massig.
Bildung und Fundorte: Hydrothermal auf niedriggradigen Gängen, Begleitmineralien sind Zinnober, Stibnit, Getchellit und andere Mineralien. Die besten Exemplare mit prismatischen, bis zu 5 cm langen Kristallen kennt man aus Khaidarkan und etwas kleinere Kristalle aus Kadamdzhai, Kirgistan. Weitere Vorkommen in der La-Cruz-Mine, Huitzuco, Guerrero, Mexiko und in der Matsuo-Mine, Japan.

Lorandit x 10 mm, Allchar, Makedonien

Livingstonit 40 mm, Chajdarkan, Kirgistan

Bournonit 62 mm, Cornwall, Großbritannien

Bournonit

$PbCuSbS_3$

ORTHORHOMBISCH ● ● ● ●

Eigenschaften: F – stahlgrau bis schwarz; ST – stahlgrau bis schwarz; G – diamanten bis matt; T – undurchsichtig; D – 5,8; H – 2,5–3; SP – undeutlich; B – muschelig bis uneben; M – kurzprismatische bis tafelige Kristalle, oft gestreift, körnig, massig.
Bildung und Fundorte: Hydrothermal in mittelgradigen Erzlagerstätten, zusammen mit Bleiglanz, Tetraedrit, Pyrit, Siderit und anderen Begleitmineralien. Die schönsten Kristalle, als Rädelerz bezeichnete, komplexe Zwillinge mit über 5 cm Durchmesser stammen aus der Herodsfoot Mine bei Liskeard, Cornwall, England, GB. Tafelige Kristalle mit bis zu 4 cm Durchmesser wurden in den Sideritgruben von Příbram, Tschechien gefunden; große prismatische und tafelige Kristalle kennt man aus Neudorf, Deutschland. Kleinere Kristalle kommen in Cavnic und Baia Sprie, Rumänien vor. Kristalle mit bis zu 10 cm Durchmesser traten in Machacamarca, Bolivien zutage. Bis zu 4 cm große Kristalle kommen aus Huancavelica, Peru. Kristalle mit einem Durchmesser bis zu 10 cm sind aus der Les-Malines-Mine, Frankreich bekannt. Auch in Chenzhou, Provinz Hunan, China wurden Kristalle mit bis zu 2 cm Durchmesser gefunden.
Verwendung: Pb-, Cu- und Sb-Erz.

Aikinit

$PbCuBiS_3$

ORTHORHOMBISCH ● ●

Eigenschaften: F – schwarzgrau, läuft braun an; ST – grauschwarz; G – metallisch; T – undurchsichtig; D –

Aikinit xx 2 mm, Rudňany, Slowakei

Betechtinit xx 10 mm, Dzhezkazgan, Kasachstan

7,3; H – 2–2,5; SP – undeutlich; B – uneben; M – prismatische bis nadelförmige, gestreifte Kristalle, massig.
Bildung und Fundorte: Hydrothermal auf Erzgängen, Begleitmineralien sind Gold, Pyrit, Bleiglanz, Tennantit und andere Mineralien. Bekannte Vorkommen in Quarzgängen mit Gold in Berezovsk, Ural, Russische Föderation, wo bis zu 3 cm lange Kristalle gefunden wurden; schöne Kristalle kommen auch aus La Gardette, Bourg d'Oisans, Frankreich. Körner mit bis zu 5 cm Durchmesser traten in der Outlaw Mine, Nevada, USA zutage. Weitere Vorkommen in metamorphen Gängen im Val d'Anniviers, Schweiz.

Betechtinit

$Cu_{10}(Fe,Pb)S_6$

ORTHORHOMBISCH ● ●

Eigenschaften: F – schwarz; ST – schwarz; G – metallisch; T – undurchsichtig; D – 6,1; H – 3–3,5; SP – gut; M – nadelförmige Kristalle, körnig.
Bildung und Fundorte: Hydrothermal in Erzlagerstätten. Die besten Exemplare kommen aus Dzhezkazgan, Kasachstan, wo sich Ansammlungen aus bis zu 7 cm langen, nadelförmigen Kristallen bildeten. Begleitmineralien sind Bornit, Kupferglanz, Djurleit und andere Mineralien. Reichhaltige Funde auch in Kipushi, Shaba, Dem. Rep. Kongo. Körnige Aggregate sind in Calcitgängen ziemlich weit verbreitet, z. B. in den Gängen, die die Cu-haltigen Schiefer bei Eisleben, Mansfeld, Deutschland kreuzen.

Andorit

$PbAgSb_3S_6$

ORTHORHOMBISCH ● ●

Eigenschaften: F – dunkelstahlgrau, läuft gelb und buntfarbig an; ST – schwarz; G – metallisch; T – undurchsichtig; D – 5,4; H – 3–3,5; SP – keine; B – muschelig; M – prismatische und tafelige, gestreifte Kristalle, massig.
Bildung und Fundorte: Hydrothermal in Erzlagerstätten, zusammen mit Kassiterit, Jamesonit, Stannin und anderen Begleitmineralien. Die besten bekannten Exemplare kommen aus der Itos und der San-José-Mine in Oruro und aus der Tatasi-Mine in Potosí, Bolivien, wo Kristalle mit bis zu 3 cm Durchmesser auftreten. Dünntafelige Kristalle kennt man aus Baia Sprie, Rumänien und aus der Keyser-Mine, Nevada, USA. Bis zu 1 cm lange Nadeln traten in Třebsko, Tschechien zutage.
Verwendung: Ag-Erz.

Andorit 45 mm, Oruro, Bolivien

Freieslebenit xx 2 mm, Baia Sprie, Rumänien

Freieslebenit

$AgPbSbS_3$

MONOKLIN ● ●

Eigenschaften: F – hellstahlgrau, bleigrau bis silberweiß; ST – hellstahlgrau, bleigrau bis silberweiß; G – metallisch; T – undurchsichtig; D – 6,2; H – 2–2,5; SP – undeutlich; B – muschelig bis uneben; M – prismatische, gestreifte Kristalle.
Bildung und Fundorte: Hydrothermal in Erzlagerstätten, Begleitmineralien sind Akanthit, Pyrargyrit, Silber, Bleiglanz, Siderit und Andorit. Kristalle mit bis zu 2 cm Durchmesser kommen aus Santa Cecilia, Guadalajara, Spanien; Freiberg, Deutschland; Oruro, Bolivien und aus dem Treasury-Gang, Colorado, USA.

Diaphorit xx 5 mm, Příbram, Tschechien

Diaphorit

$Pb_2Ag_3Sb_3S_3$

MONOKLIN ● ●

Eigenschaften: F – stahlgrau; ST – stahlgrau; G – metallisch; T – undurchsichtig; D – 6,0; H – 2,5–3; SP – keine; B – muschelig bis uneben; M – prismatische, gestreifte Kristalle.
Bildung und Fundorte: Hydrothermal in mittelgradigen Erzgängen, Begleitmineralien sind Bleiglanz, Sphalerit, Pyrargyrit, Pyrit und andere Mineralien. Schöne gestreifte, bis zu 1 cm große Kristalle kommen aus den Quarzgängen in Příbram; seltene, kleine Kristalle mit nur wenigen mm Durchmesser wurden in den Quarzgängen der St. Antoni de Pa-

Sartorit x 4 mm, Binntal, Schweiz

dua Gallerie in Kutná Hora, Tschechien gefunden. Komplexe Kristallkombinationen kennt man aus Bräunsdorf, Deutschland. Bis zu 8 mm lange Kristalle traten in Hiendelaencina, Guadalajara, Spanien zutage. Vorkommen auch in Catorce, San Luis Potosí, Mexiko.

Sartorit

$PbAs_2S_4$

MONOKLIN ● ●

Eigenschaften: F – dunkelbleigrau; ST – schokoladenbraun; G – metallisch; T – undurchsichtig; D – 5,1; H – 3; SP – gut; B – muschelig; M – prismatische, gestreifte Kristalle.
Bildung und Fundorte: Hydrothermal in Dolomit, Begleitmineralien sind Tennantit, Dufrénoysit, Pyrit und Realgar. Die besten Kristalle mit bis zu 10 cm Länge stammen aus Lengenbach, Binntal, Schweiz. Weitere Funde in der Zuni Mine, Colorado, USA.

Baumhauerit

$Pb_3As_4S_9$

TRIKLIN ●

Eigenschaften: F – blei- bis stahlgrau, läuft buntfarbig an; ST – schokoladenbraun; G – metallisch; T – undurchsichtig; D – 5,4; H – 3; SP – vollkommen; B – muschelig; M – tafelige bis kurzprismatische, gestreifte Kristalle, körnig.
Bildung und Fundorte: Hydrothermal, Begleitmineralien sind Realgar und andere Sulfosalze. Die besten Kristalle mit bis zu 2,5 cm Durchmesser kommen aus Lengenbach, Binntal, Schweiz. Massige Aggregate fand man in Hemlo, Thunder Bay, Ontario, Kanada und Sterling Hill, New Jersey, USA.

Baumhauerit 50 mm, Binntal, Schweiz

Rathit 60 mm, Binntal, Schweiz

Rathit

$(Pb,Tl)_3As_5S_{10}$

MONOKLIN ●

Eigenschaften: F – bleigrau, läuft buntfarbig an; ST – schokoladenbraun; G – metallisch; T – undurchsichtig; D – 5,3; H – 3; SP – vollkommen; B – muschelig; M – prismatische, gestreifte Kristalle.
Bildung und Fundorte: Hydrothermal, Begleitmineralien sind andere Pb-Tl-As-S-Mineralien. Kristalle mit bis zu 1 cm Durchmesser stammen aus dem Dolomit in Lengenbach, Binntal, Schweiz.

Dufrénoysit

$Pb_2As_2S_5$

MONOKLIN ● ●

Eigenschaften: F – blei- bis stahlgrau; ST – rotbraun bis schokoladenbraun; G – metallisch; T – undurchsichtig; D – 5,6; H – 3; SP – vollkommen; B – muschelig; M – längs gestreifte, tafelige Kristalle.
Bildung und Fundorte: Hydrothermal niedriggradiges Mineral, Begleitmineralien sind Rathit, Sartorit, Baumhauerit, Realgar und andere Mineralien. Die besten Kristalle mit bis zu 2,5 cm Durchmesser stammen aus dem Dolomit in Lengenbach, Binntal, Schweiz. Weitere Funde in Batopilas, Chihuahua, Mexiko.

Dufrénoysit x 10 mm, Binntal, Schweiz

Jordanit x 12 mm, Binntal, Schweiz

Jordanit

$Pb_{14}(As,Sb)_6S_{23}$

MONOKLIN ● ●

Eigenschaften: F – bleigrau, läuft buntfarbig an; ST – schwarz; G – metallisch; T – undurchsichtig; D – 6,4; H – 3; SP – vollkommen; B – muschelig; M – tafelige Kristalle, traubige Aggregate.

Bildung und Fundorte: Hydrothermal in niedriggradigen Erzgängen, auch in metamorphen Dolomiten, zusammen mit Tennantit, Sphalerit, Bleiglanz, Dolomitspat und anderen Begleitmineralien. Die bekanntesten Kristalle mit bis zu 5 cm Durchmesser stammen aus dem Dolomit in Lengenbach, Binntal, Schweiz. Tafelige Kristalle traten auch in Săcărîmb, Rumänien zutage. Traubige, auf Barytkristallen aufgewachsene Aggregate kennt man aus der Yunosawa Mine, Japan.

Geokronit 70 mm, Příbram, Tschechien

Geokronit

$Pb_{14}(Sb,As)_6S_{23}$

MONOKLIN ● ●

Eigenschaften: F – hellbleigrau; ST – hellbleigrau bis graublau; G – metallisch; T – undurchsichtig; D – 6,4; H – 2,5; SP – gut; B – uneben; M – tafelige Kristalle, massig.

Bildung und Fundorte: Hydrothermal auf Erzgängen, Begleitmineralien sind Bleiglanz, Pyrit, Tetraedrit, Barit, Fluorit und Quarz. Kristalle mit bis zu 8 cm Durchmesser kommen aus Pietrasanta, Italien. Bis zu 9 cm große Kristalle fand man in Virgem da Lapa, Brasilien. Tafelige Kristalle mit einem Durchmesser bis zu 4 cm traten in der Kilbricken Mine, Irland auf. Massige Aggregate kennt man aus Příbram, Tschechien.

Zinkenit

$Pb_9Sb_{22}S_{42}$

HEXAGONAL ●●●

Eigenschaften: F – stahlgrau, läuft buntfarbig an; ST – stahlgrau; G – metallisch; T – undurchsichtig; D – 5,3; H – 3–3,5; SP – undeutlich; B – uneben; M – dünnprismatische, gestreifte Kristalle, radialstrahlige bis verfilzte Aggregate, massig.
Bildung und Fundorte: Hydrothermal auf Erzgängen, Begleitmineralien sind Stibnit, Jamesonit, Boulangerit, Bournonit, Stannin und andere Mineralien. Kristalle mit bis zu 5 cm Durchmesser kennt man aus der Itos und der San-José-Mine in Oruro, Bolivien. Vorkommen auch in Wolfsberg, Deutschland; St. Pons, Frankreich; Săcărîmb und Baia Sprie, Rumänien.

Jamesonit

$Pb_4FeSb_6S_{14}$

MONOKLIN ●●●●

Eigenschaften: F – grauschwarz, läuft buntfarbig an; ST – grauschwarz; G – metallisch; T – undurchsichtig; D – 5,8; H – 2,5; SP – gut; B – uneben; M – nadelförmige Kristalle, faserige und verfilzte Aggregate, massig.

Zinkenit 39 mm, Oruro, Bolivien

Jamesonit xx 30 mm, Sombrerete, Mexiko

Bildung und Fundorte: Hydrothermal auf mittel- und niedriggradigen Erzgängen unedler Metalle, Begleitmineralien sind andere Pb-Sulfosalze, Pyrit, Sphalerit, Bleiglanz, Tetraedrit, Quarz und andere Mineralien. Bis zu 8 cm lange Nadeln traten in vielen Fundorten in Bolivien zutage (Tasna; Poopó; San José und den Itos-Minen, Oruro). Weitere Vorkommen in Wolfsberg und Freiberg, Deutschland; Nižná Slaná, Slowakei und Sombrerete, Zacatecas, Mexiko.
Verwendung: Pb- und Sb-Erz.

Semseyit
$Pb_9Sb_8S_{21}$

MONOKLIN ●●

Eigenschaften: F – grau bis schwarz; ST – schwarz; G – metallisch; T – undurchsichtig; D – 6,1; H – 2,5; SP – vollkommen; M – tafelige und prismatische Kristalle sowie ihre rosettenartigen Aggregate.
Bildung und Fundorte: Hydrothermal auf mittelgradigen Gängen, Begleitmineralien sind Jamesonit, Bournonit, Zinckenit, Sphalerit und andere Mineralien. Schöne rosettenartige Kristallaggregate mit über 1 cm Durchmesser stammen aus Baia Sprie, Herja und Rodna, Rumänien. Weitere Fundorte sind die San-José-Mine, Oruro, Bolivien; Wolfsberg, Deutschland und Huancavelica, Peru.

Boulangerit
$Pb_5Sb_4S_{11}$

MONOKLIN ●●●●

Eigenschaften: F – bleigrau; ST – schwarz; G – metallisch bis seiden; T – undurchsichtig; D – 6,2; H – 2,5–3; SP – gut; M – nadelförmige, gestreifte Kristalle, faserige und verfilzte Aggregate.
Bildung und Fundorte: Hydrothermal auf niedrig- bis mittelgradigen Erzgängen, zusammen mit weiteren Pb-Sulfosalzen, Bleiglanz, Sphalerit und anderen Begleitmineralien. Schöne, über 10 cm lange Nadeln stammen aus den Quarzgruben in Příbram, Tschechien. Bekannte Vorkommen im Cœur d'Alene District, Idaho, USA. Bis zu 30 cm lange, nadelförmige Kristalle fand man in Trepča, Serbien und Leadville, Colorado, USA. Weitere Vorkommen in Wolfsberg, Deutschland und in Bolivien (Colquechaca, Huanuni, Isca-Isca).

Cosalit
$Pb_2Bi_2S_5$

ORTHORHOMBISCH ●●●

Eigenschaften: F – blei- bis stahlgrau, silberweiß; ST – schwarz; G – metallisch; T – undurchsichtig; D – 7,1; H – 2,5–3; SP – keine; B – uneben; M – prismatische bis nadelförmige Kristalle, radialstrahlige und faserige Aggregate.
Bildung und Fundorte: Magmatisch in Pegmatiten, hydrothermal in mittelgradigen Lagerstätten; auch metamorph, Begleitmineralien sind Sphalerit, Kup-

Semseyit 40 mm, Cavnic, Rumänien

Boulangerit 40 mm, Zacatecas, Mexiko

Cosalit xx 3 mm, Ocna de Fier, Rumänien

ferkies, Pyrit, Kobaltglanz und andere Mineralien. Längliche Kristalle kennt man aus Crodo, Italien. Schöne, bis zu 4 cm lange und in Quarzkristallen eingeschlossene Nadeln wurden in Kara-Oba, Kasachstan gefunden. Vorkommen auch in Au-Lagerstätten (Homestake Mine, South Dakota, USA) oder in Skarn (Baiţa Bihorului, Rumänien).

Kobellit

$Pb_{22}Cu_4(Bi,Sb)_{30}S_{69}$

ORTHORHOMBISCH ● ● ●

Eigenschaften: F – schwarzgrau bis stahlgrau; ST – schwarz; G – metallisch; T – undurchsichtig; D – 6,5; H – 2,5–3; SP – gut; M – faserige Aggregate, körnig, massig.

Bildung und Fundorte: Hydrothermal auf hochgradigen Gängen und in Pegmatiten, zusammen mit Kobaltglanz, Arsenkies, Kupferkies und anderen Begleitmineralien. Bekannte Vorkommen aus einem sulfidreichen Pegmatit in der Grube von Superior Stone, North Carolina, USA. Massige Aggregate kommen in Jedlóvec, Slowakei vor. Die ersten Funde stammen aus der Hvena-Mine bei Åskersund, Schweden.

Kobellit xx 20 mm, Rožňava, Slowakei

Realgar 64 mm, Shimen, China

Realgar

AsS

MONOKLIN ● ● ● ●

Eigenschaften: F – rot bis orangegelb; ST – orangerot bis rot; G – harzig bis fettig; T – durchsichtig bis durchscheinend; D – 3,6; H – 1,5–2; SP – gut; B – muschelig; M – prismatische, längs gestreifte Kristalle, körnig, massig.

Bildung und Fundorte: Hydrothermal auf niedriggradigen Gängen, Begleitmineralien sind andere As-Sb-Mineralien; auch als Sublimationsprodukt vulkanischer Gase, in Thermalquellen und Sedimenten. Die schönsten Kristalle mit über 10 cm Länge kommen aus Shimen, Hunan, China. Bis zu 7 cm lange Kristalle traten in der Getchell Mine, Nevada, USA zutage. Bis zu 8 cm lange Kristalle fand man in Lengenbach, Binntal, Schweiz. Kristalle kennt man auch aus Baia Sprie, Rumänien. Massige Aggregate sind häufig in Allchar, Makedonien anzutreffen.

Auripigment 40 mm, Baia Sprie, Rumänien

Auripigment

As_2S_3

MONOKLIN ● ● ● ●

Eigenschaften: F – zitronengelb bis bronzegelb; ST – hellzitronengelb; G – harzig bis perlmuttartig; T – durchsichtig bis durchscheinend; D – 3,5; H – 1,5–2; SP – vollkommen; M – prismatische Kristalle, blättrige und faserige Aggregate.

Bildung und Fundorte: Hydrothermal auf niedriggradigen Gängen, zusammen mit Realgar, Stibnit, Calcit usw., auch aus Thermalquellen und Fumarolen. Es ist zudem häufig ein Produkt der Realgaroxidation. Die besten Kristalle mit bis zu 10 cm Länge

stammen aus Shimen, Hunan, China. Schöne Spaltblättchen treten in Lukhumi, Georgien und Men-Kyule, Jakutien, Russische Föderation zutage. Kristalle mit bis zu 5 cm Durchmesser fand man in der La-Libertad-Mine, Quiruvilca und in Huayllapon, Ancash, Peru. Bis zu 8 cm lange Kristalle fand man in der Getchell Mine, Nevada, USA. Schöne Exemplare sind auch aus Allchar, Makedonien und Khaidarkan, Kirgistan bekannt.
Verwendung: As-Erz, Farbstoff.

Getchellit
$AsSbS_3$

MONOKLIN ● ●

Eigenschaften: F – dunkelrot, läuft grün und buntfarbig an; ST – orangerot; G – perlmuttartig bis glasig, harzig; T – durchsichtig; D – 4,0; H – 1,5–2; SP – vollkommen; B – splitterig; M – unvollkommene, gekrümmte Kristalle, massig.
Bildung und Fundorte: Hydrothermal in niedriggradigen Erzlagerstätten, Begleitmineralien sind Auripigment, Realgar, Stibnit, Zinnober und andere Mineralien. Erste Funde in der Getchell Mine, Nevada, USA. Schöne Exemplare mit Körnern von mehreren cm Durchmesser kommen aus Khaidarkan, Kirgistan. Funde sind auch aus Zarehshuran, Kurdistan, Iran bekannt.

Getchellit 60 mm, Chajdarkan, Kirgistan

Auripigment 35 mm, Huayllapon, Peru

3. Halogenide

Fluellit

$Al_2(PO_4)F_2(OH) \cdot 7\ H_2O$

ORTHORHOMBISCH ● ●

Eigenschaften: F – farblos, weiß, gelb; ST – weiß; G – glasartig; T – durchsichtig; D – 2,2; H – 3; SP – undeutlich; M – bipyramidale Kristalle.
Bildung und Fundorte: Hydrothermal in Greisen, auch sekundär als Ergebnis einer Triplitumwandlung. Über 1 cm große Kristalldrusen kommen aus Horní Slavkov, Tschechien. Ähnliche Exemplare fand man in Stenna Gwyn bei St. Austell, Cornwall, England, GB. Weitere Funde im Pegmatit von Kynžvart, Tschechien und in Hagendorf, Deutschland als Produkt einer Triplitumwandlung.

Fluellit xx 10 mm, Horní Slavkov, Tschechien

Kryolith

Na_3AlF_6

MONOKLIN ● ● ●

Eigenschaften: F – farblos, weiß, rötlich, bräunlich; ST – weiß; G – fettig bis perlmuttartig; T – durchsichtig bis durchscheinend; D – 3; H – 2,5; SP – keine; B – uneben; M – pseudokubische Kristalle, massig.

Bildung und Fundorte: Charakteristisches Mineral in Kryolith-Pegmatiten. Bis zu 3 cm große Kristalle fand man in Ivigtut, Grönland, wo es mehr als 100 Jahre lang als Al-Erz abgebaut wurde. Begleitmineralien sind andere Aluminiumfluoride, Sphalerit, Kassiterit, Ferrocolumbit und andere Mineralien. Vorkommen von Kristallen mit bis zu 1 cm Durchmesser kennt man aus der Francon-Grube in Montreal, Québec, Kanada. Massige Kryolithvorkommen in Miass, Ural, Russische Föderation und am St. Peter's Dome im Pikes Peak Massiv, Colorado, USA.
Verwendung: Ehemals bedeutendes Al-Erz.

links: Fluorit 67 mm, Berbes, Spanien
Kryolit 35 mm, Ivigtut, Grönland

Creedit 70 mm, Santa Eulalia, Mexiko

Creedit

$Ca_3Al_2(SO_4)(F,OH)_{10} . 6 H_2O$

ORTHORHOMBISCH ●●●

Eigenschaften: F – farblos, weiß, rötlich; ST – weiß; G – glasartig; T – durchsichtig; D – 2,7; H – 4; SP – vollkommen; B – muschelig; M – kurzprismatische bis nadelförmige Kristalle, körnig, massig.
Bildung und Fundorte: Hydrothermal, Begleitmineralien sind Fluorit und Baryt. Rötliche, mehrere cm lange Kristalle kommen aus dem Wagon Wheel Gap bei Creede, Colorado, USA. Schöne Drusen kennt man aus Santa Eulalia, Chihuahua, Mexiko. Die besten Creedit-Exemplare mit bis zu 3 cm langen, rötlichen Kristallen fand man erst vor kurzem in Akchatau, Kasachstan.

Carnallit

$KMgCl_3 . 6 H_2O$

ORTHORHOMBISCH ●●●●

Eigenschaften: F – farblos, weiß, gelblich, rot, blau; ST – weiß; G – glasartig bis fettig; D – 1,6; H – 1–2; SP – keine; B – muschelig; M – pseudohexagonale, pyramidale und tafelige Kristalle, körnig; LU – stark; A – löst sich im Wasser leicht auf.
Bildung und Fundorte: Sedimentär, eines der rezenten Verdunstungsprodukte von Salzlösungen; auch als deszendentes Produkt einer Reaktion älterer, sich lösender Salze; reichhaltige Vorkommen auf Kalisalzlagerstätten, Begleitmineralien sind Halit, Sylvit und andere Mineralien. Kristalle mit bis zu 4 cm Durchmesser kennt man aus der Umgebung von Carlsbad, New Mexiko, USA. Schöne Kristalle stammen auch aus Staßfurt und Alexanderhall, Deutschland. Massige Aggregate kommen häufig in Salzlagerstätten vor, so in Saskatchewan, Kanada; in Kalush, Ukraine und andernorts.
Verwendung: Das bedeutendste Kalisalz, wird als Düngemittel und zur Produktion des Metalls Mg eingesetzt.

Atacamit

$Cu_2Cl(OH)_3$

ORTHORHOMBISCH ●●●

Eigenschaften: F – smaragdgrün, schwarzgrün; ST – apfelgrün; G – glasartig; T – durchscheinend; D – 3,8; H – 3–3,5; SP – vollkommen; B – muschelig; M – prismatische Kristalle, säulige, radialstrahlige und blättrige Aggregate, körnig, massig.
Bildung und Fundorte: Sekundär in der Oxidationszone von Cu-Lagerstätten arider Klimazonen, Begleitmineralien sind andere Cu-Mineralien. Bis zu 10 cm lange Kristalle stammen aus dem Burra District, Southern Australia, Australien. Kristalle mit bis zu 1 cm Durchmesser kommen aus Tsumeb, Namibia sowie aus Bisbee, Arizona, USA. Reichhaltige Aggregate mit nadelförmigen Kristallen treten in vielen Fundorten in der Provinz Atacama, Chile (Copiapó, Remolinos) zutage.

Carnallit 80 mm, Merkers, Deutschland

Atacamit 78 mm, Atacama, Chile

Boleit

$Pb_{26}Ag_9Cu_{24}Cl_{62}(OH)_{48}$

KUBISCH ●

Eigenschaften: F – blau; ST – blau; G – perlmuttartig; T – durchscheinend; D – 5,1; H – 3–3,5; SP – vollkommen; M – kubische Kristalle; A – in Wasser löslich.

Bildung und Fundorte: Sekundär, entstanden in der Oxidationszone von Cu-Lagerstätten arider Klimazonen. Die bei weitem besten Exemplare fand man in Boléo, Baja California, Mexiko, wo bis zu 2,5 cm große Würfel zutage traten. Weitere Vorkommen in Phillipsburg, Montana, USA und Challacollo, Chile.

Boleit 65 mm, Santa Rosalia, Mexiko

Cumengeit 21 mm, Boléo, Mexiko

Cumengeit

$Pb_{21}Cu_{20}Cl_{42}(OH)_{40}$

TETRAGONAL ●

Eigenschaften: F – indigoblau; ST – blau; G – glasartig; T – durchscheinend; D – 4,7; H – 2,5; SP – gut; M – tetragonale, pyramidale Kristalle, auch epitaxial auf Boleitwürfel aufgewachsen.

Jodargyrit xx 2 mm, Rudabánya, Ungarn

Bildung und Fundorte: Sekundär in der Oxidationszone von Cu-Lagerstätten arider Klimazonen, Begleitmineral ist Boleit. Die größten Kristalle mit einer Größe bis zu 3,5 cm kennt man aus Boléo, Baja California, Mexiko. Ein weiterer Fundort ist Newport Beach bei Falmouth, Cornwall, England, GB.

Jodargyrit

β -AgI

HEXAGONAL ● ● ●

Eigenschaften: F – farblos, läuft gelb an; ST – gelb; G – diamanten; T – durchsichtig bis durchscheinend; D – 5,7; H – 1–1,5; SP – vollkommen; B – muschelig; M – prismatische bis tafelige Kristalle, körnig, massig.

Bildung und Fundorte: Sekundär als ein Oxidationsprodukt von Ag-Erz, zusammen mit anderen deszendenten Ag-Mineralien. Grünliche Kristalle mit einer Größe über 1 cm treten in Broken Hill, New South Wales, Australien auf. Kristalle kommen auch aus Vrančice, Tschechien; Tonopah, Nevada, USA sowie aus Chañarcillo und Copiapó, Chile.

Villiaumit

NaF

KUBISCH ● ● ●

Eigenschaften: F – dunkelrot; ST – weiß; G – glasartig; T – durchsichtig bis durchscheinend; D – 2,8; H – 2–2,5; SP – vollkommen; M – kleine Kristalle, körnig, massig; A – in Wasser löslich.

Bildung und Fundorte: Rezentes Mineral aus Hohlräumen in alkalischen Vulkangesteinen (Nephelinsyeniten). Mehrere cm lange Kristalle kennt man vom Rasvumchorr im Khibinymassiv, Halbinsel Kola, Russische Föderation; Fundorte etwas kleinerer Kristalle sind Mont St.-Hilaire, Québec, Kanada und Illímaussaq, Grönland.

Villiaumit xx 10 mm, Khibinymassiv, Kola, Russische Föderation

Halit 55 mm, Trona, USA

Halit

NaCl

KUBISCH ● ● ● ●

Eigenschaften: F – farblos, grau, weiß, rot, blau; ST – weiß; G – glasartig; D – 2,2; H – 2; SP – vollkommen; B – muschelig; M – kubische Kristalle, körnig, massig; A – in Wasser löslich.
Bildung und Fundorte: Produkt hochgradiger Fumarolen (Ätna, Vesuv; Italien); hauptsächlich sedimentär als Verdunstungsrückstand von Meerwasser, Begleitmineralien sind Sylvin, Carnallit und andere Mineralien. Sehr schöne, über 10 cm große Würfel kennt man aus Weliczka und Bochnia, Polen. Blaue spaltbare Aggregate sind in Bernburg, Deutschland anzutreffen. Von Bedeutung sind auch Salzlagerstätten in Österreich (Hallstatt, Hallein). Große Halitvorkommen in Verbindung mit Kalium werden in der Nähe von Staßfurt, Deutschland abgebaut. Filigrane skelettförmige Kristalle sind von vielen Fundorten in California, USA bekannt.
Verwendung: Lebensmittel- und chemische Industrie.

Halit xx 18 mm, Sonora, Mexiko

Sylvin 77 mm, Kalifornien, USA

Salmiak x 10 mm, Bátonyterenye, Ungarn

Sylvin

KCl

KUBISCH ●●●

Eigenschaften: F – weiß, grau, blau, rot; ST – weiß; G – glasartig; T – durchsichtig; D – 2; H – 2; SP – vollkommen; B – uneben; M – kubische Kristalle und ihre Kombinationen; körnig, massig; A – in Wasser löslich.
Bildung und Fundorte: Sedimentär als Verdunstungsrückstand von Meerwasser, zusammen mit Halit, Carnallit und anderen Mineralien. Schöne, bis zu 5 cm große Würfel kommen aus Staßfurt; Stalaktitbildungen in Wathlingen, Deutschland. Kristalle kennt man auch aus Kalush, Ukraine und dem Salton Sea, California, USA, wo es in Form von Oktaedern auf Halitkristallen erscheint.
Verwendung: Chemische Industrie.

Salmiak

NH_4Cl

KUBISCH ●●●

Eigenschaften: F – farblos, weiß, grau, gelb, braun; ST – weiß; G – glasartig; T – durchsichtig; D – 1,5; H – 1–2; SP – undeutlich; B – muschelig; M – Kombinationen kubischer Kristalle, dendritische und skelettförmige Aggregate; erdig.
Bildung und Fundorte: Typisches Mineral für Fumarolen und brennende Kohlehalden, Begleitmineralien sind Schwefel und andere Mineralien. Komplexe Kristalle kennt man vom Vesuv, dem Ätna und dem Vulcano, Italien. Über 1 cm große Kristalle traten in den brennenden Kohlehalden bei Kladno, Tschechien zutage; ähnliche Vorkommen an einigen Orten in Eastern Pennsylvania, USA und bei Sainte-Etienne, Frankreich.

Kalomel 30 mm, Terlingua, USA

Kalomel

HgCl

TETRAGONAL ●●

Eigenschaften: F – farblos, weiß, grau, braun, dunkelt an der Luft nach; ST – weiß; G – diamanten; T – durchsichtig bis durchscheinend; D – 7,2; H – 1,5; SP – gut; B – muschelig; M – tafelige bis pyramidale Kristalle, krustig, erdig; LU – dunkelrot.
Bildung und Fundorte: Sekundär als ein Umwandlungsprodukt von Hg-Mineralien, Begleitmineralien sind Zinnober, Quecksilber und andere Mineralien. Kristallfunde in Moschellandsberg, Deutschland; Avala, Serbien; Khaidarkan, Kirgistan und Terlingua, New Mexiko, USA.

Fluorit

CaF_2

KUBISCH ●●●●●

Eigenschaften: F – farblos, weiß, gelb, rot, grün, blau, rötlich, braun, schwarz; ST – weiß; G – glasartig; T – durchsichtig bis durchscheinend, undurchsichtig; D – 3,2; H – 4; SP – vollkommen; B – muschelig bis splitterig; M – Kombinationen kubischer Kristalle, körnig, massig; LU – blau, blaugrün, auch phosphoreszent.

Bildung und Fundorte: Selten magmatisch, meist hydrothermal und metasomatisch. Die Begleitmineralien sind je nach Art der Lagerstätte, in der Fluorit auftritt, sehr unterschiedlich. Schöne Kristalle kennt man aus vielen Fundorten in aller Welt. Rosafarbige, mehrere cm große Oktaeder fand man im Pegmatit in Nagar, Pakistan. Schöne Kristalle stammen auch aus den Greisen in Cornwall, England, GB (Wheal Mary Mine) und aus Horní Slavkov, Tschechien. Sehr schöne grüne Würfel mit bis zu 20 cm Durchmesser sowie farblose Würfel mit bis zu 10 cm Durchmesser kennt man aus Dalnegorsk, Russische Föderation. Bekannte grüne und rötliche Kristalle kommen aus Alston Moor und Weardale, England, GB. Schöne rosafarbige, bis zu 3 cm große Oktaeder traten in Huanzala, Peru zutage. Schöne, bis zu 5 cm große, gelbe Würfel mit dem Begleitmineral Baryt fand man in Halsbrücke und Annaberg, Deutschland. Rötliche, komplexe Kristallkombinationen stammen aus La Collada, Spanien. Hauptsächlich rötliche, bis zu 10 cm große Würfel traten in Rosiclare, Illinois auf; in Verbindung mit honiggelben Calcitkristallen kennt man Fluorit aus der Elmwood Mine, Tennessee; ähnliche Vorkommen gibt es an mehreren Orten in Kentucky, USA. Die wertvollsten Fluoritexemplare sind rosafarbige, bis zu 15 cm große Oktaeder aus Göschenen, Schweiz; dem Montblanc-Massiv, Frankreich und anderen Fundorten in den Alpen.

Verwendung: Metallurgie, chemische Industrie, Optik.

Fluorit 50 mm, Argentinien

Fluorit x 23 mm, Chamonix, Frankreich

4. Oxide

Cuprit
Cu_2O

KUBISCH ● ● ●

Varietäten: Chalkotrichit (nadelförmige bis haarförmige Kristalle).
Eigenschaften: F – rot; ST – braunrot; G – diamanten bis metallartig; T – durchsichtig bis durchscheinend; D – 5,8–6,2; H – 3,5–4; SP – undeutlich; B – muschelig bis uneben; M – Kombinationen kubischer Kristalle, haarförmige Aggregate, körnig, massig.
Bildung und Fundorte: Sekundär, als Oxidationsprodukt von Cu-Sulfiden. Bis zu 15 cm große, von Malachit überlagerte Kristalle treten in Onganja, Namibia zutage. Glänzende, bis zu 4 cm große Oktaeder kommen aus der Mashamba-West-Mine, Dem. Rep. Kongo. Nadelförmige und faserige Kristalle der Varietät Chalkotrichit fand man in Bisbee, Arizona, USA. Kombinationen kubischer, von Malachit überlagerter Kristalle kennt man aus Chessy bei Lyon, Frankreich. Kristalle mit bis zu 3 cm Durchmesser fand man in Tsumeb, Namibia.
Verwendung: Bedeutendes Cu-Erz.

Zinkit
ZnO

HEXAGONAL ● ●

Eigenschaften: F – gelb, orange, rot; ST – orangegelb; G – diamanten; T – durchsichtig bis durchscheinend;

links: Amethyst 122 mm, Guerrero, Mexiko
Cuprit x 18 mm, Mashamba West, Dem. Rep. Kongo

Zinkit x 11 mm, Franklin, USA

D – 5,7; H – 4,5–5; SP – vollkommen; B – muschelig; M – pyramidale Kristalle, körnig, massig.
Bildung und Fundorte: Metamorph, Begleitmineralien sind Willemit und Franklinit. Es bildet sehr seltene, bis zu 4 cm große Kristalle in den metamorphen Zn-Lagerstätten in Franklin und Sterling Hill, New Jersey, USA; meist ist es körnig und massig. Zinkitkristalle und -aggregate mit glasartigem Glanz aus Polen, die oft bei Mineralienausstellungen angeboten werden, sind nicht natürlichen Ursprungs, sondern es handelt sich dabei um Schmelzprodukte.

Chalkotrichit 50 mm, Bisbee, USA

Tenorit
CuO

MONOKLIN ● ● ●

Eigenschaften: F – stahlgrau bis schwarz; ST – schwarz; G – metallisch; T – undurchsichtig; D – 6,5; H – 3,5; SP – undeutlich; B – uneben bis muschelig; M – dünntafelige bis schuppige Kristalle, erdig, massig.
Bildung und Fundorte: Sekundär, in der Oxidationszone von Cu-Lagerstätten, zusammen mit anderen sekundären Cu-Mineralien. Bekannte Vorkommen in den Cu-Lagerstätten auf der Keweenaw-Halbinsel, Michigan, USA. Als Cu-Erz wurde es in Bisbee, Globe und Morenci, Arizona, USA abgebaut. Dünntafelige Kristalle kennt man aus Tsumeb, Namibia.

Tenorit xx 3 mm, Bisbee, USA

Spinell
$MgAl_2O_4$

KUBISCH ● ● ●

Varietäten: Pleonast (schwarz)

Eigenschaften: F – violett, rot, grün, blau, braun, schwarz; ST – weiß; G – glasartig bis matt; T – durchsichtig bis undurchsichtig; D – 3,6; H – 7,5–8; SP – undeutlich; B – muschelig bis uneben; M – oktaedrische Kristalle, körnig, massig.
Bildung und Fundorte: Magmatisch, metamorph, auch in Seifen, Begleitmineralien sind Korund, Sillimanit und andere Mineralien. Große Pleonastkristalle, mit bis zu 15 cm Größe fand man im Aldanmassiv, Jakutien, Russische Föderation. Schöne, bis zu 14 kg schwere Kristalle kommen aus Amity, New York. Kristalle mit bis zu 12 cm Durchmesser kennt man aus Sterling Hill, New Jersey. Blaue Spinellkristalle stammen aus Bolton, Massachusetts, USA und South Burgess, Ontario, Kanada. Funkelnde violette und rote Kristalle, die bis zu 2 cm groß sind, wurden bei Ratnapura, Sri Lanka und in Mogok, Myanmar gefunden. Schöne violette und bis zu 5 cm große Kristalle treten in Kukh-i-lal, Tadschikistan zutage.
Verwendung: Edelstein.

Gahnit
$ZnAl_2O_4$

KUBISCH ● ● ●

Eigenschaften: F – schwarzgrün, schwarz; ST – grau; G – glasartig bis fettig; T – durchscheinend bis undurchsichtig; D – 4,4–4,6; H – 7,5–8; SP – undeutlich;

Spinel x 10 mm, Mogok, Myanmar

Pleonast xx 15 mm, Vietnam

Gahnit 90 mm, Broken Hill, Australien

B – muschelig bis uneben; M – oktaedrische Kristalle, körnig.
Bildung und Fundorte: Magmatisch und metamorph, Begleitmineralien sind Wolframit, Kupferkies und andere Mineralien. Bis zu 12 cm große Kristalle kommen aus Franklin und Sterling Hill, New Jersey, USA. Kristalle aus Broken Hill, New South Wales, Australien erreichen eine Größe bis zu 3 cm. Blaugrüne Kristalle fand man in Rowe, Massachusetts, USA. Schneidbare blaue Kristalle treten bei Gidan Wayo, Nigeria zutage.

Magnetit

$Fe^{2+}Fe^{3+}_2O_4$

KUBISCH ● ● ●

Eigenschaften: F – schwarz; ST – schwarz; G – metallisch; T – undurchsichtig; D – 5,2; H – 5,5–6,5; SP – keine; B – uneben bis muschelig; M – oktaedrische Kristalle, körnig, massig.
Bildung und Fundorte: Magmatisch, hydrothermal und metamorph, selten sedimentär. Paragenesen variieren je nach Ursprung. Schöne, bis zu 17 cm große Kristalle kommen aus Traversella, Italien. Ein 25 cm großer Kristall wurde in Vastanfors, Schweden gefunden. Schöne, bis zu 4 cm große Kristalle kommen aus Dashkesan, Aserbaidschan, wo es zusammen mit Andradit, Epidot und Apatit vorkommt. Schöne, glänzende und bis zu 4 cm große Oktaeder kennt man aus Alpa Lercheltini, Binntal, Schweiz. Seltene Würfel mit bis zu 2 cm Kantenlänge kommen aus der ZCA No. 4 Mine, Balmat, New York, USA. Bis zu 10 cm große Magnetitkristalle fand man im Pegmatit in Jaguaraçu, Minas Gerais, Brasilien. Bis zu 20 cm große Kristalle wurden im Gardiner-Komplex, Grönland entdeckt. Bis zu 5 cm große Kristalle wurden vor kurzem in Kovdor, Kola-Halbinsel, Russische Föderation gefunden.
Verwendung: Fe-Erz.

Magnetit x 20 mm, Chester, USA

Franklinit 30 mm, Sterling Hill, USA

Franklinit

$(Zn,Mn^{2+},Fe^{2+})(Fe^{3+},Mn^{2+})_2O_4$

KUBISCH ● ●

Eigenschaften: F – schwarz; ST – rotbraun; G – metallisch; T – undurchsichtig; D – 5,1–5,5; H – 6; SP – keine; B – uneben bis muschelig; M – oktaedrische Kristalle, körnig, massig.
Bildung und Fundorte: Metamorph, Begleitmineralien sind Willemit, Zinkit und andere Mineralien. Die einzigen Fundorte, wo Franklinit bemerkenswert und in sehr großen Akkumulationen auftritt, sind Franklin und Sterling Hill, New Jersey, USA. Hier wurden Kristalle mit bis zu 17 cm Durchmesser gefunden. Seltene Vorkommen in Långban, Schweden und Ocna de Fier, Rumänien.
Verwendung: Zn-Erz.

Chromit

$FeCr_2O_4$

KUBISCH ● ● ●

Eigenschaften: F – schwarz; ST – braun; G – metallisch; T – undurchsichtig; D – 4,5–4,8; H – 5; SP – keine; B – uneben; M – oktaedrische Kristalle, körnig, massig.
Bildung und Fundorte: Magmatisch, zusammen mit Magnetit, Uwarowit und anderen Mineralien. Seltene, bis zu 1 cm große Kristalle kennt man aus Uzun Damar, Türkei. Es tritt meist massig auf, so auch in den Lagerstätten in Bushveld, Südafrika; in Sarany, Ural, Russische Föderation und in Guleman, Türkei.
Verwendung: Cr-Erz.

Hausmannit

$Mn^{2+}Mn^{3+}{}_2O_4$

TETRAGONAL ● ● ●

Eigenschaften: F – schwarz; ST – braun; G – metallartig; T – undurchsichtig; D – 4,8; H – 5,5; SP – vollkommen; B – uneben; M – pseudooktaedrische Kristalle, körnig, massig.
Bildung und Fundorte: Hydrothermal in hochgradigen Mn-Lagerstätten, auch als Produkt der Kontaktmetamorphose. Die besten Exemplare mit bis zu 3 cm großen Kristallen stammen aus der N'Chwaning Mine, Kuruman, Südafrika. Kleinere Kristalle fand man in Ilfeld und Ilmenau, Deutschland. Filigrane Kristalle traten auch in Långban und Jakobsberg, Schweden zutage.

Chromit 87 mm, Finnland

Minium 60 mm, Broken Hill, Australien

Minium

$Pb^{2+}{}_2Pb^{4+}O_4$

TETRAGONAL ● ● ●

Eigenschaften: F – rot, S – orangegelb; G – matt bis fettig; T – undurchsichtig; D – 8,9; H – 2,5; SP – vollkommen; M – erdige und pulverige Aggregate, massig.

Bildung und Fundorte: Sekundärmineral, Produkt der Bleiglanzoxidation. Vorkommen in Långban, Schweden; in Anarak, Iran; in Leadhills, Schottland, GB und in Broken Hill, New South Wales, Australien.

Hausmannit 42 mm, Kuruman, Südafrika

Chrysoberyll 35 mm, Espírito Santo, Brasilien

Chrysoberyll

$BeAl_2O_4$

ORTHORHOMBISCH ● ● ●

Varietäten: Alexandrit.
Eigenschaften: F – gelbgrün, gelb, blaugrün, Alexandrit ist bei Tageslicht grün, bei Kunstlicht rot; ST – weiß; G – glasartig; T – durchsichtig bis durchscheinend; D – 3,8; H – 8,5; SP – gut; B – muschelig bis uneben; M – dünn- bis dicktafelige Kristalle, verbreitet zyklische Zwillinge.
Bildung und Fundorte: Magmatisch in Pegmatiten, vorwiegend metamorph, zusammen mit Schörl, Phenakit und anderen Mineralien. Bis zu 22 cm große Zwillinge traten bei Pancas, Espírito Santo, Brasilien zutage. Komplexe, bis zu 10 cm große Zwillinge kommen aus Ambatondrazaka und anderen Fundorten in Madagaskar. Tafelige, mehrere cm

Alexandrit 75 mm, Malyshevo, Russische Föderation

große und in Sillimanit eingebettete Kristalle fand man in Maršíkov, Tschechien. Schöne, bis zu 8 cm große Alexandritkristalle kennt man aus Malyshevo, Ural, Russische Föderation, wo sie zusammen mit Smaragd und Phenakit vorkommen. Alexandritkristalle aus Nyanda, Simbabwe sind bis zu 3 cm groß. Glänzender Chrysoberylll, meist mit Katzenaugeneffekt, kommt aus der Umgebung von Ratnapura, Sri Lanka.
Verwendung: Edelstein.

Valentinit

Sb_2O_3

ORTHORHOMBISCH ● ● ●

Eigenschaften: F – farblos, weiß, bräunlich; ST – weiß; G – diamanten; T – durchsichtig bis durchscheinend; D – 5,7–5,8; H – 2,5–3; SP – vollkommen; M – prismatische bis tafelige Kristalle, radialstrahlige Aggregate, massig.
Bildung und Fundorte: Sekundäres Mineral, Produkt der Stibnitoxidation. Die besten Exemplare mit bis zu 3 cm großen Kristallen fand man in Příbram, Tschechien. Schöne Kristalle kommen auch aus Bräunsdorf, Deutschland. Bis zu 2 cm lange Kristalle treten in Oruro, Bolivien zutage. Schöne radialstrahlige Aggregate mit bis zu 4 cm Durchmesser und dem Begleitmineral Kermesit kennt man aus Pezinok und Pernek, Slowakei. Bis zu 35 cm lange Pseudomorphosen nach Stibnit wurden in der Xikuangshan-Mine, Lengshuijiang, China gefunden.

Arsenolith

As_2O_3

KUBISCH ● ●

Eigenschaften: F – weiß; ST – weiß; G – glasartig; T – durchsichtig bis durchscheinend; D – 3,9; H – 1,5; SP – gut; B – muschelig; M – oktaedrische Kristalle, mehlig, als Anflug; A – in Wasser löslich.
Bildung und Fundorte: Sekundäres Mineral, Oxidationsprodukt von As-Erzen. Schwach entwickelte,

Arsenolit xx 3 mm, Récsk, Ungarn

Valentinit 40 mm, Nicolet, Kanada

mehrere mm lange Kristalle treten in Jáchymov, Tschechien sowie in Johanngeorgenstadt und St. Andreasberg, Deutschland auf. Bis zu 2 cm lange Kristalle sind bei einem Grubenbrand in der White Caps Mine, Nevada, USA entstanden.

Senarmontit

Sb_2O_3

KUBISCH ● ● ●

Eigenschaften: F – weiß, hellgrau; ST – weiß; G – fettig, glasartig bis diamanten; T – durchsichtig bis undurchsichtig; D – 5,2–5,8; H – 2–2,5; SP – undeutlich; B – uneben; M – oktaedrische Kristalle, körnig, massig.
Bildung und Fundorte: Sekundäres Mineral, Produkt der Stibnitoxidation, zusammen mit Valentinit, Cerussit und anderen Mineralien. Die schönsten Kristalle mit einer Größe bis zu 3 cm kommen aus Djebel Hammimate, Algerien. Weitere Vorkommen in Cetine, Italien und in Dúbrava, Slowakei.

Senarmontit x 3 mm, Pernek, Slowakei

Bixbyit x 11 mm, Thomas Range, USA

Leukosaphir 30 mm, Sri Lanka

Bixbyit
$(Mn^{3+},Fe^{3+})_2O_3$

KUBISCH ● ●

Eigenschaften: F – schwarz; ST – schwarz; G – metallisch bis metallartig; T – undurchsichtig; D – 5; H – 6–6,5; CL – undeutlich; B – muschelig bis uneben; M – kubische Kristalle, auch Zwillinge.
Bildung und Fundorte: Hydrothermal in Rhyolitkammern und metamorph. Bis zu 12 mm große Würfel wurden zusammen mit Topas in der Thomas Range, Utah, USA gefunden. Bis zu 2,5 cm große Kristalle traten in der Postmasburg Mine, Südafrika zutage. Bis zu 8 cm große Kristalle kommen aus Ultevis, Schweden.

Korund
Al_2O_3

TRIGONAL ● ● ● ●

Varietäten: Rubin, Saphir, Leukosaphir, Schmirgel
Eigenschaften: F – farblos (Leukosaphir), gelb, rosa, rot (Rubin), blau (Saphir), violett, grün, grau; ST –

Korund xx 10 mm, Miass, Russische Föderation

Rubin xx 15 mm, Kola, Russische Föderation

Korund 4 mm, Montana, USA

Rubin x 16 mm, Jegdalek, Afghanistan

weiß; G – glasartig bis diamanten; T – durchsichtig bis undurchsichtig; D – 4,0–4,1; H – 9; SP – keine; B – muschelig bis uneben; M – langprismatische bis tonnenförmige Kristalle, grobkörnig; LU – selten dunkelrot.

Bildung und Fundorte: Magmatisch in Andesiten, Pegmatiten und Basalten, metamorph und in Seifen. Begleitmineralien sind Andalusit, Topas, Spinell und andere Mineralien. Kristalle von gewöhnlichem Korund aus der Nähe von Bancroft, Ontario, Kanada waren bis zu 30 kg schwer. Ein 151 kg schwerer Kristall wurde im Letaba District, Südafrika gefunden. Saphirkristalle mit bis zu 20 kg kommen aus der Umgebung von Ratnapura und Rakwana, Sri Lanka. Schöne Saphirkristalle kennt man auch aus Kaschmir, Indien. Saphir wird in Yogo Gulch in Montana, USA und in Anikia, Queensland, Australien als Edelstein abgebaut. Schöne blaue Kristalle mit bis zu 5 cm Länge treten bei Miass, Ural, Russische Föderation zutage. Rubin ist eine noch seltenere Varietät von Korund. Dessen schöne, bis zu 5 cm langen Kristalle, kommen aus Jegdalek, Afghanistan; Mogok, Myanmar und aus Luc Yen, Vietnam. Bis zu 4 cm große, prismatische Kristalle von undurchsichtigem Rubin fand man auf der Insel Khit nahe der Kola-Halbinsel, Russische Föderation. Sehr eindrucksvoll sind die bis zu 30 cm großen und in grünem Zoisit eingebetteten Rubinkristalle aus der Umgebung von Arusha, Tansania.

Verwendung: Schmirgel als Schleifmittel, Saphir und Rubin als Edelsteine.

Saphir 41 mm, Kaschmir, Indien

Hämatit 50 mm, La Fibbia, Schweiz

Hämatit

Fe_2O_3

TRIGONAL ● ● ● ● ●

Eigenschaften: F – rot, grau, schwarz; ST – rot; G – metallisch, matt; T – undurchsichtig; D – 5,3; H – 6–6,5, erdig bis 1; SP – keine; B – uneben bis muschelig; M – dick- bis dünntafelige Kristalle, massig, erdig.

Loparit-(Ce) xx 10 mm, Khibinymassiv, Russische Föderation

Bildung und Fundorte: Magmatisch, hydrothermal, sedimentär, auch metamorph, je nach Ursprung unterschiedliche Paragenesen. Schöne, bis zu 10 cm große Kristalle kommen aus Brumado, Bahía, Brasilien. Bis zu 30 cm große Kristalle fand man in der Wessels Mine, Kuruman, Südafrika. Bis zu 10 cm große, so genannte Eisenrosen stammen aus der Nähe von St. Gotthard, Schweiz. Mehrere cm große, schöne Kristalle traten in Rio Marina, Elba, Italien zutage. Bis zu 7 cm große, sehr hübsche, tafelige Kristalle fand man in Nador, Marokko. Jüngere Funde schöner, bis zu 4 cm großer Kristalle gab es in der Lagerstätte Korshunovskoye, Russische Föderation. Feine traubige Aggregate kommen aus Hradiště und Horní Blatná, Tschechien sowie aus Botallack, Cornwall, England, GB. Sedimentäre Eisenerze bilden ergiebige Lagerstätten bei Krivoy Rog, Ukraine und in der Umgebung des Oberen Sees (Mesabi Range, Minnesota; Marquette, Michigan, USA).
Verwendung: Bedeutendes Fe-Erz.

Ilmenit

$FeTiO_3$

TRIGONAL ● ● ● ●

Eigenschaften: F – schwarz; ST – schwarz; G – metallisch bis matt; T – undurchsichtig; D – 4,5–5; H – 5–6; SP – keine; B – muschelig bis uneben; M – dicktafelige Kristalle, körnig, massig.
Bildung und Fundorte: Magmatisch, metamorph und in Seifen, Begleitmineralien sind Magnetkies, Rutil, Magnetit und andere Mineralien. Kristalle mit bis zu 30 kg sind aus der Faraday Mine bei Bancroft, On-

Ilmenit x 11 mm, Binntal, Schweiz

tario, Kanada bekannt. Bis zu 15 cm große Kristalle traten bei Girardville, Québec, Kanada auf. Bis zu 10 cm erreichten auch die Kristalle bei Miass, Ural, Russische Föderation. Kristalle mit einer Größe bis zu 12 cm fand man in Arendal und Kragerö, Norwegen. Bis zu 1 cm große Kristallrosetten stammen aus dem Maderanertal, Schweiz. Häufige Vorkommen auch in Seifen (Kamituga, Kivu, Dem. Rep. Kongo; Sri Lanka; Travancore, Indien; Madagaskar etc.).

Perowskit

$CaTiO_3$

ORTHORHOMBISCH ● ● ●

Eigenschaften: F – dunkelbraun bis schwarz; ST – weiß bis grau; G – metallisch bis diamanten; T – undurchsichtig; D – 4,0–4,3; H – 5,5–6; SP – undeutlich; B – muschelig bis uneben; M – pseudokubische Kristalle, körnig.
Bildung und Fundorte: Magmatisch in basischen und ultrabasischen Gesteinen, metamorph, zusammen mit Magnetit, Zirkon und anderen Mineralien. Schöne, bis zu 4 cm große pseudokubische Kristalle kommen aus Zlatoust und Akhmatovsk, Ural, Russische Föderation. Bis zu 8 cm große Kristalle treten zusammen mit Magnetitkristallen im Gardiner-Komplex, Grönland auf. Kristalle mit bis zu 4 cm Größe fand man in Jacupiranga, São Paulo, Brasilien. Kristalle aus Val Malenco, Italien sind bis zu 2 cm groß. Kristalle mit bis zu 2 cm wurden kürzlich in Afrikanda, Kola-Halbinsel, Russische Föderation entdeckt.

Loparit-(Ce)

$(Ce,Na,Ca)TiO_3$

ORTHORHOMBISCH ●

Eigenschaften: F – schwarz; ST – dunkelrotbraun; L – metallisch; T – undurchsichtig; D – 4,6–4,9; H – 5,5–6; M – pseudokubische Kristalle, körnig; A – metamikt.
Bildung und Fundorte: Magmatisch in alkalischen Gesteinen, zusammen mit Lorenzenit, Eudialyt und Ägirin. Schöne, gegenseitig durchdrungene Zwillinge mit einer Größe bis zu 2 cm stammen aus dem Berg Nyorkpakhk im Khibiny-Massiv, Kola-Halbinsel, Russische Föderation.

Perowskit 60 mm, Zlatoust, Russische Föderation

Stibiconit 230 mm, Catorca, Mexiko

Stibiconit

$Sb^{3+}Sb^{5+}{}_2O_6(OH)$

KUBISCH ● ● ●

Eigenschaften: F – weiß, cremefarben, hellgelb, braun; ST – weiß; G – glasartig, fettig bis matt; T – undurchsichtig; D – 4,1–5,8; H – 3–6; M – Pseudomorphosen nach Stibnitkristallen, erdig, massig.
Bildung und Fundorte: Sekundär, ein Produkt der Stibnitoxidation, Begleitmineralien sind Valentinit und andere Mineralien. Schöne Pseudomorphosen nach Stibnitkristallen mit bis zu 30 cm Länge kommen aus Catorce, San Luis Potosí, Mexiko. Ähnliche Pseudomorphosen fand man in Kostainik, Serbien; in der Ichinokawa-Mine, Japan und in Pereta, Italien. Bis zu 20 cm lange Pseudomorphosen nach Stibnit treten auch in Çukurören, Türkei auf.

Bindheimit 4 mm, Rudabánya, Ungarn

Bindheimit

$Pb_2Sb_2O_6(O,OH)$

KUBISCH ● ● ●

Eigenschaften: F – gelb, braun, grau; ST – gelb; L – harzig, matt bis erdig; T – durchscheinend bis undurchsichtig; D – 4,6–5,6; H – 4–4,5; B – muschelig bis erdig; M – traubig, knollig und erdige Krusten.
Bildung und Fundorte: Sekundär in der Oxidationszone von Pb-Sb-Lagerstätten. Bis zu 1 cm lange Nadeln kommen aus Rudník, Tschechien. Häufige Vorkommen in Broken Hill, New South Wales, Australien; in Bisbee, Arizona, USA und in Sidi-Amor-ben-Salem, Tunesien. Mehrere cm große, blättrige Pseudomorphosen kennt man aus Tsumeb, Namibia.

Pyrochlor

$(Na,Ca)_2Nb_2O_6(OH,F)$

KUBISCH ● ● ●

Eigenschaften: F – gelbbraun, braun, schwarz; ST – braun; G – glasartig bis fettig; T – durchscheinend bis undurchsichtig; D – 4,5; H – 5–5,5; SP – stellenweise gut; B – muschelig bis uneben; M – oktaedrische Kristalle, körnig; A – radioaktiv (Beimischungen von U, Th).
Bildung und Fundorte: Magmatisch in alkalischen Gesteinen, zusammen mit Zirkon, Astrophyllit und anderen Begleitmineralien. Schöne, bis zu 2 cm große, braunglänzende Kristalle kommen aus der Umgebung von Vishnevogorsk, Ural, Russische Föderation. Bis zu 1 cm große Kristalle treten in der Lagerstätte Panda Hill, Tansania auf. Kristalle sind auch aus Oka, Québec, Kanada bekannt. Einzelne, bis zu 5 mm große Oktaeder fand man in Luesha, Kivu, Dem. Rep. Kongo.
Verwendung: Nb-, U- und Th-Erz.

Mikrolit x 7 mm, Gillette, USA

Pyrochlor 58 mm, Vishnevogorsk, Ural, Russ. Föderation

Betafit

$(Ca,Na,U)_2(Ti,Nb,Ta)_2O_6(OH)$

KUBISCH ● ●

Eigenschaften: F – schwarz, braun, gelbbraun; ST – rotbraun; G – harzig bis fettig; T – durchscheinend bis undurchsichtig; D – 4,2; H – 3–5,5; SP – keine; B – muschelig bis uneben; M – oktaedrische Kristalle; A – radioaktiv, metamikt.
Bildung und Fundorte: Magmatisch in granitischen Pegmatiten, reichhaltig in U- und Th-Lagerstätten sowie bei seltenen Erden, Begleitmineralien sind Beryll, Euxenit-(Y) und andere Mineralien. Die besten Exemplare stammen aus mehreren Fundorten in Madagaskar (Betafo, Ambatofotsikely usw.), wo Kristalle mit bis zu 6 kg gefunden wurden. Schöne Exemplare mit bis zu 10 cm großen Kristallen treten in der Silver Crater Mine bei Bancroft, Ontario, Kanada zutage. Man kennt es auch aus Evje, Norwegen.

Betafit 20 mm, Silver Crater, Kanada

Mikrolith

$(Na,Ca)_2Ta_2O_6(O,OH,F)$

KUBISCH ● ● ●

Eigenschaften: F – braun, gelb, grün, rötlich; ST – weiß; G – glasartig bis fettig, stellenweise diamanten; T – durchscheinend bis undurchsichtig; D – 5–6,4; H – 6–6,5; SP – stellenweise gut; B – muschelig bis uneben; M – oktaedrische Kristalle, körnig, massig.
Bildung und Fundorte: Magmatisch, typisch für granitische Pegmatite, zusammen mit Manganocolumbit, Manganotantalit und anderen Begleitmineralien. Bis zu 6,5 cm große Oktaeder fand man in Ankola, Uganda. Bis zu 3 cm große Kristalle kommen aus Virgem da Lapa, Minas Gerais, Brasilien. Kristalle mit bis zu 7,5 cm kennt man aus dem Harding-Pegmatit, New Mexico, USA. Vorkommen bedeutender Akkumulationen bei Wodgina, Western Australia, Australien.

Quarz 60 mm, Herkimer, USA

Quarz
SiO_2

TRIGONAL ●●●●●

Varietäten: Bergkristall, Citrin, Rauchquarz, Morion, Amethyst, Rosenquarz, Chrysopras, Jaspis, Chalcedon, Achat, Onyx, Sardonyx, Aventurin, Heliotrop, Tigerauge, Falkenauge.

Eigenschaften: F – farblos (Bergkristall), weiß, gelb (Citrin), braun (Rauchquarz), schwarz (Morion), violett (Amethyst), rosa (Rosenquarz), grün (Chrysopras); T – diese Varietäten sind meist durchsichtig, oft durchscheinend; C – andere Varietäten sind hauptsächlich vielfarbig, einzelne Farben haben unterschiedliche Schattierungen, wobei die Farbe meist durch mikroskopische Beimischungen anderer Mineralien bestimmt ist; Varietäten: rot, grün, braun, gelb (Jaspis), gebändert mit verschie-

Bergkristall 95 mm, La Gardette, Frankreich

denen Farben (Achat); weiße und schwarze Bänderung (Onyx), weiße und rotbraune Bänderung (Sardonyx), grün bis rotbraun mit Glimmer- oder Hämatiteinschlüssen (Aventurin), dunkelgrün mit roten Flecken (Heliotrop), gelbbraun bis schwarz-

Rauchquarz 70 mm, Middle Moat Mt., USA

Citrin 32 mm, Charcas, Mexiko

braun, faserig mit seidenem Glanz (Tigerauge), blaugrau bis gelbbraun, faserig mit seidenem Glanz (Falkenauge); ST – weiß; G – glasartig, seiden, matt; T – durchsichtig bis durchscheinend, undurchsichtig; D – 2,6; H – 7; SP – keine; B – muschelig; M – lang-

Rauchquarz 81 mm, Schweiz

Morion 100 mm, Agadir, Kasachstan

Amethyst 100 mm, Bochovice, Tschechien

bis kurzprismatische, nadelförmige, bipyramidale bis tafelige Kristalle, faserige, traubige und stalaktitische Aggregate und Überzüge, Konkretionen, Geoden, körnig, massig.

Bildung und Fundorte: Magmatisch in verschiedenen Gesteinsarten, vornehmlich in Graniten, granitischen Pegmatiten und Vulkangesteinen; metamorph in unterschiedlichen Gesteinsarten, vor allem in Quarziten und Glimmerschiefer; hydrothermal in verschiedenen Erzvorkommen und

Rosenquarz 145 mm, Minas Gerais, Brasilien

Amethyst 200 mm, Guerrero, Mexiko

alpinotypen Gängen; sekundär in der Oxidationszone von Erzlagerstätten; auch in verschiedenen Sedimentgesteinsarten und in organischen Überresten sowie in Seifen. Vermutlich das am weitesten verbreitete Mineral der Erdkruste sowie das bedeutendste gesteinsbildende Mineral. Große, bis zu 7 m lange Bergkristalle stammen aus den Pegmatiten in der Betafo-Region in Madagaskar und aus alpinotypen Gängen wie in Uri, Grimsel und Furka, Schweiz; vollkommene Kristalle kennt man aus den Marmorbrüchen bei Carrara, Italien; es tritt auch in den Quarzgängen von Herkimer, New York und Hot Springs, Arkansas, USA zutage. Citrin findet man meist in granitischen Pegmatiten und große Kristalle kommen aus Goiás, Brasilien; aus Suky und Netín, Tschechien; und aus Murzinka, Ural, Russische Föderation. Rauchquarz entsteht meist in granitischen Pegmatiten, tritt aber auch in den al-

Chalcedon 68 mm, Hoher Atlas, Marokko

Karneol 40 mm, Nová Paka, Tschechien

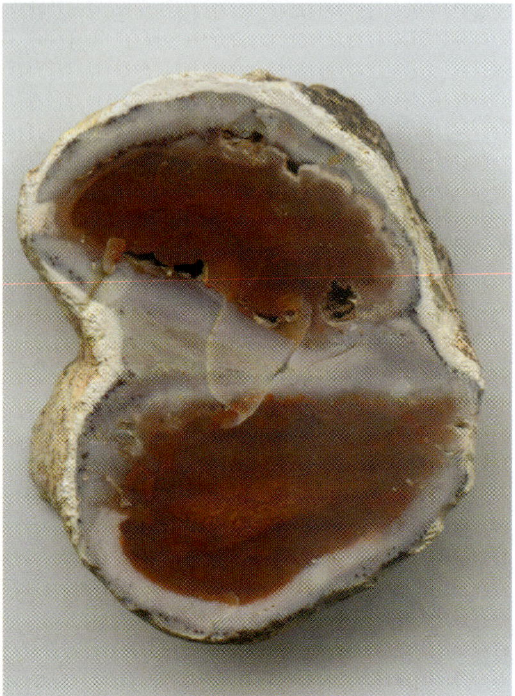

Chrysopras 60 mm, Szklary, Polen

pinotypen Quarzgängen und in Hohlräumen von Vulkangesteinen auf. Vollkommene, bis zu mehrere m lange Kristalle kommen aus vielen Fundorten; der größte Kristall mit einem Gewicht von 77 Tonnen wurde in Kasachstan gefunden; vollkommene Kristalle treten im Pegmatit an vielen Orten in Brasilien auf; ebenso im Korostenskiy-Massiv, Ukraine; im Pikes Peak Batholith, Colorado, USA; in den alpinotypen Gängen des Maderanertals und in Grimsel, Schweiz. Morionkristalle, die meist in Begleitung von Rauchquarz vorkommen, fand man in Quarzgängen und in Pegmatiten. Bekannte Kristalle stammen aus St. Gotthard, Schweiz. Amethyst kommt aus Quarz- und Erzgängen, aus Hohlräumen in Vulkangesteinen, seltener aus alpinotypen Gängen. Berühmte Funde aus Vulkangesteinen stammen aus den Bundesstaaten Rio Grande do Sul und Minas Gerais, Brasilien, doppelendige Kristalle mit 5,5 Tonnen Gewicht stammen aus Diamantina.

Jaspis 50 mm, Ural, Russische Föderation

Jaspis 60 mm, Oregon, USA

Zkremenele drevo 70 mm, Podkrkonoší, Tschechien

In Serra do Mar, Rio Grande do Sul wurde eine 10 x 2 x 1 m große, mit Amethystkristallen ausgekleidete Höhle entdeckt; schöne Drusen treten auch in den Erzgängen von Porcura, Rumänien und Julimes, Mexiko zutage. Rosenquarz bildet mehrere m große Massen im granitischen Pegmatit der Rosenquarzgrube, Quadeville, Ontario, Kanada und in Ambositra, Madagaskar; bis zu 1 cm lange, auf Quarzkristallen aufgewachsene Kristalle kommen aus Sapucaia, Minas Gerais, Brasilien. Dunkel-

Zelezity kremen 95 mm, Hořovice, Tschechien

Achat 50 mm, Železnice, Tschechien

Onyx 65 mm, Brasilien

grüne, bis zu 5 cm breite Chrysoprasgänge kennt man aus dem Serpentinit von Szklary, Polen. Jaspis kennt man aus Kontaktzonen von Vulkangesteinen und Sedimenten, stellenweise als Versteinerungsprodukt organischer Materie, vor allem von Pflanzen; man kennt es aber auch aus Quarzgängen. Große Aggregate treten in Idar-Oberstein, Deutschland; im Podkrkonoší-Gebiet und in den Bergen des Krušné hory, Tschechien zutage; ebenso im Petrified Forest National Park, Holbrook, Arizona, USA; im Ural, Russische Föderation; und in Kabamby, Madagaskar. Chalcedon findet man meist in Quarzgängen und in Geoden in Vulkangesteinen und Sedimenten. Ergiebige Aggregate kommen aus Idar-Oberstein, Deutschland; Julimes, Mexiko; vielen Orten in Uruguay und Brasilien sowie aus Hüttenberg, Österreich. Achate kennt man aus Hohlräumen in Vulkangesteinen, seltener aus hydrothermalen Gängen und Sedimenten. Die bedeutendsten

Mechovy achat 40 mm, Krdžali, Bulgarien

Achat 140 mm, Horní Halže, Tschechien

Achat 60 mm, Brasilien

Fundorte liegen im Süden Brasiliens im Bundesstaat Rio Grande do Sul; in Uruguay sowie im Jemen; in Indien; in der Mongolei; in mehreren Gebieten der USA; in Idar-Oberstein, Deutschland; und in Podkrkonoší, Tschechien. Die bekanntesten Fundorte von Onyx und Sardonyx befinden sich in Brasilien und Uruguay. Reichhaltige Aggregate von Aventurin findet man in Miass, Ural, Russische Föderation; Mariazell, Österreich; Belany, Indien. Heliotrop tritt in Idar-Oberstein, Deutschland; Kozákov, Tschechien und in Brasilien auf.

Verwendung: Bedeutender Rohstoff für die Glasindustrie; viele farbige Varietäten, wie Amethyst, Rauchquarz, Citrin, Onyx, Sardonyx oder Heliotrop, werden zu Schmuck verarbeitet.

Aventurin 50 mm, Indien

Tigerauge 50 mm, Griqualand, Südafrika

Tridymit 9 mm, Big Luc Mt., USA

Tridymit

SiO_2

ORTHORHOMBISCH ● ● ●

Eigenschaften: F – farblos bis weiß; ST – weiß; G – glasartig; T – durchsichtig; D – 2,3; H – 6,5–7; SP – keine; B – muschelig; M – pseudohexagonale, tafelige Kristalle.

Bildung und Fundorte: Magmatisch in Hohlräumen junger, felsiger Vulkangesteine mit den Begleitmineralien Cristobalit, Chalcedon und anderen Mineralien. Bis zu 1 cm große pseudohexagonale, tafelige Kristalle kommen aus Vechec, Slowakei. Ähnliche Kristalle fand man in Ichigayama, Japan. Bis zu 1 cm große Kristalle traten zusammen mit Topas und anderen Mineralien in der Thomas Range, Utah, USA zutage.

Cristobalit 110 mm, Vechec, Slowakei

Cristobalit

SiO_2

TETRAGONAL ● ● ●

Varietäten: Lussatit (faserig).
Eigenschaften: F – farblos bis weiß; ST – weiß; G – glasartig; T – durchscheinend; D – 2,3; H – 6,5; SP – keine; M – pseudooktaedrische Kristalle, kugelige und traubige Aggregate.
Bildung und Fundorte: Magmatisch in Hohlräumen junger felsiger Vulkangesteine, Begleitmineral ist Tridymit. Bis zu 4 mm große Kristalle kennt man aus Cerro San Cristobal, Hidalgo, Mexiko. Bis zu 2 mm lange Kristalle treten in Vechec, Slowakei zutage. Graue, kugelige Aggregate stammen aus Coso Hot Springs, California, USA.

Opal 60 mm, Křemže, Tschechien

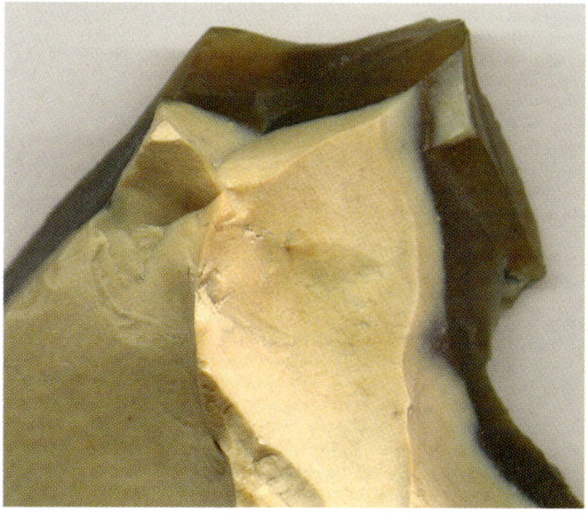

Holzopal 50 mm, Herľany, Slowakei

Opal

$SiO_2 . n H_2O$

AMORPH ● ● ● ● ●

Varietäten: Hyalit, Milchopal, Feueropal, Edelopal, Holzopal, Geyserit.
Eigenschaften: F – farblos (Hyalit), weiß (Milchopal), rot (Feueropal), buntfarbig (Edelopal), braun, rotbraun, gelb, grün, grau, blau; ST – weiß; G – glasartig, matt, erdig, wachsartig; T – durchsichtig bis durchscheinend, undurchsichtig; D – 2,1; H – 5,5–6,5; SP – keine; B – muschelig; M – traubige und stalaktitische Aggregate, Krusten, Konkretionen, Geoden, massig; LU – weiß, gelbgrün, grün.
Bildung und Fundorte: Hydrothermal in Vulkangesteinen und Tuffen, auch in verschiedenen Vulkangesteinsarten und Tuffiten, in unterschiedlichen Sedimentgesteinsarten, in organischen Überresten, selten in hydrothermalen Gängen; sekundär in der Verwitterungszone unterschiedlicher Gesteinsarten. Es tritt

Hyalit 45 mm, Valeč, Tschechien

Opal 47 mm, Opal Butte, USA

Holzopal 40 mm, Ľubietová, Slowakei

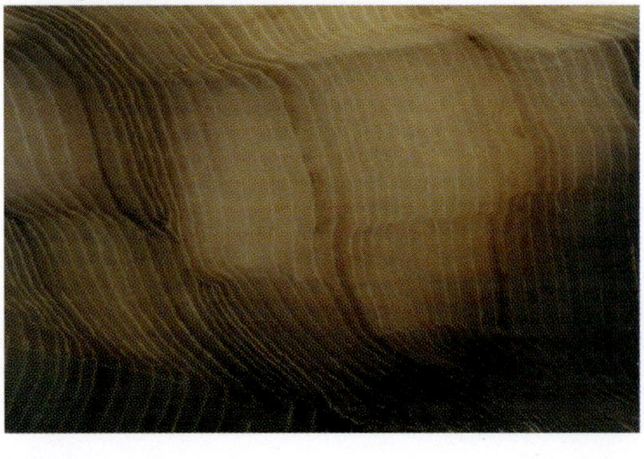

häufig zusammen mit Chalcedon auf. Krusten stalaktitischer Aggregate von Hyalit, die bis zu 5 cm dick sind, kennt man aus Cerritos, Mexiko; Valeč, Tschechien und Klamath Falls, Oregon, USA. Milchopal tritt in Dubník, Slowakei; Smrček, Tschechien und vielen anderen Fundorten zutage. Der bekannteste Fundort von Feueropal ist Zimapan, Hidalgo, Mexiko. Edelopal kommt aus vielen Fundorten in Australien, z. B. Baracoo River, Queensland; Coober Pedy, Southern Australia und White Cliffs, New South Wales, wo es ergiebige Aggregate und kleine Gänge im Sandstein bildet; der klassische Fundort ist Dubník, Slowakei, wo es in Andesiten auftritt und vermutlich schon von den alten Römern abgebaut wurde. Schöne Edelopale

Dendritischer Opal 56 mm, Křemže, Tschechien

Feueropal 20 mm, Mexiko

kommen auch aus dem Virgin Valley, Nevada, USA. Versteinerte Hölzer, so genannter Holzopal, erreichen im Petrified Forest National Park, Holbrook, Arizona, USA sowie in L'ubietová und Povrazník, Slowakei eine Länge von mehreren m. Weißer Geyserit ist vor allem aus den Thermalquellen in Island, im Yellowstone National Park, Wyoming, USA und in Neuseeland bekannt.

Verwendung: Farbige Opalvarietäten, vor allem Edelopal und Feueropal, werden als Edelsteine verwendet; Diatomit in der chemischen Industrie.

Edelopal 55 mm, Opal Butte, USA

Melanophlogit 80 mm, Fortullino, Italien

Melanophlogit

SiO_2

KUBISCH ●

Eigenschaften: F – farblos, weiß; ST – weiß; G – glasartig; T – durchsichtig; D – 2; H – 6,5; SP – keine; M – pseudokubische Kristalle, kugelige Aggregate.
Bildung und Fundorte: Hydrothermal, Begleitmineralien sind Schwefel und andere Mineralien. Erste Funde in den Schwefellagerstätten von Racalmuto, Sizilien, Italien, wo bis zu 4 mm große Kristalle auftraten. Man kennt es auch aus Chvaletice, Tschechien, wo in alpinotypen Gängen bis zu 2 mm große Kristalle entstanden sind.

Rutil

TiO_2

TETRAGONAL ● ● ● ●

Eigenschaften: F – rotbraun, rot, braun, gelblich, schwarz; ST – gelbbraun; G – metallisch bis diamanten; T – durchsichtig bis durchscheinend; D – 4,2; H – 6–6,5; SP – gut; B – muschelig bis uneben; M – kurzprismatische, vertikal gestreifte Kristalle, häufig Zwillinge, nadelförmige Kristalle, körnig, massig.
Bildung und Fundorte: Magmatisch und metamorph, auch in Seifen, zusammen mit Monazit-(Ce), Topas, Beryll, Quarz und anderen Begleitmineralien. Die größten Kristalle mit bis zu 15 cm kommen aus den Graves Mt., Georgia, USA. Schöne epitaxiale Verwachsungen mit Hämatit traten in der Cavradischlucht, St. Gotthard, Schweiz und in Ibitiara, Bahía, Brasilien zutage. Häufige Vorkommen als Einschlüsse in Rauchquarzkristallen aus Ibitiara, Bahía und Itabira, Minas Gerais, Brasilien. Knieartige, bis zu 7 cm große Kristallzwillinge fand man in der Umgebung von Golčův Jeníkov und Soběslav, Tschechien.
Verwendung: Ti-Erz.

Rutil 21 mm, Ibitiara, Brasilien

Rutil 48 mm, Bahía, Brasilien

Kassiterit 110 mm, Yunnan, China

Kassiterit

SnO_2

TETRAGONAL ● ● ● ●

Eigenschaften: F – farblos, braun, schwarz; ST – weiß, gelblich, braun; G – metallisch bis diamanten, matt; T – durchsichtig bis undurchsichtig; D – 6,3–7,2; H – 6–7; SP – undeutlich; B – muschelig bis uneben; M – bipyramidale und kurzprismatische Kristalle, Viellinge, körnig, massig.
Bildung und Fundorte: Magmatisch in Pegmatiten, hydrothermal in hochgradigen Lagerstätten, metamorph und in Seifen, zusammen mit Wolframit, Topas und anderen Begleitmineralien. Bis zu 15 cm große Kristallzwillinge kommen aus Horní Slavkov, Tschechien. Kristalle ähnlicher Größe wurden auch in Panasqueira, Portugal gefunden. Schöne, bis zu 8 cm große Zwillinge traten in Rossarden, Tasmanien, Australien zutage. Bis zu 7 cm große Kristalle fand man in Llallagua, farblose und durchsichtige Kristalle mit einer Größe bis zu 5 cm in Viloco, Bolivien. Bis zu 11 cm große Kristalle traten vor kurzem in Tenkergin, Chukotka, Russische Föderation zutage. Kristalle mit bis zu 13 cm Größe kennt man aus Pegmatiten in Minas Gerais, Brasilien (Fazenda do Funil). Jüngere Funde glänzender, bis zu 10 cm langer Kristalle erfolgten in den Provinzen Hunan und Yunnan, China.
Verwendung: Sn-Erz.

Plattnerit

PbO_2

TETRAGONAL ● ●

Eigenschaften: F – schwarz; ST – braun; G – metallisch bis diamanten; T – undurchsichtig; D – 9,6; H – 5,5; SP – keine; M – nadelförmige Kristalle, traubige Aggregate, massig.
Bildung und Fundorte: Sekundär, als ein Oxidationsprodukt anderer Pb-Mineralien, zusammen mit Pyromorphit, Hemimorphit und anderen Begleitmineralien. Filigrane Kristalle kommen aus der Mina Ojuela, Mapimi, Durango, Mexiko und aus der Blanchard Mine, New Mexico, USA. Traubige, bis zu 100 kg schwere Aggregate fand man in der Morning Mine, Mullan, Idaho, USA.

Plattnerit 150 mm, Mapimi, Mexiko

Pyrolusit 88 mm, Baraga, USA

Pyrolusit

MnO_2

TETRAGONAL ● ● ● ●

Eigenschaften: F – schwarz, stahlgrau; ST – schwarz; G – metallisch bis matt; T – undurchsichtig; D – 5,1; H – 6–6,5; SP – vollkommen; B – uneben; M – prismatische bis nadelförmige, gestreifte Kristalle, stalaktitische und traubige Aggregate, körnig, massig.
Bildung und Fundorte: Sekundär, als ein Umwandlungsprodukt von Manganit und anderen primären Mn-Mineralien, auch hydrothermal. Bis zu 2 cm lange Kristalle kommen aus Horní Blatná, Tschechien. Radialstrahlige, glänzende Aggregate fand man in Öhrenstock, Deutschland. Weitere Vorkommen auch in Ilfeld, Deutschland. Große sedimentäre Mn-Lagerstätten, in denen Pyrolusit das Hauptgemengeteil bildet, befinden sich bei Chiaturi, Georgien oder bei Nikopol, Ukraine. Kristalle sind auch aus Tsumeb, Namibia und Hotazel, Südafrika bekannt.
Verwendung: Bedeutendes Mn-Erz.

Hollandit

$Ba(Mn^{4+},Mn^{2+})_8O_{16}$

MONOKLIN ● ● ●

Eigenschaften: F – grauschwarz; ST – schwarz; G – metallartig; T – undurchsichtig; D – 5; H – 6; SP – gut; M – kurzprismatische Kristalle, traubige und Säulenaggregate.
Bildung und Fundorte: Metamorph in Mn-Lagerstätten mit Braunit, Scheelit und anderen Begleitmineralien, auch sekundär. Bis zu 5 mm lange Kristalle stammen aus den Bradshaw Mts., Arizona, USA. Häufige Vorkommen in den metamorphen Mn-Lagerstätten in Ultevis, Schweden sowie in Nagpur und Balaghat, Indien.

Coronadit

$Pb(Mn^{4+},Mn^{2+})_8O_{16}$

TETRAGONAL ● ● ●

Eigenschaften: F – schwarz, schwarzgrau; ST – braunschwarz; G – metallartig bis matt; T – undurchsichtig; D – 5,4; H – 4,5–5,5; M – traubige Krusten mit faseriger Struktur, massig.
Bildung und Fundorte: Sekundär in der Oxidationszone von Mn-Lagerstätten. Kugelige Aggregate mit bis zu 10 cm Durchmesser kommen aus der Bou-Tazoult-Mine, Imini, Marokko. Kleine Kristalle fand man in der Beltana Mine, Southern Australia, Australien und in der Silver Bill Mine, Arizona, USA.

Todorokit

$(Mn^{2+},Ca,Mg)Mn^{4+}{}_3O_7 \cdot H_2O$

MONOKLIN ● ● ●

Eigenschaften: F – grau, braunschwarz, schwarz; ST – braun; G – metallisch bis matt; T – undurchsichtig;

Hollandit 90 mm, Ultevis, Schweden

Coronadit 80 mm, Imini, Marokko

D – 3,5–3,8; H – 1; SP – vollkommen; M – plattige Kristalle, stalaktitische und knollige Aggregate.
Bildung und Fundorte: Sekundäres Mineral, als ein Oxidationsprodukt von Mn-Mineralien. Kristalle kennt man aus mehreren Gruben der Kalahari-Region, Südafrika (Hotazel, Smart). Erste Funde wurden in der Todoroki-Mine, Hokkaido, Japan gemacht. Es ist ein bedeutender Bestandteil ozeanischer Mn-Konkretionen.

Todorokit 60 mm, Kamogun, Japan

Ferrotapiolit

$FeTa_2O_6$

TETRAGONAL ● ● ●

Eigenschaften: F – schwarz, braun; V – rotbraun; G – metallartig, diamanten, harzig; T – undurchsichtig; D – 7–7,8; H – 6–6,5; SP – keine; B – uneben bis muschelig; M – bipyramidale und kurzprismatische Kristalle, massig.
Bildung und Fundorte: Magmatisch in Pegmatiten, zusammen mit Manganotantalit, Mikrolith, Kassiterit und anderen Begleitmineralien. Bis zu 4 cm große Kristalle kennt man aus der Umgebung von Governador Valadares, Minas Gerais, Brasilien. Ein 12 cm langer Kristall wurde in Angarf, Marokko gefunden. Kurzprismatische Kristalle kommen aus Pegmatiten bei Topsham und Paris, Maine, USA.

Ferrotapiolit 80 mm, Maršíkov, Tschechien

Ilmenorutil

$(Ti,Nb,Fe)O_2$

TETRAGONAL ● ● ●

Eigenschaften: F – schwarz; ST – braun; G – metallartig; T – undurchsichtig; D – 4,2; H – 6–6,5; SP – gut; B – muschelig bis uneben; M – prismatische Kristalle, körnig.
Bildung und Fundorte: Magmatisch in Pegmatiten, zusammen mit Schörl, Zirkon, Fluorapatit und anderen Mineralien. Mehrere cm lange Prismen kommen aus Údra bei Písek, Tschechien. Vorkommen auch in der Umgebung von Miass, Ural, Russische Föderation und Evje, Norwegen.

Ilmenorutil x 10 mm, Písek, Tschechien

Anatas

TiO_2

TETRAGONAL ● ● ●

Eigenschaften: F – schwarzgrau, braun, rotbraun, blau, selten farblos; ST – weiß; G – metallartig bis diamanten; T – durchsichtig bis undurchsichtig; D – 3,8–4; H – 5,5–6; SP – vollkommen; B – muschelig; M – bipyramidale und tafelige Kristalle.
Bildung und Fundorte: Hydrothermal in alpinotypen Gängen, Begleitmineralien sind Brookit und Quarz, auch sedimentär und metamorph. Schöne, bis zu 5 cm lange Kristalle fand man in Alpa Lercheltini, Binntal, Schweiz. Die berühmten schwarzblauen und bis zu 3 cm großen Kristalle kommen aus Matskorhae, Hardangervidda, Norwegen. Bis zu 15 mm große Kristalle wurden kürzlich in Dodo, Nördlicher Ural, Russische Föderation gefunden. Bis zu 3 cm große Kristalle traten in der Old Lot und in den Vulcan Mines, Colorado, USA zutage.

Tellurit

TeO_2

ORTHORHOMBISCH ● ●

Eigenschaften: F – gelb, gelborange; ST – gelblich; G – diamanten; T – durchsichtig; D – 5,8; H – 2; SP – vollkommen; M – nadelförmige und dünntafelige Kristalle, radialstrahlige Aggregate, pulverig.
Bildung und Fundorte: Sekundär als Oxidationsprodukt von Au-Te-Erzen. Bis zu 1 cm lange Kristalle traten in den Minen von Kawazu und Susaki, Japan zutage. Schöne Exemplare fand man in Moctezuma, Sonora, Mexiko; weitere Vorkommen in Cripple Creek, Colorado, USA.

Brookit

TiO_2

ORTHORHOMBISCH ● ● ●

Eigenschaften: F – hell- bis dunkelbraun, gelbbraun, schwarz; ST – weiß bis gelblich; G – metallartig bis diamanten; T – durchsichtig bis durchscheinend, undurchsichtig; D – 4,1; H – 5,5–6; SP – undeutlich; B – muschelig bis uneben; M – tafelige, bipyramidale, lang- und kurzprismatische Kristalle.
Bildung und Fundorte: Hydrothermal entlang der Spalten alpinotyper Gänge sowie in granitischen und alkalischen Pegmatiten; Vorkommen als Pseudomorphosen nach Titanit und Ilmenit; auch in Sedimentgesteinen. Bis zu 5 cm große, vollkommene tafelige Kristalle fand man in Rieder Tobel, Schweiz; Magnet Cove, Arkansas, USA und Passo di Viza, Italien. Jüngere Funde von bis zu 5 cm großen Kristallen ergaben sich in Dodo, Nördlicher Ural, Russische Föderation.

Anatas 16 mm, Hardangervidda, Norwegen

Brookit 50 mm, Saranpaul, Nördlicher Ural, Russische Föderation

Tellurit x 1 mm, Faţa Baii, Rumänien

Ferberit

$FeWO_4$

MONOKLIN ● ● ●

Eigenschaften: F – schwarz; ST – braunschwarz bis schwarz; G – metallartig; T – undurchsichtig; D – 7,5; H – 4–4,5; SP – vollkommen; B – uneben; M – kurzprismatische bis tafelige Kristalle, körnig, massig.
Bildung und Fundorte: Hydrothermal in hoch- bis mittelgradigen Erzgängen, in Greisen und Skarn; selten magmatisch in granitischen Pegmatiten und Graniten; Vorkommen auch in Seifen. Es tritt häufig zusammen mit Kassiterit, Scheelit, Sulfiden und Quarz auf. Bis zu 12 cm große, vollkommene tafelige Kristalle fand man in der Quartz Creek Mine, Colorado, USA sowie in Cínovec, Tschechien; Panasqueira, Portugal; Ehrenfriedersdorf, Deutschland und Potosí, Bolivien.
Verwendung: W-Erz.

Hübnerit

$MnWO_4$

MONOKLIN ● ● ●

Eigenschaften: F – gelbbraun, rotbraun, schwarz; ST – rötlich braun bis schwarzgrau; G – metallartig; T – durchscheinend bis undurchsichtig; D – 7,2; H – 4–4,5; SP – vollkommen; B – uneben; M – kurzprismatische bis tafelige Kristalle, körnig, massig.
Bildung und Fundorte: Hydrothermal in hoch- bis mittelgradigen Erzgängen, in Greisen; selten magmatisch in granitischen Pegmatiten; auch in Seifen. Bis zu 25 cm große, vollkommene tafelige bis kurzprismatische Kristalle stammen aus der Huayllapon-Mine, Pasto Bueno, Peru sowie aus Baia Sprie, Rumänien; Kara-Oba, Kasachstan; der Sweet Home Mine, Alma und aus Silberton, Colorado, USA.
Verwendung: W-Erz.

Ferberit 68 mm, Mundo Nuovo, Peru

Hübnerit 39 mm, Silverton, USA

Titanowodginit 20 mm, Tanco, Kanada

Titanowodginit

$MnTiTa_2O_8$

ORTHORHOMBISCH ●

Eigenschaften: F – dunkelbraun, schwarz; ST – dunkelbraun; G – metallartig; T – durchscheinend bis undurchsichtig; D – 6,9; H – 5,5; SP – undeutlich; B – uneben; M – bipyramidale Kristalle, körnig.
Bildung und Fundorte: Magmatisch in granitischen Pegmatiten. Bis zu 1 cm lange bipyramidale Kristalle treten in der Tanco Mine, Bernic Lake, Manitoba, Kanada zutage.
Verwendung: Ta-Erz.

Ferrocolumbit 90 mm, Middletown, USA

Ferrocolumbit

$FeNb_2O_6$

ORTHORHOMBISCH ● ● ●

Eigenschaften: F – schwarz, rotbraun; ST – rotbraun bis schwarz; G – metallartig; T – durchscheinend bis undurchsichtig; D – 5,2; H – 6; SP – gut; B – uneben bis muschelig; M – lang- bis kurzprismatische und tafelige Kristalle, körnig, massig.
Bildung und Fundorte: Magmatisch in granitischen Pegmatiten und Graniten; selten hydrothermal in hochgradigen Erzgängen und in Greisen; auch in Seifen. Bis zu 1 m große, tafelige Kristalle kennt man aus dem granitischen Pegmatit bei Custer und Keystone, South Dakota, USA; aus Malakialina, Madagaskar und Ichikawa, Japan; bis zu 270 kg schwere Massen kommen aus der Meyers-Grube, Colorado, USA.
Verwendung: Nb-Erz.

Manganotantalit

$MnTa_2O_6$

ORTHORHOMBISCH ● ● ●

Eigenschaften: F – rot, rotbraun, schwarzbraun, schwarz; ST – dunkelrot bis schwarz; G – metallartig; T – durchscheinend bis undurchsichtig; D – 8,0; H – 6–6,5; SP – gut; B – uneben bis muschelig; M – prismatische bis tafelige Kristalle, körnig, massig.

Manganotantalit 19 mm, Nuristan, Afghanistan

Euxenit-(Y) 40 mm, Ambatofotsy, Madagaskar

Äschynit-(Ce) 45 mm, Hitterö, Norwegen

Bildung und Fundorte: Magmatisch in granitischen Pegmatiten und Graniten; auch in Seifen. Bis zu 10 cm große Kristalle kommen aus Li-haltigen Pegmatiten in der Tanco Mine, Bernic Lake, Manitoba, Kanada und auch aus São Jose da Safira, Minas Gerais, Brasilien.
Verwendung: Ta-Erz.

Euxenit-(Y)

$(Y,Ce,U,Th)(Nb,Ta,Ti)_2O_6$

ORTHORHOMBISCH ● ●

Eigenschaften: F – schwarz mit bräunlichen und grünen Schattierungen; ST – grau, gelblich, bräunlich; G – metallartig, harzig; T – durchscheinend bis undurchsichtig; D – 4,6; H – 6; SP – keine; B – muschelig; M – tafelige Kristalle, körnig, massig; A – stellenweise schwach radioaktiv, meist metamikt.
Bildung und Fundorte: Magmatisch in granitischen und alkalischen Pegmatiten; auch in Seifen. Meist in Verbindung mit Monazit-(Ce), Zirkon, Ilmenit und seltenen Erden. Bis zu 15 cm große Kristalle kennt man aus Kragerö und Hitterö, Norwegen sowie aus Ankazobé, Madagaskar.

Äschynit-(Ce)

$(Ce,Ca)(Ti,Nb)_2O_6$

ORTHORHOMBISCH ● ●

Eigenschaften: F – schwarz, rotbraun, gelb; ST – rotgelb; G – glasartig, harzig, diamanten; T – durchscheinend bis undurchsichtig; D – 5,0; H – 5,5; SP – keine; B – muschelig; M – prismatische und tafelige Kristalle, körnig, massig; A – stellenweise schwach radioaktiv, meist metamikt.
Bildung und Fundorte: Magmatisch in alkalischen und granitischen Pegmatiten und Karbonatiten. Vorkommen in Verbindung mit Zirkon und seltenen Erden. Bis zu 19 cm lange Kristalle treten in Quadeville, Ontario, Kanada zutage; andere Fundorte sind Kragerö, Norwegen und Trout Creek Pass, Colorado, USA.

Stibiotantalit

$SbTaO_4$

ORTHORHOMBISCH ● ●

Eigenschaften: F – gelb, gelbbraun, rotbraun, gelbgrün; ST – gelbbraun; G – metallartig, glasartig, harzig; T – durchsichtig bis durchscheinend; D – 7,5; H – 5–5,5; SP – gut; B – uneben bis muschelig; M – prismatische, tafelige und bipyramidale Kristalle, körnig, massig.
Bildung und Fundorte: Magmatisch in granitischen Pegmatiten; auch in Seifen. Bis zu 12 cm große Kristalle stammen aus Muiane, Alto Ligonha, Mosambik; weitere Funde in der Little Three Mine, Ramona, und der Himalaya Mine, Mesa Grande, California, USA; Vorkommen auch in Greenbushes, Western Australia, Australien.
Verwendung: Ta-Erz.

Stibiotantalit 10 mm, körnig, Dobrá Voda, Tschechien

Uranpecherz

UO_2

KUBISCH ● ● ● ●

Eigenschaften: F – schwarz, schwarzbraun, schwarzgrau; ST – schwarz, schwarzbraun bis grünlich; G – metallartig, fettig, erdig; T – undurchsichtig; D – 7,5–10,6; H – 5–6, erdige Aggregate 3; SP – undeutlich; B – uneben bis muschelig; M – kubische Kristalle, traubige Aggregate, körnig, massig; A – stark radioaktiv.

Bildung und Fundorte: Vornehmlich hydrothermal auf Erzgängen, Skarn; magmatisch in granitischen Pegmatiten; in Sedimentgesteinen; auch in Seifen. Meist in Begleitung anderer U-Mineralien, z. B. Coffinit und sekundärer Umwandlungsprodukte, vor allem U-Glimmer. Vollkommene, bis zu 10 cm große und 2,5 kg schwere Kristalle kommen aus der Fissure Mine, Wilberforce, Ontario, Kanada, wo sie in einfachen, durch Marmor verlaufenden Pegmatiten auftreten. Kristalle sind auch aus Dieresis, Spanien und Shinkolobwe, Dem. Rep. Kongo bekannt. Ergiebige traubige Aggregate fand man in Jáchymov und Slavkovice, Tschechien; in Bois-Noirs und Margnac, Frankreich.

Verwendung: U-Erz.

Uranpecherz x 8 mm, Portland, USA

Gibbsit 80 mm, Gamba, Brasilien

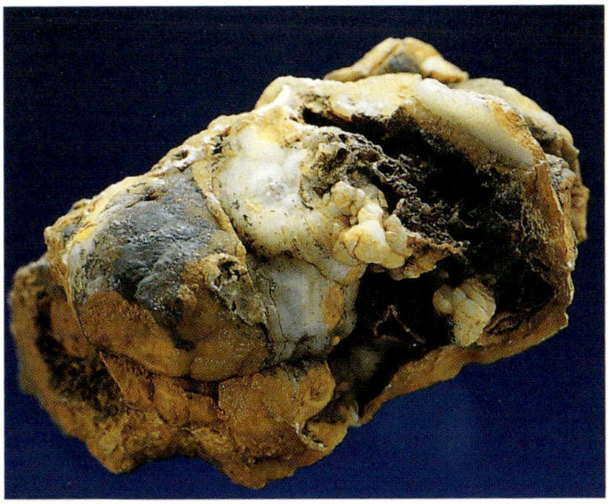

Gibbsit
$Al(OH)_3$

MONOKLIN ● ● ●

Eigenschaften: F – farblos, grau, weiß, grünlich; ST – weiß; G – glasartig, perlmuttartig; T – durchsichtig bis durchscheinend; D – 2,4; H – 2,5–3,5; SP – vollkommen; B – uneben; M – tafelige Kristalle, blättrige und erdige Aggregate, Überzüge und stalaktitische Beläge, körnig, massig.
Bildung und Fundorte: Hydrothermal als ein Umwandlungsprodukt Al-reicher Gesteine; sekundär in der Oxidationszone zusammen mit Goethit; metamorph in schwach metamorphen, Al-reichen Gesteinen, normalerweise mit Diaspor; Gemengeteil von Bauxit. Bis zu 10 cm große, tafelige Kristalle fand man in Zlatoust, Ural, Russische Föderation; auch in Villa Rica, Minas Gerais, Brasilien.

Brucit
$Mg(OH)_2$

TRIGONAL ● ● ●

Eigenschaften: F – farblos, grau, weiß, bläulich, blau, gelb, braun; ST – weiß; G – glasartig, perlmuttartig; T – durchsichtig bis durchscheinend; D – 2,4; H – 2,5; SP – vollkommen; B – uneben; M – tafelige Kristalle, blättrige, nadelförmige und erdige Aggregate, körnig, massig.
Bildung und Fundorte: Hydrothermal auf Gängen in Serpentiniten oder dolomitischem Marmor, ein Produkt der Periklasumwandlung; selten metamorph in Skarn und Marmor. Vollkommene, bis zu 18 cm große Kristalle stammen aus der Low's Mine, Pennsylvania und der Tilly Foster Mine, New York, USA; weitere Vorkommen in Asbestos, Québec, Kanada und Predazzo, Alpen, Italien; bis zu 5 cm große, blaue Kristalle fand man in der Bazhenovskoye-Lagerstätte, Azbest, Ural, Russische Föderation.

Brucit 30 mm, Azbest, Russische Föderation

Diaspor
AlO(OH)

ORTHORHOMBISCH ● ● ●

Eigenschaften: F – farblos, grau, weiß, grünlich, gelblich, rosa, bräunlich; ST – weiß; G – glasartig, perlmuttartig; T – durchsichtig bis durchscheinend; D – 3,4; H – 6,5–7; SP – vollkommen; B – muschelig; M – tafelige Kristalle, blättrige Aggregate, stalaktitische Beläge, körnig, massig.
Bildung und Fundorte: Hydrothermal als ein Umwandlungsprodukt Al-reicher Mineralien, z. B. Andalusit, typische Vorkommen mit Pyrophyllit und Korund; metamorph in Al-reichen Gesteinen; ein Gemengeteil von Bauxit. Bis zu 12 cm große, tafelige Kristalle kommen aus Menderess, Türkei; auch aus Naxos, Griechenland und Chester, Massachusetts, USA.

Diaspor 35 mm, Milas, Türkei

Goethit 77 mm, Santa Eulalia, Mexiko

Samtblende 60 mm, Příbram, Tschechien

Goethit
$Fe^{3+}O(OH)$

ORTHORHOMBISCH ● ● ● ● ●

Varietäten: Samtblende.
Eigenschaften: F – schwarzbraun, gelbbraun, braun; ST – gelbbraun; G – metallartig, metallisch, seiden, erdig; T – durchscheinend bis undurchsichtig; D – 4,3; H – 5–5,5; SP – vollkommen; B – uneben bis muschelig; M – nadelförmige bis prismatische Kristalle, traubige Aggregate, meist mit radialstrahliger Struktur, Überzüge und stalaktitische Beläge, erdig, körnig, massig.
Bildung und Fundorte: Sekundär als eines der am weitesten verbreiteten Mineralien der Oxidationszone von Erzlagerstätten, es ist ein bedeutendes Gemengeteil von Limonit; hydrothermal in Erzgängen, in Pegmatit- und Vulkangestein-Hohlräumen. Es bildet Pseudomorphosen nach Pyrit und anderen Fe-Sulfiden. Reichhaltige traubige Aggregate von Samtblende mit ihrer typisch samtigen Oberfläche kennt man aus Příbram, Tschechien; bis zu 5 cm lange, nadelförmige Kristalle kommen aus Bottalack und Redruth, Cornwall, England, GB; Vorkommen auch in Siegen und Horhausen, Deutschland sowie in Florissant, Colorado, USA.
Verwendung: Fe-Erz.

Lepidokrokit 30 mm, Rudabánya, Ungarn

Manganit
$Mn^{3+}O(OH)$

MONOKLIN ● ● ● ●

Eigenschaften: F – schwarz bis schwarzgrau; ST – rotbraun bis schwarz; G – metallartig bis matt; T – undurchsichtig; D – 4,3; H – 4; SP – vollkommen; B – uneben bis muschelig; M – lang- bis kurzprismatische Kristalle, nadelförmige und erdige Aggregate, Konkretionen, körnig, massig.
Bildung und Fundorte: Hydrothermal auf niedriggradigen Erzgängen, zusammen mit Quarz; sekundär in der Oxidationszone von Erzlagerstätten; sedimentär und selten metamorph in Mn-reichen Gesteinen. Drusen aus bis zu 4 cm langen, schwarzen Kristallen stammen aus dem klassischen Fundort Ilfeld, Deutschland; Vorkommen auch in Ohrenstock und Ilmenau, Deutschland; in Nikopol, Ukraine; in Sterling Hill, New Jersey, USA und in der N'Chwaning No. 2 Mine, Kuruman, Südafrika.
Verwendung: Mn-Erz.

Lepidokrokit
$Fe^{3+}O(OH)$

ORTHORHOMBISCH ● ● ●

Eigenschaften: F – dunkelrot bis rotbraun; ST – rötlich, bräunlich; G – metallartig, diamanten bis seiden; T – durchsichtig bis undurchsichtig; D – 4,0; H – 5; SP – vollkommen; B – uneben bis muschelig; M – tafelige bis kurzprismatische Kristalle, nadelförmige, blättrige und erdige Aggregate, Konkretionen, körnig, massig.
Bildung und Fundorte: Sekundär in der Oxidationszone von Erzlagerstätten, auf traubigem Goethit aufgewachsen. Es tritt zusammen mit Goethit als ein Gemengeteil von Limonit auf, tafelige Kristalle und ihre Aggregate kennt man aus Herdorf, Deutschland und Rancié, Frankreich.

Manganit 85 mm, Ilfeld, Deutschland

Lithiophorit

$(Al,Li)Mn^{4+}O_2(OH)_2$

MONOKLIN ● ● ●

Eigenschaften: F – schwarz, meist mit bläulicher Tönung; ST – schwarzgrau bis schwarz; G – metallisch bis matt; T – undurchsichtig; D – 3,3; H – 3; SP – vollkommen; B – uneben; M – schuppige Kristalle, traubige und erdige Aggregate, Überzüge, körnig, massig.
Bildung und Fundorte: Sekundär in der Oxidationszone von Erzlagerstätten und entlang von Spalten in Sedimentgesteinen. Traubige Aggregate treten in Schneeberg, Deutschland; Jivina und Zaječov, Tschechien sowie in Miyazaki, Japan zutage.

Lithiophorit 60 mm, Rangersdorf, Deutschland

Curit

$Pb_2U_5O_{17} \cdot 4\ H_2O$

ORTHORHOMBISCH ● ●

Eigenschaften: F – dunkelorange bis rotorange; ST – hellorange; G – diamanten bis erdig; T – durchsichtig bis durchscheinend; D – 7,4; H – 4–5; SP – gut; B – uneben; M – nadelförmige Kristalle, erdige Aggregate, Überzüge, massig; A – stark radioaktiv.
Bildung und Fundorte: Sekundär in der Oxidationszone von U-Lagerstätten, Begleitmineralien sind andere sekundäre U-Mineralien, z. B. Torbernit, Kasolit und Uranophan. Reichhaltige Aggregate fand man in Shinkolobwe, Dem. Rep. Kongo; auch bekannt aus La Crouzille, Frankreich und South Alligator, Northern Territory, Australien.

Curit 30 mm, Shinkolobwe, Dem. Rep. Kongo

5. Karbonate

Magnesit
$MgCO_3$

TRIGONAL ● ● ● ●

Eigenschaften: F – farblos, weiß, gelblich, bräunlich, schwarz; ST – weiß; G – glasartig bis matt; T – durchsichtig; D – 3,1; H – 4; SP – vollkommen; B – muschelig; M – rhomboedrische und prismatische Kristalle, massige, spaltbare Aggregate, erdig; LU – gelegentlich blau oder grün.
Bildung und Fundorte: Selten magmatisch, meist hydrothermal, metasomatisch und metamorph. Die größten Kristalle kennt man aus Brumado, Bahía, Brasilien, wo sie bis zu 1 m groß und in metamorphen Dolomiten eingebettet sind. In manchen Hohlräumen an demselben Fundort werden Kristalle bis zu 5 cm groß; auch in den Gruben von Eugui, Spanien, wurden bis zu 5 cm große Kristalle gefunden. Kristalle mit bis zu 1 cm Durchmesser kommen auch aus Val Malenco, Italien. Vorherrschend sind massige Aggregate, die große Lagerstätten bilden, wie in Veitsch, Österreich oder Liao-Tung, China. Viele Lagerstätten befinden sich in der Slowakei (Jelšavská Dúbrava, Hnúšťa).
Verwendung: Hitzebeständiges Material.

links: Calcit 40 mm, Houghton Co., USA
Magnesit 148 mm, Brumado, Brasilien

Smithsonit 32 mm, Tsumeb, Namibia

Smithsonit
$ZnCO_3$

TRIGONAL ● ● ●

Eigenschaften: F – weiß, grau, grün, rötlich, blau; ST – weiß; G – glasartig bis perlmuttartig; T – durchsichtig bis durchscheinend; D – 4,4; H – 4–5; SP – vollkommen; B – muschelig bis uneben; M – rhomboedrische Kristalle, traubige und stalaktitische Aggregate, massig; LU – manchmal grün oder blau.
Bildung und Fundorte: Deszendent als Oxidationsprodukt primärer Zn-Erze, Begleitmineralien sind andere deszendente Pb-Mineralien. Die größten Kristalle, bis zu 4 cm große, gelbe Skalenoeder, kommen aus Broken Hill, New South Wales, Australien. Rötliche, bis zu 3 cm lange Kristalle traten in Tsumeb, Namibia zutage. Weltbekannte blaugrüne, traubige und bis zu 10 cm dicke Verkrustungen fand man in der Kelly Mine, Magdalena, New Mexico, USA. Schöne Aggregate und gebänderte Stalaktiten kennt man aus Monte Poni, Sardinien, Italien.

Smithsonit 40 mm, New Mexico, USA

Siderit 26 mm, Governador Valadares, Brasilien

Siderit

$FeCO_3$

TRIGONAL ● ● ● ●

Eigenschaften: F – gelb, braun, schwarz; ST – gelblich weiß; G – glasartig; T – durchscheinend; D – 4; H – 4; SP – vollkommen; B – uneben bis muschelig; M – rhomboedrische Kristalle, körnig, massig.
Bildung und Fundorte: Hydrothermal in mittel- und niedriggradigen Lagerstätten, sedimentär. Bis zu 40 cm lange Kristalle fand man in Mont St.-Hilaire, Québec, Kanada. Bis zu 10 cm große Kristalle kommen aus Panasqueira, Portugal. Kristalle mit einer Größe bis zu 3 cm traten in Neudorf, Deutschland zutage. Bis zu 2 cm große Rhomben fand man in Příbram, Tschechien. Pseudomorphosen von Goethit nach Siderit mit bis zu 7 cm Durchmesser kommen in Pikes Peak, Colorado, USA vor. Die Lagerstätten von massigem Siderit in Erzberg und Hüttenberg, Österreich brachten bis zu 5 cm lange Kristalle zutage. Schöne Kristalle kennt man auch aus Tavistock und Redruth, Cornwall, England, GB.
Verwendung: Bedeutendes Fe-Erz.

Sphaerokobaltit

$CoCO_3$

TRIGONAL ● ● ●

Eigenschaften: F – rosa, grau, braun; ST – rot; G – glasartig; T – durchsichtig bis durchscheinend; D – 4,1; H – 4; SP – vollkommen; M – skalenoedrische und rhomboedrische Kristalle, radialstrahlige Aggregate, massig.
Bildung und Fundorte: Sekundär als ein Oxidationsprodukt primärer Co-Mineralien. Die besten Exemplare mit bis zu 3 cm langen Kristallen kommen aus der Dem. Rep. Kongo (Musonoi; Kakanda). Bis zu 1 cm lange Kristalle kennt man aus Bou Azzer, Marokko.

Sphaerokobaltit 16 mm, Bou Azzer, Marokko

Rodochrosit 117 mm, Sweet Home Mine, USA

Rodochrosit

$MnCO_3$

TRIGONAL ●●●●

Eigenschaften: F – weiß, rosa, rot, braun, stellenweise schwarzer Überzug auf den Kristallen; ST – weiß; G – glasartig; T – durchsichtig bis durchscheinend; D – 3,6; H – 3,5–4; SP – vollkommen; B – muschelig bis uneben; M – rhomboedrische und skalenoedrische Kristalle, halbkugelige und traubige Aggregate, körnig, massig.

Bildung und Fundorte: Nur selten in Pegmatiten, hydrothermal auf mittel- und niedriggradigen Gängen, sedimentär und metamorph. Die meisten schönen Kristalle kommen aus der Sweet Home Mine, Alma, Colorado, USA, wo bis zu 15 cm große Rhomben auftreten; Begleitmineralien sind violetter Fluorit, Hübnerit, Tetraedrit und andere Mineralien. Schöne dunkelrote, bis zu 10 cm große Skalenoeder fand man in den Minen N'Chwaning No. 1 und 2, Kuruman, Südafrika. Rosafarbige, bis zu 8 cm große Rhomben kommen aus Silberton, Colorado, USA. Schöne rosafarbige, halbkugelige und traubige Aggregate kennt man aus Cavnic und Baia Sprie, Rumänien. Ähnliche Exemplare traten in Huaron, Peru zutage. Rosafarbige, gebänderte Krusten und Stalaktiten fand man in der Mina Capillitas, Catamarca, Argentinien. Rosafarbige Rhomben in Begleitung von Bertrandit wurden erst vor kurzem in Kounrad, Kasachstan gefunden.

Rodochrosit 70 mm, Argentinien

Calcit 150 mm, Elmwood Mine, USA

Calcit

$CaCO_3$

TRIGONAL ●●●●●

Eigenschaften: F – farblos, weiß, grau, gelb, braun, rosa, rot, blau, grün, schwarz; ST – weiß; G – glasartig bis perlmuttartig; T – durchsichtig bis undurchsichtig; D – 2,7; H – 3; SP – vollkommen; B – muschelig; M – Kristalle mit unterschiedlichem Habitus, Konkretionen, stalaktitische, oolithische Aggregate, körnig, massig; LU – manchmal rot bis orange.

Calcit 30 mm, Tunguska, Russische Föderation

Bildung und Fundorte: Eines der am häufigsten vorkommenden Mineralien; Bildung unter sehr unterschiedlichen Bedingungen, es ist magmatisch, hydrothermal, sedimentär, metamorph und sekundär und tritt in verschiedenen Paragenesen auf. Große Kristalle fand man an vielen Fundorten in aller Welt. Rosafarbige und gelbe, über einen halben m lange Kristalle stammen aus Joplin, Missouri und aus der Elmwood Mine, Tennessee, USA. Schöne Calcitkristalle mit einem aus kristallographischer Sicht sehr komplexen Habitus fand man in Dalnegorsk, Russische Föderation. Schöne Calcitexemplare traten auch in Mexiko (Naica, Chihuahua; Charcas, San Luis Potosí) zutage. Auch europäische Fundorte wie Příbram, Tschechien; St. Andreasberg, Deutschland und Kongsberg, Norwegen sind für ihre Calcitvorkommen bekannt. Weingelbe, komplexe Kristalle kennt man aus der Lagerstätte Sarbayskoye in Rudnyi, Kasachstan. Spaltbare Aggregate von doppelbrechendem Calcit (so genannter Isländischer Doppelspat) fand man in Basalthohlräumen in Helgustadir, Island. Die größten waren bis zu 6 x 2 m groß. Sehr schöne, bis zu 8 cm lange Skalenoeder mit Kupfereinschlüssen treten auf der Keweenaw-Halbinsel, Michigan, USA zutage. Vollkommene Skalenoeder und ihre Zwillinge, mit bis zu 10 cm Länge, kennt man aus Egremont und Frizington, England, GB. Schöne, bis zu 8 cm große Schwalbenschwanzzwillinge fand man vor kurzem in Guiyang, Hunan, China. Bis zu 10 cm große Calcitkristalle mit Sandeinschlüssen kommen aus der Umgebung von Fontainebleau, Frankreich.
Verwendung: Bauwirtschaft, optische Industrie.

Dolomitspat x 33 mm, Navarro, Spanien

Dolomitspat
$CaMg(CO_3)_2$

TRIGONAL ● ● ● ● ●

Eigenschaften: F – grauweiß, rosa, rot, grün, braun, schwarz; ST – weiß; G – glasartig bis perlmuttartig; T – durchsichtig bis durchscheinend; D – 2,9; H – 3,5; SP – vollkommen; B – muschelig; M – rhomboedrische Kristalle, massig.
Bildung und Fundorte: Magmatisch in Pegmatiten, hydrothermal, metasomatisch, sedimentär und metamorph, zusammen mit Siderit, Magnesit, Calcit und anderen Begleitmineralien. Bis zu 10 cm lange Kristalle fand man in Brumado, Bahía, Brasilien. Schöne Kristalle traten auch in Banská Štiavnica, Slowakei und in Cavnic, Rumänien zutage. Bis zu 20 cm große Kristalle kommen aus Eugui, Spanien. Bis zu 15 cm lange Kristalle fand man in Hohlräumen dolomitischer Gesteine in Lengenbach, Binntal, Schweiz. Mehrere cm lange Kristalle kennt man aus Jáchymov, Tschechien. Große Akkumulationen von massigem Dolomitspat kommen in Magnesit-Lagerstätten vor.
Verwendung: Metallurgie, hitzebeständiges Material.

Ankerit xx 20 mm, Roudný, Tschechien

Ankerit
$CaFe(CO_3)_2$

TRIGONAL ● ● ● ●

Eigenschaften: F – weiß, gelblich, braun-gelb; ST – weiß; G – glasartig bis perlmuttartig; T – durchscheinend; D – 3; H – 3,5–4; SP – vollkommen; B – muschelig; M – rhomboedrische Kristalle, körnig.
Bildung und Fundorte: Hydrothermal auf mittel- und niedriggradigen Gängen, auch sedimentär und metamorph, zusammen mit Siderit und anderen Mineralien. Bis zu 5 cm große Kristalle traten in der Tui Mine, Neuseeland zutage. Braune, bis zu 4 cm große Rhomben kennt man aus Gilman, Colorado, USA. Bis zu 1 cm große, gelbliche Kristalle kommen aus Konkretionen bei Kladno, Tschechien. Massige Aggregate treten häufig in metasomatischen Sideritlagerstätten auf (z. B. Nižná Slaná, Slowakei).

Kutnahorit 60 mm, Kutná Hora, Tschechien

Huntit 110 mm, Kokšín, Tschechien

Kutnahorit

$CaMn(CO_3)_2$

TRIGONAL ● ● ●

Eigenschaften: F – weiß, grau, rosa, gelblich; ST – weiß; G – glasartig; T – durchscheinend; D – 3,1; H – 3,5–4; SP – vollkommen; B – muschelig; M – wenig entwickelte Kristalle, körnig, massig.
Bildung und Fundorte: Hydrothermal und metamorph, Begleitmineralien sind Ankerit, Quarz und andere Mineralien. Wenig entwickelte Kristalle kennt man aus Kutná Hora, Tschechien. Kleine, mehrere mm große Kristalle wurden in Mont St.-Hilaire, Québec, Kanada gefunden. Große Kristalle traten in Moncure, North Carolina, USA zutage. Kleine grauweiße Kristalle fand man in Broken Hill, New South Wales, Australien.

Huntit

$CaMg(CO_3)_2$

TRIGONAL ● ●

Eigenschaften: F – weiß; ST – weiß; G – erdig; T – undurchsichtig; D – 2,7; H – 1,5; SP – keine; B – muschelig; M – faserige Aggregate, erdig.
Bildung und Fundorte: Sekundäres Mineral als Oxidationsprodukt von Dolomitspat, Begleitmineralien sind Magnesit und Dolomitspat. Filigrane faserige Aggregate kommen aus Kokšín, Tschechien. Es tritt

Aragonit 49 mm, Tazouta, Marokko

Eisenblüte 110 mm, Erzberg, Österreich

auch in der Ala-Mar-Lagerstätte, Nevada, USA auf. Massige Aggregate kennt man aus der Boquira-Mine, Bahía, Brasilien.

Aragonit

$CaCO_3$

ORTHORHOMBISCH ● ● ● ●

Varietäten: Eisenblüte, Sprudelstein, Erbsenstein, Tarnowitzit.
Eigenschaften: F – farblos, weiß, gelb, rötlich, grünlich, violett, bläulich, grau; ST – weiß; G – glasartig; T – durchsichtig bis undurchsichtig; D – 3; H – 3,5–4,5; SP – undeutlich; B – muschelig; M – prismatische Kristalle, oolithische, gebänderte, säulige und dendritische Aggregate, massig; LU – stellenweise leicht cremegelb.
Bildung und Fundorte: Primär als rezentes, hydrothermales Mineral hochgradiger Lagerstätten, häufiger jedoch sekundär als ein Produkt der Oxidation von Siderit und Pyrit. Es entsteht auch als Ausfällungsprodukt von Thermalquellen, ist sedimentär und metamorph. Schöne weiße, bis zu 7 cm lange, prismatische Kristalle fand man zusammen mit blauen Coelestinkristallen in Špania Dolina, Slowakei. Ähnliche Kristalle kommen aus Schwefellagerstätten in Cianciano, Italien und Tarnobrzeg, Polen. Die vielleicht besten Aragonitkristalle der Welt stammen aus dem Eisernen Hut der Magnesitlagerstätte in Podrečany, Slowakei, wo Drusen mit bis zu 20 cm langen Kristallen gefunden wurden. Weingelbe, bis zu 10 cm lange Kristalle traten in Hohlräumen der Vulkangesteine in Hořenec bei Bílina, Tschechien zutage. Diese Kristalle waren die weltweit einzigen Rohedelsteine, die sich zum Facettieren eigneten. Sehr interessante Kupfer-Pseudomorphosen nach Aragonit kommen aus Corocoro, Bolivien. Gebänderte und oolithische Aggregate fand man in Karlovy Vary, Tschechien. Dendritische Aggregate aus Erzberg, Österreich und aus anderen Fundorten sind als Eisenblüte bekannt.
Verwendung: Schmuckstein.

Erbsenstein 35 mm, Karlovy Vary, Tschechien

Strontianit 34 mm, Hardin Co., USA

Strontianit

$SrCO_3$

ORTHORHOMBISCH ● ● ●

Eigenschaften: F – farblos, grau, gelblich, grünlich, rötlich, braun; ST – weiß; G – glasartig bis harzig; T – durchsichtig bis durchscheinend; D – 3,8; H – 3,5; SP – vollkommen; B – muschelig bis uneben; M – prismatische und nadelförmige Kristalle, säulige und faserige Aggregate, massig, erdig.
Bildung und Fundorte: Hydrothermal auf niedriggradigen Gängen, in Hohlräumen von Vulkangesteinen, hauptsächlich sedimentär, zusammen mit Calcit und Zeolithen. Bis zu 8 cm lange Kristalle treten bei Bleiberg, Österreich zutage. Kleinere Kristalle kennt man aus Strontian, Schottland, GB. Bis zu 5 cm lange Kristalle fand man im Mergel von Ahlen bei Münster, Deutschland.

Witherit

$BaCO_3$

ORTHORHOMBISCH ● ●

Eigenschaften: F – weiß, grau, gelblich; ST – weiß; G – glasartig bis fettig; D – durchscheinend; D – 4,3; H – 3,5; SP – gut; B – uneben; M – pseudohexagonale, bipyramidale Kristalle, faserige und traubige Aggregate, massig.
Bildung und Fundorte: Hydrothermal in niedriggradigen Lagerstätten mit Fluorit, Baryt, Calcit und anderen Begleitmineralien. Schöne gelbliche, bis zu 12 cm lange Kristalle kommen aus der Minerva No. 1 Mine, Cave-in-Rock, Illinois, USA. Bis zu 7 cm große Kristalle traten in Hexham und Alston Moor, England, GB zutage. Sehr seltene Vorkommen pseudohexagonaler Kristalle oder traubiger Aggregate in Příbram, Tschechien.

Cerussit

$PbCO_3$

ORTHORHOMBISCH ● ● ●

Eigenschaften: F – farblos, weißlich, gelb, schwarz; ST – weiß; G – fettig bis diamanten; T – durchscheinend; D – 6,6; H – 3–3,5; SP – gut; B – muschelig; M – prismatische und pyramidale Kristalle, gewöhnlich Drillinge und Zwillinge, körnig, massig; LU – manchmal gelblich.

Witherit x 20 mm, Großbritannien

Cerussit 92 mm, Tsumeb, Namibia

Bildung und Fundorte: Sekundäres Mineral, Oxidationsprodukt von Bleiglanz und anderen Pb-Mineralien, zusammen mit Pyromorphit, Vanadinit, Baryt und anderen Begleitmineralien. Die besten Exemplare stammen aus Tsumeb, Namibia, wo Drillinge mit bis zu 20 cm Durchmesser zutage traten. Große Zwillinge kennt man auch aus Broken Hill, New South Wales, Australien. Schöne, bis zu 5 cm große Kristalle fand man in Mibladen, Marokko. Schöne Kristalle mit bis zu 5 cm Länge wurden in Stříbro, Tschechien gefunden. Weiße, bis zu 6 cm lange, nadelförmige Kristalle kommen aus der Flux Mine, Arizona, USA.

Barytokalzit

$BaCa(CO_3)_2$

MONOKLIN ● ●

Eigenschaften: F – farblos, weiß, grau, gelblich; ST – weiß; G – glasartig bis harzig; T – durchsichtig bis durchscheinend; D – 3,7; H – 4; SP – vollkommen; B – muschelig bis uneben; M – prismatische, oft gestreifte Kristalle, massig; LU – hellgelb.
Bildung und Fundorte: Hydrothermal auf niedriggradigen Gängen, zusammen mit Calcit, Baryt und anderen Begleitmineralien. Mehrere cm große Kristalle und spaltbare Massen kennt man aus Alston Moor, Cumbria, England, GB. Unvollkommene, etwa 1 cm große Kristalle traten in Stříbro, Tschechien auf. Vorkommen auch in Freiberg, Deutschland und Långban, Schweden.

Barytokalzit 52 mm, Großbritannien

Azurit 48 mm, Touissit, Marokko

Malachit 63 mm, Mashamba West, Dem. Rep. Kongo

Azurit

$Cu_3(CO_3)_2(OH)_2$

MONOKLIN ● ● ● ●

Eigenschaften: F – blau; ST – blau; G – glasartig; T – durchsichtig bis undurchsichtig; D – 3,8; H – 3,5; SP – vollkommen; B – muschelig; M – tafelige und prismatische Kristalle, pulverig.
Bildung und Fundorte: Sekundär, Oxidationsprodukt von Cu-Sulfiden, meist in Verbindung mit Malachit. Bis zu 20 cm lange Kristalle kommen aus Tsumeb, Namibia. Kristalle aus Touissit, Marokko sind bis zu 7 cm groß. Tafelige Kristalle mit einer Größe bis zu 5 cm fand man in Chessy bei Lyon, Frankreich. Bekannte Kristalle mit bis zu 5 cm Durchmesser stammen aus der Copper Queen Mine in Bisbee, Arizona, USA. Schöne Azurit-Konkretionen mit Kristallen auf der Oberfläche kommen aus La Sal, Utah, USA. Bis zu 13 cm große Kristallrosetten fand man in der Yang-Chweng-Mine, Guang Dong, China.
Verwendung: Cu-Erz.

Malachit

$Cu_2(CO_3)(OH)_2$

MONOKLIN ● ● ● ●

Eigenschaften: F – grün; ST – hellgrün; G – glasartig, matt, erdig; T – undurchsichtig; D – 4,1; H – 3,5–4; SP – vollkommen; B – muschelig bis uneben; M – nadelförmige und prismatische Kristalle, traubige Aggregate, stalaktitisch, massig.
Bildung und Fundorte: Das am weitesten verbreitete deszendente Mineral von Cu, Begleitmineralien sind Azurit, Cuprit und andere Mineralien. Bis zu 3 cm große Kristalle treten in Kambove, Dem. Rep. Kongo zutage. Bis zu 2 cm große Kristalle wurden auch in Rudabánya, Ungarn gefunden. Bis zu 10 cm große Pseudomorphosen nach Azuritkristallen kennt man aus Tsumeb; bis zu 5 cm große Pseudomorphosen nach Cupritkristallen kommen aus Onganja, Namibia. Blöcke gebänderten Malachits, die bis zu 250 Tonnen wiegen, stammen aus Mednorudnjansk, Ural, Russische Föderation. Ähnliche, sehr reichhaltige Vorkommen gibt es in vielen Lagerstätten in der Provinz Shaba, Dem. Rep. Kongo, wo auch bis zu 50 cm lange Stalaktiten gefunden wurden.

Malachit 70 mm, Shaba, Dem. Rep. Kongo

Rosasit 270 mm, Gleeson, USA

Verwendung: Cu-Erz, Herstellung von Schmuck und Schmuckgegenständen.

Rosasit

$(Cu,Zn)_2(CO_3)(OH)_2$

MONOKLIN ●●

Eigenschaften: F – grün, blau; ST – grünlich; T – undurchsichtig; D – 4,0–4,2; H – 4,5; SP – gut; M – kleine nadelförmige Kristalle, faserige und traubige Krusten.
Bildung und Fundorte: Sekundär, Bildung in der Oxidationszone von Cu- und Zn-Lagerstätten, zusammen mit anderen sekundären Cu-Mineralien. Kugelige Aggregate nadelförmiger Kristalle mit einer Größe bis zu 1 cm fand man in der Mina Ojuela, Mapimi, Durango, Mexiko. Ähnliche Funde machte man in Bisbee, Arizona, USA.

Hydrozinkit

$Zn_5(CO_3)_2(OH)_6$

MONOKLIN ●●●

Eigenschaften: F – weiß, gelblich; ST – weiß; G – perlmuttartig bis matt; T – undurchsichtig; D – 4; H – 2–2,5; SP – vollkommen; B – muschelig; M – tafelige Kristalle, massig, erdig; LU – stellenweise blau.
Bildung und Fundorte: Sekundär, Oxidationsprodukt von Sphalerit, Begleitmineralien sind Cerussit, Smithsonit und Hemimorphit. Kleine Kristalle kennt man aus Mapimi, Durango, Mexiko. Kugelige Aggregate mit mehreren mm Durchmesser fand man in Sterling Hill, New Jersey, USA. Stalaktiten und dicke Krusten traten in Long-Kieng, Myanmar auf. Krusten und Stalaktiten kennt man auch aus Bleiberg, Österreich; aus Mežica, Slowenien und aus Raibl, Italien.

Aurichalcit

$(Zn,Cu)_5(CO_3)_2(OH)_6$

ORTHORHOMBISCH ●●●

Eigenschaften: F – hellgrün, blaugrün, blau; ST – blaugrün; G – seiden bis perlmuttartig; T – durchscheinend; D – 4; H – 1–2; SP – vollkommen; M – nadelförmige Kristalle, Krusten.
Bildung und Fundorte: Sekundär in der Oxidationszone von Cu- und Zn-Lagerstätten in ariden Klimazonen, Begleitmineralien sind Linarit und andere Mineralien. Große prismatische Kristalle kommen aus der Mina Ojuela, Mapimi, Durango, Mexiko. Schöne Rosetten nadelförmiger Kristalle kennt man aus Bisbee und aus der 79 Mine, Banner District, Arizona, USA. Vorkommen auch in Monteponi, Sardinien, Italien.

Hydrozinkit 65 mm, Tiger, USA

Aurichalcit 80 mm, Arizona, USA

Dawsonitaggregat 2 mm, Récsk, Ungarn

Dawsonit

$NaAl(CO_3)(OH)_2$

ORTHORHOMBISCH ● ● ●

Eigenschaften: F – farblos bis weiß; ST – weiß; G – glasartig; T – durchsichtig; D – 2,4; H – 3; SP – vollkommen; M – nadelförmige bis blattartige Kristalle, radialstrahlige Aggregate.

Bildung und Fundorte: Hydrothermal in niedriggradigen Lagerstätten, Begleitmineralien sind Calcit, Dolomitspat und andere Mineralien. Filigrane, bis zu 3,5 cm lange, nadelförmige Kristalle kommen aus Mont St.-Hilaire, Québec, Kanada. Radialstrahlige Aggregate fand man entlang von Gesteinsspalten in Dubník und Zlatá Bana, Slowakei.

Bastnäsit-(Ce)

$(Ce,La)(CO_3)F$

HEXAGONAL ● ● ●

Eigenschaften: F – gelb bis braun; ST – gelbbraun; G – glasartig bis fettig; T – durchscheinend; D – 4,8–5,2;

Parisit-(Ce) 71 mm, Boyacá, Kolumbien

Bastnäsit-(Ce) x 6 mm, Ariége, Frankreich

H – 4–4,5; SP – gut; B – uneben; M – tafelige Kristalle, körnig, massig.
Bildung und Fundorte: Magmatisch in Pegmatiten, auch metamorph, zusammen mit Allanit-(Ce) und anderen Mineralien von seltenen Erden. Kristalle mit einer Größe bis zu 20 x 15 cm treten in Andekatany, Madagaskar zutage. Bis zu 10 cm lange Kristalle kennt man aus Karonge, Burundi. Bis zu 2,5 cm lange, durchsichtige Kristalle wurden vor kurzem in der Trimouns-Grube, Frankreich gefunden. Stellenweise bildet es bedeutende Lagerstätten, so in Mountain Pass, California, USA.
Verwendung: Erz seltener Erden.

Parisit-(Ce)

$CaCe_2(CO_3)_3F_2$

TRIGONAL ● ● ●

Eigenschaften: F – braun, gelbbraun, graugelb; ST – bräunlich; G – glasartig bis harzig; T – durchsichtig bis durchscheinend; D – 4,4; H – 4,5; SP – vollkommen; B – muschelig bis splitterig; M – bipyramidale, gestreifte Kristalle.
Bildung und Fundorte: Magmatisch in Pegmatiten, auch hydrothermal und selten metamorph, zusammen mit Bastnäsit-(Ce) und anderen Mineralien seltener Erden. Mehrere mm lange Kristalle kommen aus Quincy, Massachusetts, USA. Bis zu 8 cm lange Kristalle treten im Pegmatit bei Hundholmen, Norwegen zutage. Bis zu 23 cm lange Kristalle fand man in der Snowbird Mine, Montana, USA. Durchsichtige, bis zu 1,5 cm große Kristalle wurden vor kurzem in der Trimouns-Grube, Frankreich entdeckt. Sehr ungewöhnliche Vorkommen, bei denen bis zu 5 cm große Kristalle zusammen mit Smaragd auftreten, kennt man aus Muzo, Kolumbien.

Phosgenit

$Pb_2(CO_3)Cl_2$

TETRAGONAL ● ●

Eigenschaften: F – farblos, weiß, gelbweiß, grau, braun; ST – weiß; G – diamanten; T – durchsichtig bis durchscheinend; D – 6,1; H – 2–3; SP – gut; B – muschelig; M – kurz- bis langprismatische und tafelige Kristalle, körnig, massig; LU – manchmal gelb.
Bildung und Fundorte: Sekundär, Produkt der Oxidation von Bleiglanz, Begleitmineralien sind Cerussit und andere sekundäre Pb-Mineralien. Kristalle mit bis zu 15 x 10 cm Durchmesser kennt man aus Monteponi, Sardinien, Italien. Kristalle aus Tsumeb, Namibia waren bis zu 10 cm groß. Bis zu 3 cm große Kristalle fand man in Matlock, Derby, England, GB. Kristalle mit bis zu 3,5 cm Länge traten in der Mammoth Mine, Tiger, Arizona, USA zutage.

Phosgenit 28 mm, Monteponi, Italien

Bismutit xx 3 mm, Brdárka, Slowakei

Bismutit

$Bi_2O_2(CO_3)$

TETRAGONAL ● ● ●

Eigenschaften: F – gelb, braun, grau, blau, schwarz; ST – weiß; G – glasartig, perlmuttartig bis matt; T – durchscheinend bis undurchsichtig; D – 6,1–7,7; H – 3,5; SP – gut; M – kugelige, radialstrahlige Aggregate, massig, pulverig.

Weloganit xx 30 mm, Francon, Kanada

Gaylussit 30 mm, Natronsee, Tansania

Bildung und Fundorte: Sekundär, Bildung durch Oxidation von Bi-Mineralien, Begleitmineralien sind Wismutglanz und andere Mineralien. Häufige Vorkommen in Pegmatiten in Madagaskar (Ampangabé) und in Mosambik. Große Aggregate fand man in der Provinz Kivu, Dem. Rep. Kongo. Vorkommen auch in Tasna, Bolivien.

Gaylussit

$Na_2Ca(CO_3)_2 \cdot 5\ H_2O$

MONOKLIN ● ● ●

Eigenschaften: F – farblos, weiß, grau, gelblich; ST – weiß; G – glasartig; T – durchsichtig bis durchscheinend; D – 2; H – 2,5–3; SP – vollkommen; B – muschelig; M – linsenförmige bis prismatische Kristalle.
Bildung und Fundorte: Sedimentär, häufig ein Gemengeteil von Salzsedimenten. Bis zu 8 cm lange Kristalle kommen aus dem Searles Lake, California, USA. Vorkommen auch im Borax Lake und Mono Lake, California, USA. Große Kristalle kennt man aus dem Amboselisee, Kenia.

Weloganit

$Na_2Sr_3Zr(CO_3)_6 \cdot 3\ H_2O$

TRIKLIN ●

Eigenschaften: F – weiß, gelb; ST – weiß; G – glasartig; T – durchsichtig bis undurchsichtig; D – 3,2; H – 3,5; SP – vollkommen; B – muschelig; M – pseudohexagonale, gestreifte Kristalle.
Bildung und Fundorte: Hydrothermal in alkalischen Gesteinen, zusammen mit Zirkon, Dresserit und anderen Begleitmineralien. Bis zu 5 cm große Kristalle kommen aus den Hohlräumen der Francon-Grube, Montreal; bis zu 3 cm große Kristalle kennt man aus St. Michel, Québec, Kanada.

Artinit 10 mm, Fethiye, Türkei

Hydrotalkit xx 1 mm, Dunabogdány, Ungarn

Artinit

$Mg_2(CO_3)(OH)_2 \cdot 3\ H_2O$

MONOKLIN ● ● ●

Eigenschaften: F – weiß; ST – weiß; G – seiden; T – durchsichtig; D – 2; H – 2,5; SP – vollkommen; M – kugelige, radialstrahlige Aggregate, feinfaserige Massen, Krusten.
Bildung und Fundorte: Hydrothermal, Bildung unter niedrigen Temperaturen in Serpentiniten, Begleitmineralien sind Magnesit, Aragonit und andere Mineralien. Bis zu 2 cm große, radialstrahlige Aggregate treten in der Gem Mine, San Benito County, California, USA zutage. Bis zu 2 cm lange Nadeln kommen aus Val Malenco, Italien. Büschel nadelförmiger Kristalle fand man auf Staten Island, New York, USA.

Zaratit 70 mm, Lawcaster Co., USA

Zaratit

$Ni_3(CO_3)(OH)_4 \cdot 4\ H_2O$

KUBISCH ● ● ●

Eigenschaften: F – smaragdgrün; ST – hellgrün; G – glasartig bis fettig; T – durchsichtig bis durchscheinend; D – 2,6–2,7; H – 3,5; SP – keine; B – muschelig; M – kristalline Krusten, stalaktitisch, Überzüge.
Bildung und Fundorte: Sekundär, Oxidationsprodukt von Ni-Mineralien, Begleitmineralien sind Millerit, Brucit und andere Mineralien. Vorkommen als Oxidationsprodukt von Ni-Mineralien in ultrabasischen Gesteinen von Kraubat und Stubachtal, Österreich. Ausgebreitete grüne Überzüge fand man in Heazlewood, Tasmanien, Australien. Aufgewachsen auf Millerit-Nadeln kennt man es aus der Umgebung von Kladno, Tschechien.

Hydrotalkit

$Mg_6Al_2(CO_3)(OH)_{16} \cdot 4\ H_2O$

TRIGONAL ● ●

Eigenschaften: F – weiß; ST – weiß; G – perlmuttartig bis wachsartig; T – durchsichtig; D – 2,1; H – 2; SP – vollkommen; M – faserige und geschichtete Aggregate, massig.
Bildung und Fundorte: Hydrothermal in ultrabasischen und metamorphen Gesteinen. Vorkommen in Verbindung mit Serpentin in Nordmark, Norwegen. Funde auch in Franklin und Sterling Hill, New Jersey, USA.

Stichtit 35 mm, Rouchovany, Tschechien

Stichtit

$Mg_6Cr_2(CO_3)(OH)_{16} \cdot 4\ H_2O$

TRIGONAL ● ●

Eigenschaften: F – rosa bis violett; ST – weiß bis hellviolett; G – perlmuttartig, wachsartig bis fettig; T – durchscheinend; D – 2,2; H – 1,5–2; SP – vollkommen; M – blättrige und faserige Aggregate, massig.
Bildung und Fundorte: Vorkommen in Serpentiniten in Form schuppiger Aggregate und kleiner Gänge in Bou Azzer, Marokko; in Dundas, Tasmanien, Australien und in Barberton, Südafrika.

Alumohydrokalzit

$CaAl_2(CO_3)_2(OH)_4 \cdot 3\ H_2O$

TRIKLIN ● ●

Eigenschaften: F – weiß, grau; ST – weiß; G – erdig; T – undurchsichtig; D – 2,2; H – 2,5; SP – vollkommen; M – kreidige Aggregate, bestehend aus nadelförmigen Kristallen.
Bildung und Fundorte: Sekundär, Begleitmineralien sind Allophan und andere Mineralien. Erste Funde in der Lagerstätte von Khakasy, Sibirien, Russische Föderation, wo es als Oxidationsprodukt von Allophan auftritt. Schöne weiße, radialstrahlige Aggregate traten entlang von Spalten im Schiefer von L'adomírovo, Slowakei auf.

Ankylit-(Ce)

$Sr_3(Ce,La)_4(CO_3)_7(OH)_4 \cdot 3\ H_2O$

ORTHORHOMBISCH ● ●

Eigenschaften: F – farblos, gelb, gelbbraun, hellviolett, braun; ST – weiß; G – glasartig bis fettig; T – durchsichtig bis undurchsichtig; D – 4; H – 4–4,5; SP – keine; B – splitterig; M – kurz- bis langprismatische und pseudooktaedrische Kristalle.
Bildung und Fundorte: Hydrothermal in alkalischen Gesteinen, Begleitmineralien sind Nephelin und andere Mineralien. Bis zu 6 mm lange Kristalle kennt

Alumohydrokalzit 70 mm, L'adomírovo, Slowakei

Ankylit-(Ce) xx 6 mm, Mont St.-Hilaire, Kanada

Dresserit 100 mm, Francon, Kanada

man aus Mont St.-Hilaire, Québec, Kanada. Vorkommen auch in Narssarssuk, Grönland und am Kukisvumchorr im Khibiny-Massiv, Kola-Halbinsel, Russische Föderation.

Dresserit

$BaAl_2(CO_3)_2(OH)_4 \cdot H_2O$

ORTHORHOMBISCH ●

Eigenschaften: F – weiß; ST – weiß; G – glasartig bis seiden; T – durchsichtig; D – 3; H – 2,5–3; M – radialstrahlige und kugelige Aggregate, bestehend aus nadelförmigen Kristallen.
Bildung und Fundorte: Hydrothermal in alkalischen Gesteinen, zusammen mit Weloganit. Büschel aus nadelförmigen, bis zu 4 mm langen Kristallen treten in der Francon-Grube, Montreal, Québec, Kanada zutage.

Andersonit

$Na_2Ca(UO_2)(CO_3)_3 \cdot 6\ H_2O$

TRIGONAL ● ●

Eigenschaften: F – gelbgrün; ST – gelb; G – glasartig bis perlmuttartig; T – durchsichtig bis durchscheinend; D – 2,9; H – 2,5; M – rhomboedrische Kristalle, Krusten, kleine Gänge; LU – intensiv gelbgrün; A – radioaktiv.
Bildung und Fundorte: Sekundär, Bildung nach der Oxidation primären U-Erzes, Begleitmineralien sind andere U-Mineralien. Bis zu 1 cm große Kristalle fand man im Ambrosia Lakes District, New Mexico, USA. Vorkommen von Überzügen auf Tunnelwänden in der Hillside Mine bei Bagdad, Arizona, USA. Kristalle mit bis zu 1 cm Durchmesser und dicke Krusten stammen aus der Atomic King No. 2 Mine bei Moab, Utah, USA.

Andersonit 80 mm, Repete Mine, Utah, USA

6. Borate

Ludwigit
$Mg_2Fe^{3+}BO_5$

ORTHORHOMBISCH ● ● ●

Eigenschaften: F – dunkelgrün, schwarzgrün, schwarz; ST – blaugrün; G – seiden bis matt; T – undurchsichtig; D – 3,9; H – 5; SP – vollkommen; B – uneben; M – prismatische Kristalle, faserige Aggregate, körnig, massig.
Bildung und Fundorte: Metamorph in Skarn und dolomitischem Marmor, stellenweise in Verbindung mit Magnetit und anderen Boraten. Ergiebige Aggregate kennt man aus Ocna de Fier, Rumänien; Kamineichi, Japan und der Hol-Kol-Mine, Suan, Nordkorea.
Verwendung: Chemische Industrie, B-Erz.

Gaudefroyit
$Ca_4Mn^{3+}{}_3(BO_3)_3CO_3(O,OH)_3$

HEXAGONAL ●

Eigenschaften: F – schwarz; ST – schwarz; G – diamanten bis matt; T – undurchsichtig; D – 3,4; H – 6; SP – gut; B – uneben; M – prismatische Kristalle, faserige und nadelförmige Aggregate.
Bildung und Fundorte: Hydrothermal auf Calcitgängen. Prismatische, bis zu 5 cm lange Kristalle fand man auf den Abraumhalden bei Tachgagalt,. Marokko, in der N'Chwaning No. 2 Mine und der Wessels Mine, Kuruman, Südafrika.

links: Gaudefroyit 40 mm, Kuruman, Südafrika
Ludwigit 120 mm, Ocna de Fier, Rumänien

Inderit 230 mm, Boron, USA

Inderit
$MgB_3O_3(OH)_5 . 5 H_2O$

MONOKLIN ● ● ●

Eigenschaften: F – farblos, weiß bis rosa in Aggregaten; ST – weiß; G – glasartig; T – durchsichtig bis durchscheinend; D – 1,8; H – 2,5; SP – gut; B – muschelig bis uneben; M – prismatische Kristalle, nadelförmige und faserige Aggregate, knollig, massig.
Bildung und Fundorte: Sedimentär in Bor-Lagerstätten, meist in Verbindung mit Colemanit und anderen Boraten. Bis zu 10 cm lange, prismatische Kristalle treten in Boron, California, USA zutage. Vorkommen sind auch aus Inder, Kasachstan bekannt.
Verwendung: Chemische Industrie, B-Erz.

Inyoit 90 mm, Türkei

Borax x 60 mm, Searles Lake, USA

Inyoit

$CaB_3O_3(OH)_5 \cdot 4\,H_2O$

MONOKLIN ● ● ●

Eigenschaften: F – farblos, weiß; ST – weiß; G – glasartig; T – durchsichtig bis durchscheinend; D – 1,9; H – 2; SP – gut; B – uneben; M – kurzprismatische bis tafelige Kristalle, Säulenaggregate, massig.
Bildung und Fundorte: Sedimentär in Bor-Lagerstätten, meist in Verbindung mit Colemanit und anderen Boraten. Durchsichtige und bis zu 10 cm lange, tafelige Kristalle fand man in Kirka und Emet, Türkei. Vorkommen auch in Inder, Kasachstan und der Corkscrew Mine, California, USA.
Verwendung: Chemische Industrie, B-Erz.

Ulexitaggregat 20 mm, Death Valley, Kalifornien, USA

Colemanit 276 mm, Death Valley, Kalifornien, USA

Borax

$Na_2B_4O_5(OH)_4 \cdot 8\ H_2O$

MONOKLIN ● ● ●

Eigenschaften: F – weiß, farblos, gelblich, grau, grünlich; ST – weiß; G – glasartig bis matt; T – durchsichtig, durchscheinend bis undurchsichtig; D – 1,7; H – 2–2,5; SP – vollkommen; B – muschelig; M – kurzprismatische bis tafelige Kristalle, säulige bis erdige Aggregate, Krusten, Überzüge, körnig, massig; A – in Wasser löslich.
Bildung und Fundorte: Sedimentär in Bor-Lagerstätten, Begleitmineralien sind andere Borate und Halite. Bis zu 15 cm lange, prismatische Kristalle kennt man vom Borax Lake, vom Searles Lake und aus Boron, California, USA. Weitere Vorkommen in Kirka, Türkei.
Verwendung: Chemische Industrie, B-Erz.

Ulexit

$NaCaB_5O_6(OH)_6 \cdot 5\ H_2O$

TRIKLIN ● ● ●

Eigenschaften: F – weiß, farblos, hellgrau; ST – weiß; G – glasartig bis seiden; T – durchsichtig bis durchscheinend; D – 2,0; H – 2,5; SP – vollkommen; B – uneben; M – längliche, prismatische bis nadelförmige Kristalle, faserige Aggregate, Krusten, knollig, körnig, massig.
Bildung und Fundorte: Sedimentär in Bor-Lagerstätten, Begleitmineralien sind andere Borate. Bis zu 10 cm dicke, aus faserigen Aggregaten bestehende Platten treten in Boron, California zutage. Weitere Funde in Esmeralda, Nevada, USA; Emet, Türkei und Inder, Kasachstan.
Verwendung: Chemische Industrie, B-Erz.

Colemanit

$Ca_2B_6O_{11} \cdot 5\ H_2O$

MONOKLIN ● ● ●

Eigenschaften: F – farblos, weiß, gelblich, hellgrau; ST – weiß; G – glasartig; T – durchsichtig bis durchscheinend; D – 2,4; H – 4,5; SP – vollkommen; B – uneben; M – kurzprismatische und isometrische Kristalle, körnig, massig.
Bildung und Fundorte: Sedimentär in Bor-Lagerstätten, Begleitmineralien sind andere Borate. Vollkommene, bis zu 20 cm große Kristalle kommen aus Emet und Kirka, Türkei. Bis zu 7 cm lange Kristalle treten in Gower Gulch, Inyo, California zutage. Weitere Vorkommen in Esmeralda, Nevada, USA und Inder, Kasachstan.
Verwendung: Chemische Industrie, B-Erz.

Kernit 100 mm, Boron, USA

Kernit

$Na_2B_4O_6(OH)_2 \cdot 3\ H_2O$

MONOKLIN ● ● ●

Eigenschaften: F – farblos, weiß, hellgrau; ST – weiß; G – glasartig bis matt, seiden; T – durchsichtig, durchscheinend bis undurchsichtig; D – 1,9; H – 2,5–3; SP – vollkommen; B – uneben; M – isometrische Kristalle, faserige Aggregate, körnig, massig; A – in Wasser löslich.

Rhodizit x 23 mm, Antsirabe, Madagaskar

Hambergit 64 mm, Pamir, Tadschikistan

Bildung und Fundorte: Sedimentär in Bor-Lagerstätten, Begleitmineralien sind Borax und andere Borate. Plattige Aggregate und bis zu 2,5 x 1 m große Kristalle fand man in Boron, California, USA. Bekannte Vorkommen auch in der Tincalayu-Mine, Provinz Salta, Argentinien.
Verwendung: Chemische Industrie, B-Erz.

Hambergit

$Be_2BO_3(OH,F)$

ORTHORHOMBISCH ● ●

Eigenschaften: F – farblos, weiß, hellgrau; ST – weiß; G – glasartig; T – durchsichtig bis durchscheinend; D – 2,4; H – 7,5; SP – vollkommen; B – uneben; M – tafelige bis prismatische Kristalle, körnig.
Bildung und Fundorte: Magmatisch in granitischen und selten auch in alkalischen Pegmatiten; hydrothermal in Hohlräumen von Pegmatiten, Begleitmineralien sind Turmalin, Danburit und Beryll. Tafelige, bis zu 20 cm große Kristalle stammen aus der Little Three Mine, Ramona, California, USA. Bis zu 11 cm lange Kristalle kennt man auch von mehreren Fundorten in Madagaskar, z. B. Imalo und Anjanabonoina. Weitere Funde in Hyakule, Nepal und Ctidruzice, Tschechien.

Rhodizit

$(K,Cs)Al_4Be_4(B,Be)_{12}O_{28}$

KUBISCH ● ●

Eigenschaften: F – farblos, weiß, gelb, hellgrau; ST – weiß; G – glasartig bis diamanten; T – durchsichtig bis durchscheinend; D – 3,5; H – 8,5; SP – undeutlich; B – muschelig bis uneben; M – isometrische Kristalle, körnig.
Bildung und Fundorte: Magmatisch in granitischen Pegmatiten, Begleitmineralien sind Turmalin, Danburit und Beryll. Kubische bis tetraedrische Kristalle, die bis zu 3 cm groß sind, treten an Fundorten in Madagaskar zutage, z. B. in Sahatany

und Antandrokomby; Vorkommen auch in den Pegmatiten von Animikie Red Ace, Florence, Wisconsin, USA.

Boracit

$Mg_3B_7O_{13}Cl$

ORTHORHOMBISCH ● ● ●

Eigenschaften: F – farblos, weiß, gelblich, hellgrau, hell- bis dunkelgrün; ST – weiß; G – glasartig; T – durchsichtig bis durchscheinend; D – 3,0; H – 7–7,5; SP – keine; B – muschelig bis uneben; M – isometrische Kristalle, faserige Aggregate, körnig, massig.

Bildung und Fundorte: Sedimentär in durch Evaporation entstandenen Lagerstätten, zusammen mit Halit, Gipsspat und Anhydritspat; metamorph in metamorphen Evaporiten. Bis zu 1,5 cm große Kristalle kommen aus Alto Chapare, Cochabamba, Bolivien; etwa 0,5 cm große Kristalle treten in Staßfurt, Hannover und Kahlberg, Deutschland zutage. Kristalle sind auch aus Choctaw, Louisiana, USA und aus der Boulby Mine, North Yorkshire, England, GB bekannt.

Boracit x 12 mm, Alto Chapare, Bolivien

7. Sulfate

Anglesit

$PbSO_4$

ORTHORHOMBISCH ● ● ●

Eigenschaften: F – farblos, weiß, gelblich, grau, grünlich; ST – weiß; G – diamanten bis fettig; T – durchsichtig bis durchscheinend; D – 6,4; H – 2,5–3; SP – gut; B – muschelig; M – dicktafelige Kristalle, massig; LU – bisweilen gelblich.
Bildung und Fundorte: Sekundär, als ein Oxidationsprodukt von Bleiglanz, zusammen mit Cerussit und anderen Begleitmineralien. Schöne gelbliche, bis zu 10 cm große Kristalle stammen aus Touissit, Marokko. Kristalle aus Tsumeb, Namibia sind bis zu 4 cm groß. Große Kristalle kennt man auch aus Phoenixville, Pennsylvania, USA. Bis zu 2 cm große Kristalle treten in Hohlräumen von verwittertem Bleiglanz in Sardinien, Italien auf. Bis zu 4 cm große Kristalle wurden auch in Mežica, Slowenien gefunden. Prismatische, bis zu 7,5 cm lange Kristalle kennt man aus der Bunker Hill Mine, Idaho, USA.

Anglesit 81 mm, Touissit, Marokko

links: Baryt xx 17 mm, Pöhla, Deutschland
Anhydritspat 55 mm, Simplontunnel, Schweiz

Anhydritspat

$CaSO_4$

ORTHORHOMBISCH ● ● ● ●

Eigenschaften: F – farblos, weiß, bläulich, violett, rot, braun; ST – weiß; G – perlmuttartig bis glasartig; T – durchsichtig bis durchscheinend; D – 2,8–3; H – 3–3,5; SP – gut; B – splittrig bis uneben; M – isometrische und prismatische Kristalle, körnig, massig.
Bildung und Fundorte: Meist sedimentär, als ein Evaporationsprodukt von Meerwasser, Begleitmineralien sind Gipsspat, Calcit und andere Mineralien; selten in Pegmatit und hydrothermal. Es ist weit verbreitet in Form massiger Aggregate in den Salzlagerstätten von Staßfurt und Wathlingen, Deutschland, wo auch kleine Kristalle auftreten. Gefaltete Schichten in Tonen kennt man aus Wieliczka, Polen. Violette, bis zu 2 cm große Kristalle kommen auf den Klüften metamorpher Gesteine bei Simplon und St. Gotthard, Schweiz vor. Schöne Drusen mit bis zu 20 cm langen, bläulichen Kristallen fand man in Naica, Chihuahua, Mexiko.

Coelestin 270 mm, Madagaskar

Coelestin

$SrSO_4$

ORTHORHOMBISCH ● ● ●

Eigenschaften: F – farblos, weiß, gelblich, blau; ST – weiß; G – glasartig; T – durchsichtig bis durchscheinend; D – 4; H – 3–3,5; SP – vollkommen; B – uneben; M – prismatische und tafelige Kristalle, Säulenaggregate, Konkretionen.
Bildung und Fundorte: Selten hydrothermal, hauptsächlich sedimentär, zusammen mit Halit, Anhydritspat und Gipsspat. Schöne blaue, mehrere cm lange Kristalle treten in den Hohlräumen von Konkretionen in der Sakoany-Mine, Madagaskar zutage. Bis zu 10 cm lange, prismatische Kristalle stammen aus den Schwefellagerstätten in Polen (Tarnobrzeg) und Italien (Caltanissetta). Schöne blaue, tafelige Kristalle in Verbindung mit Aragonitkristallen fand man in Špania Dolina, Slowakei. Schöne Kristalle kennt man auch aus Mergeln in Tunesien und Libyen.

Baryt

$BaSO_4$

ORTHORHOMBISCH ● ● ● ●

Eigenschaften: F – weiß, gelb, blau, rot, braun, schwarz; ST – weiß; G – glasartig; T – durchsichtig bis durchscheinend; D – 4,3–4,7; H – 3,5; SP – vollkommen; B – muschelig bis splitterig; M – tafelige bis prismatische Kristalle, massig; LU – bisweilen blau.

Bildung und Fundorte: Hydrothermal, Bildung bei mittleren und niedrigen Temperaturen, auch sedimentär, zusammen mit Fluorit, Calcit, Zinnober und anderen Begleitmineralien. Schöne, bis zu 5 cm große Barytkristalle fand man auf hydrothermalen Gängen in Příbram, Tschechien. Bis zu 10 cm große, blaue, tafelige Kristalle kommen aus Dědova hora, Tschechien. Schöne, bis zu 10 cm große tafelige Kristalle kennt man aus Banská Štiavnica, Slowakei; Cavnic und Baia Sprie, Rumänien. Sehr schöne, bis zu 20 cm große Kristalle traten in Alston Moor, Frizington und Mowbray, Cumbria, England, GB zutage. Schöne Drusen mit bis zu 7 cm langen, honigbraunen Kristallen fand man in Pöhla, Deutschland. Schöne Drusen mit prismatischen Kristallen kennt man aus Elk Creek, South Dakota, USA; so genannte Barytrosen – Kristalle mit eingeschlossenen Sandkörnern, die in

Antlerit 60 mm, Chuquicamata, Chile

Baryt xx 100 mm, Stoneham Co., USA

wüstenhaftem Klima entstehen – treten in der Umgebung von Norman, Oklahoma, USA auf. Glänzende Kristalle kommen aus Freiberg und Halsbrücke, Deutschland.
Verwendung: Bestandteil von Bohrflüssigkeiten, Glas-, Papier-, Gummi- und chemische Industrie.

Antlerit

$Cu_5(SO_4)_2(OH)_6 . 3 H_2O$

ORTHORHOMBISCH ● ● ●

Eigenschaften: F – grün; ST – hellgrün; G – glasartig; T – durchscheinend; D – 3,9; H – 3,5; SP – vollkommen; B – muschelig bis uneben; M – kurzprismatische und nadelförmige Kristalle, Krusten und erdige Aggregate.
Bildung und Fundorte: Sekundär, Verwitterungsprodukt von Cu-Erzen, Begleitmineralien sind andere sekundäre Cu-Mineralien. Es ist ein vorherrschendes Mineral in der Oxidationszone in Chuquicamata, Chile, wo es bis zu 5 mm große Kristalle bildet. Bis zu 2 cm lange, nadelförmige Kristalle traten in Bisbee, Arizona, USA zutage. Kristalline Krusten kennt man aus Špania Dolina und Piesky, Slowakei.

Brochantitaggregat 14 mm, Bingham, USA

Brochantit

$Cu_4(SO_4)(OH)_6$

MONOKLIN ● ● ●

Eigenschaften: F – grün; ST – hellgrün; G – glasartig, auf Spaltblättchen perlmuttartig; T – durchscheinend bis durchsichtig; D – 4; H – 3,5–4; SP – gut; B – muschelig bis uneben; M – langprismatische bis nadelförmige Kristalle, körnig.
Bildung und Fundorte: Sekundär, als ein Oxidationsprodukt von Cu-Erzen meist in ariden Klimazonen, zusammen mit anderen sekundären Cu-Mineralien. Bis zu 7 cm lange Kristalle fand man in Bisbee, zusammen mit Pseudomorphosen von Malachit nach Brochantit. Kristalle kennt man auch aus Tsumeb, Namibia. Prismatische, bis zu 5 cm lange Kristalle stammen aus Cerro Verde, Peru. Smaragdgrüne Krusten sind in L'ubietová, Slowakei anzutreffen.

Linarit xx 23 mm, Graham Co., USA

Linarit

$PbCu(SO_4)(OH)_2$

MONOKLIN ● ●

Eigenschaften: F – azurblau; ST – hellblau; G – glasartig bis diamanten; T – durchscheinend; D – 5,3–5,5; H – 2,5; SP – gut; B – muschelig; M – tafelige und prismatische Kristalle, Überzüge.
Bildung und Fundorte: Sekundär, als ein Oxidationsprodukt von Cu- und Pb-Sulfiden bei niedrigem pH-Wert. Die größten Kristalle, bis zu 8 cm groß, kommen aus der Mammoth Mine, Tiger, Arizona, USA. Kristalle aus der Grand Reef Mine in Arizona sind bis zu 5 cm lang. Sehr schöne, bis zu 3 cm große Kristalle fand man in Keswick, Cumbria, England, GB. Große Kristalle sind auch aus Tsumeb, Namibia und aus Broken Hill, New South Wales, Australien bekannt.

Alunit

$KAl_3(SO_4)_2(OH)_6$

TRIGONAL ● ● ●

Eigenschaften: F – weiß, gelblich, grau; ST – weiß; G – glasartig bis perlmuttartig; T – durchsichtig bis undurchsichtig; D – 2,8; H – 3,5–4; SP – vollkommen; B – muschelig; M – rhomboedrische Kristalle, poröse Aggregate, körnig.
Bildung und Fundorte: Sekundär, als ein Produkt der Reaktion von Schwefelsäure mit A-reichen Gesteinen, Begleitmineral ist Gipsspat. Kleine Kristalle kennt man aus Berehovo, Ukraine. Massige Aggregate treten zusammen mit Türkis in Cu-Lagerstätten in Arizona, USA (New Cornelia Mine und andere) auf. In großen Alunitlagerstätten, wie Zaglik, Aserbaidschan, wird Al abgebaut.
Verwendung: Al-Erz.

Alunit xx 1 mm, Nagyegyháza, Ungarn

Natronjarosit 50 mm, Laurion, Griechenland

Natrojarosit

$NaFe^{3+}_3(SO_4)_2(OH)_6$

TRIGONAL ● ●

Eigenschaften: F – gelb, braun; ST – hellgelb; G – glasartig; T – durchsichtig bis durchscheinend; D – 3,2; H – 3; SP – gut; B – muschelig; M – tafelige bis rhomboedrische Kristalle, erdige Aggregate.
Bildung und Fundorte: Sekundär, als ein Verwitterungsprodukt von Fe-Sulfiden, Begleitmineralien sind Fibroferrit, Alunit und andere Mineralien. Vorkommen in Modum, Norwegen; Soda Springs Valley, Nevada, USA; Chuquicamata, Chile und andernorts.

Jarosit

$KFe^{3+}_3(SO_4)_2(OH)_6$

TRIGONAL ● ● ●

Eigenschaften: F – gelb; ST – hellgelb; G – diamanten bis matt; T – durchscheinend; D – 2,9–3,3; H – 2,5–3,5; SP – gut; B – muschelig bis uneben; M – rhomboedrische bis tafelige Kristalle, körnig, massig.
Bildung und Fundorte: Sekundär, als ein Verwitterungsprodukt von Fe-Sulfiden, meist in Begleitung von Natrojarosit und anderen Sulfaten. Die weltweit besten Exemplare stammen aus der Peña Blanca Uranmine bei Aldama, Chihuahua, Mexiko, wo bis zu 2 cm große Kristalle gefunden wurden. Bis zu 1 cm große Kristalle kommen aus Tombstone, Arizona, USA. Kristalle traten zusammen mit Pseudomorphosen von Jarosit nach Alunit in Chuquicamata, Chile zutage. Tafelige Kristalle sind auch aus Horní Slavkov, Tschechien bekannt.

Beudantit

$PbFe^{3+}_3(AsO_4)(SO_4)(OH)_6$

TRIGONAL ● ●

Eigenschaften: F – dunkelgrün, braun, rotbraun; ST – grünlich, graugelb; G – glasartig bis harzig; T – durchsichtig bis durchscheinend; D – 4; H – 3,5–4,5; SP – gut; M – rhomboedrische Kristalle, Krusten.
Bildung und Fundorte: Sekundär, Vorkommen in der Oxidationszone von Pb-Lagerstätten, zusammen mit Skorodit und anderen Mineralien. Mehrere mm große Kristalle aus Tsumeb, Namibia gehören zu den besten der Welt. Kleine Kristalle kennt man aus Bisbee, Arizona, USA; Ashburton Downs, Western Australia, Australien und Kamaréza bei Laurion, Griechenland.

Jarosit xx 2 mm, Gyöngyösoroszi, Ungarn

Beudantit 70 mm, Moldava, Tschechien

Hanksit

$Na_{22}K(SO_4)_9(CO_3)_2Cl$

HEXAGONAL ● ●

Eigenschaften: F – farblos, gelblich; ST – weiß; G – glasartig bis matt; T – durchsichtig bis durchscheinend; D – 2,6; H – 3,5; SP – gut; B – uneben; M – tafelige bis kurzprismatische Kristalle.
Bildung und Fundorte: Sedimentär in Sedimenten von Salzseen, zusammen mit Halit, Borax und anderen Mineralien. Bis zu 20 cm große Kristalle fand man im Searles Lake, California, USA. Vorkommen auch in Borax-Lagerstätten im Death Valley, California, USA.

Caledonit

$Cu_2Pb_5(SO_4)_3(CO_3)(OH)_6$

ORTHORHOMBISCH ● ●

Eigenschaften: F – grün bis blaugrün; ST – hellgrün; G – harzig; T – durchsichtig bis durchscheinend; D – 5,6; H – 2,5–3; SP – vollkommen; B – uneben; M – prismatische Kristalle, radialstrahlige Aggregate.
Bildung und Fundorte: Sekundär, Vorkommen in der Oxidationszone von Cu- und Pb-Lagerstätten, Begleitmineralien sind Linarit und andere Mineralien. Bis zu 2 cm große Kristalle kommen aus Leadhills, Schottland, GB. Bis zu 1,5 cm große Kristalle fand man in der Mammoth Mine, Tiger, Arizona, USA. Gut entwickelte Drusen kennt man aus Anarak, Iran. Bis zu 2 cm große Kristalle kommen in der Blue Bell Mine, California, USA vor.

Leadhillit

$Pb_4(SO_4)(CO_3)_2(OH)_2$

MONOKLIN ● ●

Eigenschaften: F – farblos, gelblich, grau; ST – weiß; G – harzig bis diamanten; T – durchsichtig bis durchscheinend; D – 6,5; H – 2,5–3; SP – vollkommen; B – muschelig; M – pseudohexagonale, tafelige Kristalle.
Bildung und Fundorte: Sekundäres Mineral aus der Oxidationszone von Pb-Lagerstätten, Begleitmineralien sind Cerussit, Anglesit, Linarit und andere Mineralien. Die größten Kristalle mit bis zu 15 cm Größe stammen aus Tsumeb, Namibia. Bis zu 2,5 cm große Kristalle fand man in der Mammoth Mine, Tiger, Arizona, USA. Kristalle aus Leadhills, Schottland, GB haben eine vergleichbare Größe.

Chalkanthit

$CuSO_4 . 5 H_2O$

TRIKLIN ● ● ●

Eigenschaften: F – tiefblau; ST – weiß; G – glasartig bis harzig; T – durchsichtig bis durchscheinend; D – 2,3; H – 2,5; SP – undeutlich; B – muschelig; M – kurzprismatische bis tafelige Kristalle, stalaktitisch, Ausblühungen; A – in Wasser löslich.

Hanksit 50 mm, Searles Lake, USA

Caledonit x 5 mm, Graham Co., USA

Leadhillit 33 mm, Leadhill, Großbritannien

Chalkanthit 36 mm, Pima Co., USA

Bildung und Fundorte: Sekundär, als ein Oxidationsprodukt von Cu-Sulfiden, stabil nur in ariden Klimazonen. Bis zu 4 cm große Kristalle und bis zu 1 m lange Stalaktiten kennt man aus Bisbee, Arizona, USA. Kristalle fand man auch in der Oxidationszone von Chuquicamata, Chile. Schöne Stalaktiten kommen in Rio Tinto, Spanien vor.
Verwendung: Wird bisweilen als Cu-Erz abgebaut.

Melanterit 80 mm, Harz, Deutschland

Melanterit

$FeSO_4 \cdot 7\ H_2O$

MONOKLIN ● ● ● ●

Varietäten: Pisanit (mit Cu-Gehalt), Kirovit (mit Mg-Gehalt).
Eigenschaften: F – hellgrün; ST – weiß; G – glasartig; T – durchscheinend; D – 1,9; H – 2; SP – vollkommen; B – muschelig; M – körnige Krusten, traubige und stalaktitische Aggregate, Beläge; A – in Wasser löslich.
Bildung und Fundorte: Sekundär, als ein Oxidationsprodukt von Fe-Sulfiden, zusammen mit anderen Sulfaten. Dem Wetter ausgesetzt ist das Mineral unstabil. Bis zu 2 cm lange Kristalle kennt man aus Bisbee, Arizona und aus der Boyd Mine, Tennessee, USA. Bis zu 50 cm lange Stalaktiten fand man in Chvaletice, Tschechien. Verbreitete Vorkommen auch in Rio Tinto, Spanien und Banská Štiavnica, Slowakei.

Epsomit
$MgSO_4 . 7 H_2O$

ORTHORHOMBISCH ● ● ● ●

Eigenschaften: F – farblos bis weiß; ST – weiß; G – glasartig bis seiden; T – durchsichtig bis durchscheinend; D – 1,7; H – 2; SP – vollkommen; B – muschelig; M – kleine Kristalle, körnig, stalaktitische Aggregate; A – in Wasser löslich, verwittert unter Wettereinfluss.
Bildung und Fundorte: Sekundär, als ein Oxidationsprodukt von Fe-Sulfiden, auch infolge Kristallisation von Salzwasser in Seen, Begleitmineralien sind Halit und andere Mineralien. Bis zu 1 m lange Kristalle fand man auf dem Mt. Kruger, Washington; bis zu 5 cm lange, prismatische Kristalle treten in Bisbee, Arizona zutage und ähnlich große Nadeln kommen aus der White Caps Mine, Nevada, USA. Man kennt Epsomit auch als Produkt der Fumarolenaktivität am Vesuv, Italien.

Morenosit
$NiSO_4 . 7 H_2O$

ORTHORHOMBISCH ● ● ●

Eigenschaften: F – grün, grünweiß; ST – grünlich; G – glasartig; T – durchsichtig bis durchscheinend; D – 2; H – 2–2,5; SP – gut; B – muschelig; M – stalaktitisch, Krusten und Ausblühungen; A – in Wasser löslich.
Bildung und Fundorte: Sekundär, als ein Oxidationsprodukt von Ni-Mineralien, stabil jedoch fast nur unter ariden Bedingungen. Häufige Vorkommen in Sudbury, Ontario, Kanada; auch in Richelsdorf, Deutschland und Potůčky, Tschechien.

Epsomit xx 10 mm, Staßfurt, Deutschland

Coquimbit
$Fe^{3+}_2(SO_4)_3 . 9 H_2O$

TRIGONAL ● ● ●

Eigenschaften: F – violett, gelb, grün, farblos; ST – weiß; G – glasartig; T – durchsichtig; D – 2,1; H – 2; SP – undeutlich; B – muschelig bis uneben; M – prismatische bis tafelige Kristalle, körnig, massig; A – in Wasser löslich.
Bildung und Fundorte: Sekundär, Begleitmineralien sind andere Sulfate. Mehrere cm lange Kristalle fand man in der Dexter No. 7 Mine, Calf Mesa, Utah, USA. Kleine prismatische Kristalle kennt man aus Železník, tafelige Kristalle traten in Banská Štiavnica, Slowakei zutage. Häufige Vorkommen in chilenischen Lagerstätten wie in Chuquicamata und Tierra Amarilla.

Alunogen
$Al_2(SO_4)_3 . 17 H_2O$

TRIKLIN ● ● ●

Eigenschaften: F – farblos, weiß, graugelb; ST – weiß; G – seiden; T – durchsichtig; D – 1,8; H – 1,5; SP – vollkommen; M – pseudohexagonale Kristalle, körnig; A – in Wasser löslich.
Bildung und Fundorte: Sekundär, als ein Produkt der Oxidation von Pyrit, auch als Sublimationsprodukt auf Vulkanen und brennenden Halden, Begleitmineralien sind andere Sulfate. Große Kristalle kennt man aus der Dexter No. 7 Mine, Calf Mesa, Utah; über 1 m dicke Krusten fand man am Mt. Alum, New Mexico, USA. Schöne Aggregate befinden sich an

Morenosit 60 mm, Potůčky, Tschechien

Coquimbit 110 mm, Cerritos Bajos, Chile

Alunogen 80 mm, Dubník, Slowakei

den Wänden der alten Opalgruben in Dubník, Slowakei.

Halotrichit

$FeAl_2(SO_4)_4 . 22\ H_2O$

MONOKLIN ● ● ●

Eigenschaften: F – weiß, grünlich; ST – weiß; G – glasartig; T – durchsichtig bis durchscheinend; D – 1,9–2,1; H – 1,5–2; SP – undeutlich; B – muschelig; M – nadelförmige Kristalle, faserige Aggregate, Ausblühungen; A – in Wasser löslich.
Bildung und Fundorte: Sekundär, als ein Oxidationsprodukt von Pyrit, auch als Absatz von Thermalquellen und Solfataren, Begleitmineralien sind andere Sulfate. Vorkommen von zumeist faserigen Krusten in Dubník, Slowakei. Ähnliche Vorkommen in Rio Marina, Elba, Italien und in Chuquicamata, Chile. Man kennt es auch von den Solfataren in Pozzuoli, Italien. Als Absatz von Thermalquellen tritt es im Lassen Peak National Park, California, USA auf.

Halotrichit 90 mm, Récsk, Ungarn

Apjohnit

$MnAl_2(SO_4)_4 . 22\ H_2O$

MONOKLIN ● ● ●

Eigenschaften: F – farblos, weiß, rosa, grünlich, gelb; ST – weiß; G – seiden; T – durchsichtig; D – 1,9; H – 1,5; M – faserige Aggregate, Überzüge, massig; A – in Wasser löslich.
Bildung und Fundorte: Sekundär, Vorkommen zusammen mit anderen Sulfaten. Große Akkumulationen kennt man aus Little Pigeon Creek, Alum Cave, Tennessee, USA. Weitere Vorkommen in Delagona Bay, Mosambik.

Apjohnit 60 mm, Smolník, Slowakei

Bilinit 60 mm, Bílina, Tschechien

Bilinit

$Fe^{2+}Fe^{3+}_2(SO_4)_4 \cdot 22\ H_2O$

MONOKLIN ● ●

Eigenschaften: F – weiß bis gelblich; ST – weiß; G – seiden; T – undurchsichtig; D – 1,9; H – 2; M – faserige Aggregate; A – in Wasser löslich.
Bildung und Fundorte: Sekundär, als ein Oxidationsprodukt von Pyrit, Begleitmineralien sind andere Sulfate. Faserige Aggregate kennt man aus Světec bei Bílina, Tschechien. Vorkommen auch in Bisbee, Arizona, USA

Tschermigit

$(NH_4)Al(SO_4)_2 \cdot 12\ H_2O$

KUBISCH ● ● ●

Eigenschaften: F – farblos; ST – weiß; G – glasartig; T – durchsichtig; D – 1,6; H – 1,5; B – muschelig; M – oktaedrische Kristalle, faserige und Säulenaggregate; A – in Wasser löslich.

Tschermigit 50 mm, Mogyorósbánya, Ungarn

Bildung und Fundorte: Sekundär in Braunkohlevorkommen, auch auf brennenden Halden und als Absatz von Solfataren. Bis zu 1 cm große, skelettförmige Kristalle kennt man aus dem Braunkohlebecken bei Most und Bílina, Tschechien. Am namengebenden Fundort Čermníky, Tschechien brachte man faserige, bis zu 5 cm dicke Krusten zutage. Schöne, bis zu 1 cm große Oktaeder fand man in brennenden Halden bei Zastávka in der Nähe von Brno, Tschechien. Oktaeder treten auch in Geysers, California, USA auf. Kleine Kristalle auf dem Ätna, Sizilien, Italien sind vulkanischen Ursprungs.

Polyhalit

$KCa_2Mg(SO_4)_4 \cdot 2\ H_2O$

TRIKLIN ● ● ●

Eigenschaften: F – farblos, braun, rotbraun; ST – weiß; G – glasartig; T – durchsichtig bis durchscheinend; D – 2,8; H – 3–3,5; SP – vollkommen; M – nadelförmige bis prismatische Kristalle, säulige, schuppige und faserige Aggregate.
Bildung und Fundorte: Sedimentär, als ein Gemengeteil von Salzlagerstätten, auch als ein Produkt vulkanischer Aktivität. Tafelige und prismatische Kristalle findet man bisweilen zusammen mit massigen Polyhalit-Aggregaten in Staßfurt, Deutschland. Faserige Aggregate kommen aus Halstatt, Österreich. Große Lagerstätten von Polyhalit befinden sich bei Carlsbad, New Mexico, USA. Überzüge treten am Vesuv, Italien auf.

Görgeyit

$K_2Ca_5(SO_4)_6 \cdot H_2O$

MONOKLIN ● ●

Eigenschaften: F – farblos, gelblich; ST – weiß; G – glasartig; T – durchscheinend; D – 3; H – 3,5; SP – gut; B – muschelig; M – tafelige Kristalle.

Polyhalit 54 mm, Carlsbad, USA

Gipsspat 62 mm, Carneville, Utah, USA

Bildung und Fundorte: Sedimentär in Salzlagerstätten, Begleitmineralien sind Halit und andere Mineralien. Schöne, bis zu 8 cm lange Kristalle fand man am Indersee, Kasachstan. Bekannte Vorkommen auch in Bad Ischl, Österreich.

Gipsspat

$CaSO_4 \cdot 2 H_2O$

MONOKLIN ● ● ● ● ●

Varietäten: Marienglas, Alabaster, Fasergips, Selenit.
Eigenschaften: F – farblos, weiß, grau, gelblich; ST – weiß; G – glasartig bis perlmuttartig; T – durchsichtig bis durchscheinend; D – 2,3; H – 1,5–2; SP – vollkommen; B – muschelig; M – typisch monokline Kristalle, oft Zwillinge, faserige und plattige Aggregate, körnig, massig; LU – Kristalle mit Einschlüssen manchmal bläulich bis gelblich.

Görgeyit 80 mm, Inder, Kasachstan

Bildung und Fundorte: Selten primär hydrothermal, meist sedimentär und als ein Verwitterungsprodukt, Begleitmineralien sind Anhydritspat, Halit und andere Mineralien. Bis zu 5 cm große Kristalle aus Cavnic, Rumänien sind vermutlich hydrothermal. Sehr große, bis zu 1,5 m lange Kristalle fand man in Karsthöhlen („Schwerthöhle") im Eisernen Hut der Pb-Zn-Lagerstätte Naica, Chihuahua, Mexiko. Bis zu 9 m lange Kristalle stammen aus Santa Eulalia, Chihuahua, Mexiko, wo sie zusammen mit eindrucksvollen Aggregaten gefunden wurden, die nach ihrer Form als „Widderhörner" bezeichnet werden. Bis zu 4 m lange Kristalle traten in Tarnobrzeg, Polen zutage. Gewöhnliche Kristalle kennt man auch aus Gorguel, Spanien. Mineralogisch interessant sind die so genannten Wüstenrosen, das sind Kristalldrusen mit eingeschlossenen Sandkörnern aus der Sahara, die in Tunesien und Algerien vorkommen. Große Spaltteile der durchsichtigen Varietät, die man als Marienglas bezeichnet, fand man in Friedrichsrode, Deutschland. Die feinkörnige Varietät Alabaster kommt z. B. in Italien vor. Die parallelfaserige Varietät Fasergips stammt aus dem Einzugsbereich des Flusses Sylva, Perm, Russische Föderation.
Verwendung: Bauindustrie, chemische und medizinische Industrie.

Langit

$Cu_4(SO_4)(OH)_6 \cdot 2 H_2O$

ORTHORHOMBISCH ● ● ●

Eigenschaften: F – blau, blaugrün; ST – hellblau; G – glasartig bis seiden; T – durchscheinend; D – 3,3; H – 2,5–3; SP – vollkommen; M – kleine isometrische Kristalle, feinkörnige Krusten, erdige Aggregate.
Bildung und Fundorte: Sekundär, als ein Oxidationsprodukt von Cu-Erzen, Begleitmineralien sind Gipsspat und andere Mineralien. Kristalle kennt man aus St. Just, Cornwall, England, GB. Kristalle traten auch in Tsumeb, Namibia zutage. Schöne Exemplare kommen aus Špania Dolina und L'ubietová, Slowakei und aus Borovec, Tschechien. Verbreitete Vorkommen auch in Ely, Nevada, USA und in El Cobre, Chile.

Langit 49 mm, Allihies, Cork, Irland

Fibroferrit 70 mm, Dubník, Slowakei

Fibroferrit

$Fe^{3+}(SO_4)(OH) \cdot 5 H_2O$

ORTHORHOMBISCH ● ● ●

Eigenschaften: F – gelblich, grünlich, grau; ST – weiß; G – seiden; T – undurchsichtig; D – 1,9; H – 2,5; SP – vollkommen; M – kleine Kristalle, faserige und traubige Krusten; A – in Wasser löslich.
Bildung und Fundorte: Sekundär, als ein Produkt der Pyritoxidation, zusammen mit anderen Sulfaten. Kristalle in Melanterit-Hohlräumen fand man in der Dexter No. 7 Mine, Calf Mesa, Utah, USA. Bis zu 3 m mächtige Gangfüllungen kennt man aus der Santa-Elena-Mine, La Alcaparrosa, Argentinien. Feine faserige Aggregate treten in Dubník, Slowakei zutage. Häufige Vorkommen an vielen Orten in Chile (Tierra Amarilla, Chuquicamata).

Aluminit

$Al_2(SO_4)(OH)_4 \cdot 7 H_2O$

MONOKLIN ● ● ●

Eigenschaften: F – weiß; ST – weiß; G – matt; T – undurchsichtig; D – 1,7–1,8; H – 1–2; SP – keine; M – erdige Knollen, bestehend aus mikroskopischen Nadeln.
Bildung und Fundorte: Sekundär, Ergebnis der Reaktion von Schwefelsäure mit Al in Al-reichen Gesteinen. Eine große Knolle mit 30 cm Durchmesser kennt man aus Newhaven, Sussex, England, GB. Schöne weiße Knollen fand man in Praha – Malá Chuchle, Tschechien. Vorkommen auch bei Halle, Deutschland. Als Kalk überlagernde Schicht kommt es in der Umgebung von Joplin, Missouri, USA vor.

Aluminit 60 mm, Bicske-Csordakút, Ungarn

Botryogen

$MgFe^{3+}(SO_4)_2(OH) \cdot 7 H_2O$

MONOKLIN ● ● ●

Eigenschaften: F – orangerot; ST – gelb; G – glasartig; T – durchsichtig bis durchscheinend; D – 2,1; H – 2–2,5; SP – vollkommen; B – muschelig; M – prismatische, gestreifte Kristalle, traubige und kugelige Aggregate mit radialstrahliger Struktur.
Bildung und Fundorte: Sekundär, als ein Oxidationsprodukt von Pyrit in ariden Klimazonen, zusammen mit anderen Sulfaten. Bis zu 3,5 cm lange Kristalle kommen aus der Libiola-Grube bei Genua, Italien. Häufige Vorkommen in Chuquicamata und Quetena in Chile. Man kennt es auch aus Rammelsberg, Deutschland.

Botryogen xx 3 mm, Knoxville, USA

Devillin xx 10 mm, Špania Dolina, Slowakei

Copiapit

$(Fe^{2+},Mg)Fe^{3+}_4(SO_4)_6(OH)_2 \cdot 20\ H_2O$

TRIKLIN ● ● ●

Eigenschaften: F – gelb, grüngelb, orange; ST – gelb; G – perlmuttartig; T – durchsichtig bis durchscheinend; D – 2,1–2,2; H – 2,5; SP – vollkommen; M – dünntafelige Kristalle, schuppige und pulverige Aggregate, erdig.
Bildung und Fundorte: Sekundär, Bildung nach Pyritoxidation, zusammen mit anderen Sulfaten. Tafelige Kristalle stammen aus der Dexter No. 7 Mine, Calf Mesa, Utah, USA und auch aus Železník, Slowakei. Schöne Kristalle fand man an vielen Orten in Chile (Tierra Amarilla, Chuquicamata). Vorkommen auch in Rammelsberg, Deutschland.

Copiapit 96 mm, Copiapó, Chile

Serpierit 80 mm, Příbram, Tschechien

Devillin

$CaCu_4(SO_4)_2(OH)_6 \cdot 3\ H_2O$

MONOKLIN ● ●

Eigenschaften: F – smaragdgrün; ST – weiß bis hellgrün; G – glasartig bis perlmuttartig; T – durchsichtig bis durchscheinend; D – 3,1; H – 2,5; SP – vollkommen; M – dünntafelige, pseudohexagonale Kristalle und Überzüge.
Bildung und Fundorte: Sekundär, als ein Oxidationsprodukt von Cu-Sulfiden, Begleitmineralien sind andere sekundäre Cu-Mineralien. Die weltweit besten Exemplare stammen aus Špania Dolina, Slowakei, wo im letzten Jahrhundert Kristallrosetten mit bis zu 1 cm Durchmesser gefunden wurden. Weitere Vorkommen in Botallack, Cornwall, England, GB und in Tsumeb, Namibia.

Serpierit

$Ca(Cu,Zn)_4(SO_4)_2(OH)_6 \cdot 3\ H_2O$

MONOKLIN ● ●

Eigenschaften: F – blau; ST – weiß; G – glasartig; T – durchsichtig bis durchscheinend; D – 3,1; H – 2,5; SP – vollkommen; M – tafelige Kristalle, Überzüge.
Bildung und Fundorte: Sekundär, entstanden in der Oxidationszone von Cu-Zn-Lagerstätten, zusammen mit Smithsonit und anderen Mineralien. Kleine Kristalle und Aggregate traten in Laurion, Griechenland auf. Vor kurzem fand man es auch in Příbram, Tschechien.

Ettringit 45 mm, Kuruman, Südafrika

Sturmanit xx 35 mm, Kuruman, Südafrika

Ettringit

$Ca_6Al_2(SO_4)_3(OH)_{12} . 26\ H_2O$

HEXAGONAL ● ●

Eigenschaften: F – farblos, gelb; ST – weiß; G – glasartig bis seiden; T – durchsichtig; D – 1,8; H – 2,5; SP – vollkommen; M – prismatische Kristalle, faserige Aggregate.
Bildung und Fundorte: Metamorph, Begleitmineral ist Sturmanit. Die weltweit besten Kristalle mit einer Größe bis zu 10 cm kommen aus der N'Chwaning Mine, Kuruman, Südafrika. Bis zu 4 mm große Kristalle fand man in Franklin, New Jersey, USA. Vorkommen auch unter kontaktmetamorphen Bedingungen in Crestmore, California, USA.

Sturmanit

$Ca_6Fe^{3+}{}_2(SO_4)_2[B(OH)_4], (OH)_{12} . 25\ H_2O$

TRIGONAL ●

Eigenschaften: F – gelb, gelbgrün; ST – weiß; G – glasartig; T – durchsichtig bis durchscheinend; D – 1,9; H – 2,5; SP – vollkommen; M – flache, bipyramidale Kristalle.
Bildung und Fundorte: Wahrscheinlich metamorph, Begleitmineralien sind Baryt, Hämatit und Ettringit. Bis zu 14 cm lange Kristalle kommen aus der N'Chwaning Mine, Kuruman, Südafrika.

Johannit

$Cu(UO_2)_2(SO_4)_2(OH)_2 . 8\ H_2O$

TRIKLIN ● ●

Eigenschaften: F – grün; ST – hellgrün; G – glasartig; T – durchsichtig bis durchscheinend; D – 3,3; H – 2–2,5; SP – gut; M – prismatische bis dicktafelige Kristalle, schuppige Aggregate, Überzüge; A – radioaktiv.
Bildung und Fundorte: Sekundär, als ein Produkt der Oxidation von Uranpecherz, zusammen mit anderen sekundären U-Mineralien. Kristalle kennt man aus Jáchymov, Tschechien und aus Johanngeorgenstadt, Deutschland. Häufige Vorkommen mit Zippeit in Central City, Colorado, USA. Weitere Funde in Mounana, Gabun.

Zippeit

$K_4(UO_2)_6(SO_4)_3(OH)_{10} . 4\ H_2O$

ORTHORHOMBISCH ● ● ●

Eigenschaften: F – orangegelb; ST – gelb; G – matt bis erdig; T – undurchsichtig; D – 3,7; H – unbestimmt; SP – vollkommen; M – nadelförmige und tafelige Kristalle, pulverige und nadelförmige Aggregate, Überzüge; LU – grün; A – radioaktiv.
Bildung und Fundorte: Sekundär, entstanden durch Oxidation von Uranpecherz, Begleitmineralien sind andere sekundäre U-Mineralien. Kleine tafelige Kristalle kommen aus Drmoul, Tschechien. Überzüge

Johannit 70 mm, Jáchymov, Tschechien

Zippeit 40 mm, Lodéve, Frankreich

und nadelförmige Aggregate kennt man aus Jáchymov, Tschechien und Central City, Colorado, USA. Vorkommen auch in Shinkolobwe, Dem. Rep. Kongo.

Scheelit

$CaWO_4$

TETRAGONAL ● ● ● ●

Eigenschaften: F – farblos, grauweiß, gelbbraun, orange, rot, grünlich; ST – weiß; G – fettig bis diamanten; T – durchscheinend; D – 6,1; H – 4,5–5; SP – gut; B – muschelig bis uneben; M – pseudooktaedrische Kristalle, körnig, massig; LU – blauweiß.

Bildung und Fundorte: Magmatisch in Pegmatiten, hydrothermal in Greisen und metamorph; Paragenesen variieren stark je nach ihrem Ursprung. Schöne bräunliche und bis zu 10 cm große Kristalle stammen aus Taewha und Tongwha in Korea. Ähnliche Kristalle wurden vor kurzem in China gefunden. Bis zu 4 cm große, orange Kristalle treten in Iultin und Tenkergin, Russische Föderation in Verbindung mit Kassiteritkristallen auf Quarzkristallen auf. Durchscheinende Kristalle mit bis zu 50 kg Gewicht traten im Pegmatit bei Natas, Namibia zutage. Bis zu 7 cm große Kristalle kennt man aus mehreren Gruben bei Traversella, Italien. Schöne rote und bis zu 2 cm große Kristalle sind seltene Fundstücke in Příbram, Tschechien. Gelbe, bis zu 4 cm große Kristalle kennt man aus den Quarzgängen mit Pumpellyit in Obří Důl, Tschechien.
Verwendung: W-Erz.

Scheelit 77 mm, Sechuan, China

Stolzit 20 mm, Arizona, USA

Krokoit 44 mm, Dundas, Australien

Stolzit

$PbWO_4$

TETRAGONAL ● ●

Eigenschaften: F – graubraun, orangegelb, rot, grün; ST – weiß; G – diamanten bis harzig; T – durchsichtig bis durchscheinend; D – 7,9–8,3; H – 2,5–3; SP – undeutlich; B – muschelig bis uneben; M – bipyramidale und dicktafelige, kurzsäulige Kristalle.
Bildung und Fundorte: Sekundär, als ein Oxidationsprodukt primärer W-Mineralien. Bis zu 6 cm große Kristalle kommen aus St. Leger-de-Peyre, Frankreich. Prismen und bis zu 2,5 cm lange Nadeln fand man in Broken Hill, New South Wales, Australien. Bis zu 2,5 cm große Kristalle sind auch aus Tsumeb, Namibia bekannt. Bis zu 2 cm große Kristalle wurden in Cínovec, Tschechien und in der Black Pine Mine, Montana, USA entdeckt.

Krokoit

$PbCrO_4$

MONOKLIN ● ●

Eigenschaften: F – orange, rot; ST – orangegelb; G – diamanten bis fettig; T – durchscheinend; D – 6; H – 3; SP – gut; B – muschelig bis uneben; M – langprismatische bis nadelförmige Kristalle, Krusten.
Bildung und Fundorte: Sekundär, als ein Oxidationsprodukt von Bleiglanz in basischen Gesteinen. Die weltweit besten Exemplare stammen aus dem Dundas District, Tasmanien, Australien, wo in mehreren Gruben bis zu 10 cm lange Kristalle gefunden wurden. Schöne, bis zu 4 cm lange Kristalle kennt man aus Berezovsk, Ural, Russische Föderation. Bis zu 2 cm große Kristalle wurden vor kurzem in Callenberg, Deutschland gefunden.

Ferrimolybdit 60 mm, Hůrky, Tschechien

Betpakdalit 70 mm, Bajan Cogdo, Mongolei

Ferrimolybdit

$Fe_2(MoO_4)_3 . 8 H_2O$

ORTHORHOMBISCH ● ●

Eigenschaften: F – gelb, weißlich; ST – hellgelb; G – diamanten, seiden, erdig; T – undurchsichtig; D – 4,4; H – 1–2; M – kleine nadelförmige Kristalle, faserige und radialstrahlige Aggregate, erdig.
Bildung und Fundorte: Sekundär, als ein Oxidationsprodukt von Molybdänglanz. Mikroskopische Kristalle fand man in Glen Innes, New South Wales, Australien. Vorkommen in Form gelber Überzüge in Climax und Telluride, Colorado, in der Getchell Mine, Nevada, USA und auch in Hůrky bei Čistá, Tschechien.

Betpakdalit

$CaFe^{3+}H_8(MoO_4)_5(AsO_4)_2 . 8 H_2O$

MONOKLIN ●

Eigenschaften: F – zitronengelb; ST – gelb; G – glasartig, wachsartig, matt; T – undurchsichtig; D – 3; H – 3; SP – gut; M – kurzprismatische, mikroskopische Kristalle, pulverig.
Bildung und Fundorte: Sekundäres Mineral. Erste Funde in Kara-Oba, Kasachstan. Weitere Vorkommen in Tsumeb, Namibia und in Krupka, Tschechien.

Wulfenit

$PbMoO_4$

TETRAGONAL ● ● ●

Eigenschaften: F – gelb, orange, bräunlich, rot, grünlich; ST – weiß; G – fettig bis diamanten; T – durchsichtig bis durchscheinend; D – 6,3–7; H – 3; SP – gut; B – uneben bis muschelig; M – dünntafelige und bipyramidale Kristalle, körnig, massig.
Bildung und Fundorte: Sekundär, als ein Oxidationsprodukt von Bleiglanz, zusammen mit Cerussit, Vanadinit und anderen Begleitmineralien. Die besten Exemplare kennt man aus der Red Cloud Mine bei Yuma, Arizona, wo rote, tafelige Kristalle bis zu 5 cm Durchmesser erreichten. Gelbbraune, bis zu 10 cm große Kristalle stammen aus der Glove Mine, Arizona, USA. Dicktafelige, orange Kristalle mit bis zu 2 cm Durchmesser fand man in der Erupcion Mine, Villa Ahumada, Los Lamentos, Chihuahua. Schöne gelbe, bis zu 6 cm große Tafeln mit orangefarbigen Mimetesitaufwüchsen traten in der San Francisco Mine, Magdalena, Sonora, Mexiko zutage. Seltene tafelige Kristalle mit bis zu 7 cm Durchmesser kommen aus Tsumeb, Namibia. Schöne orangegelbe, tafelige Kristalle mit einem Durchmesser bis zu 2 cm sowie pyramidale Kristalle kennt man aus Bleiberg, Österreich und Mežica, Slowenien. Bis zu 10 cm große Kristalle wurden vor kurzem in Touissit, Marokko gefunden.

Wulfenit 38 mm, Los Lamentos, Mexiko

8. Phosphate

Lithiophosphatit

Li_3PO_4

ORTHORHOMBISCH ●

Eigenschaften: F – farblos, weiß, rosafarbig; ST – weiß; G – glasartig; T – durchsichtig bis durchscheinend; D – 2,5; H – 4; SP – vollkommen; B – uneben; M – prismatische Kristalle, körnig.
Bildung und Fundorte: Hydrothermal in granitischen Pegmatiten, wo es durch Substitution von Spodumen und Montebrasit entsteht. Spaltbare Aggregate mit bis zu 10 cm Durchmesser treten in der Tanco Mine, Bernic Lake, Manitoba, Kanada zutage; Kristalle mit bis zu 2,5 cm Durchmesser kennt man aus der Foote Mine, Kings Mountain, North Carolina, USA.

Beryllonit

$NaBePO_4$

MONOKLIN ● ●

Eigenschaften: F – farblos, weiß, gelblich; ST – weiß; G – glasartig; T – durchsichtig bis durchscheinend; D – 2,8; H – 5,5–6; SP – vollkommen; B – uneben; M – kurzprismatische bis tafelige Kristalle, körnig.
Bildung und Fundorte: Hydrothermal in Hohlräumen von granitischem Pegmatit, wo es in Verbindung mit Herderit, Albit und Turmalin auftritt. Kristalle und ihre Zwillinge mit bis zu 15 cm Durchmesser kommen aus Stoneham und Newry, Maine, USA; ferner aus Viitaniemi, Finnland und Paprok, Afghanistan.

links: Adamin 52 mm, Mapimi, Mexiko
Lithiophosphatit 30 mm, Tanco, Kanada

Beryllonit 31 mm, Paprok, Afghanistan

Triphylin

$LiFePO_4$

ORTHORHOMBISCH ● ● ●

Eigenschaften: F – graugrün, graublau, grau, braun; ST – grauweiß; G – fettig bis glasartig; T – durchsichtig bis durchscheinend; D – 3,4; H – 4–5; SP – gut; B – uneben; M – kurzprismatische Kristalle, körnig, massig.
Bildung und Fundorte: Magmatisch in granitischen Pegmatiten, Begleitmineralien sind Graftonit, Sarkopsid und viele sekundäre Phosphate. Große Triphylinkristalle mit einem Durchmesser bis zu 1,50 m kennt man aus Hagendorf, Deutschland; aus der Tip Top Mine, Custer, South Dakota und der Palermo No. 1 Mine, North Groton, New Hampshire, USA; Vorkommen auch in Hühnerkobel, Deutschland.

Triphylin 70 mm, Hagendorf, Deutschland

Lithiophilit 120 mm, Viitaniemi, Finnland

Berzeliit 120 mm, Långban, Schweden

Lithiophilit

$LiMnPO_4$

ORTHORHOMBISCH ● ●

Eigenschaften: F – rosa, rotbraun, braun; ST – weiß; G – glasartig; T – durchsichtig bis durchscheinend; D – 3,3; H – 4–5; SP – gut; B – uneben; M – kurzprismatische Kristalle, körnig, massig.
Bildung und Fundorte: Magmatisch in granitischen Pegmatiten. Manchmal kommt es zusammen mit Triplit und Triphylin vor, häufig wird es durch viele sekundäre Phosphate ersetzt. Ausgedehnte, bis zu 1 m große Massen von Lithiophilit treten in Karibib, Namibia und in Kitumbe, Ruanda zutage. Weitere Fundorte sind Mangualde, Portugal; die Tanco Mine, Bernic Lake, Manitoba, Kanada und die Stewart Lithia Mine, Pala, California, USA.

Purpurit 40 mm, Usakos, Namibia

Purpurit

$Mn^{3+}PO_4$

ORTHORHOMBISCH ● ●

Eigenschaften: F – rosa, purpurrot, dunkelbraun; ST – purpur; G – matt bis seidig; T – durchscheinend bis undurchsichtig; D – 3,7; H – 4–4,5; SP – gut; B – uneben; M – körnig, massig.
Bildung und Fundorte: Hydrothermal, als ein Produkt der Lithiophilit-Substitution in granitischem Pegmatit. Meist tritt es zusammen mit vielen sekundären Phosphaten auf. Man kennt es aus Kitumbe, Ruanda; Usakos und Sandamab, Namibia; der Tip Top und der Bull Moose Mine, Custer, South Dakota und Branchville, Connecticut, USA.

Berzeliit

$(Ca,Na)_3\,(Mg,Mn)_2\,(AsO_4)_3$

KUBISCH ● ●

Eigenschaften: F – gelb, orange; ST – purpur; G – harzig; T – durchsichtig bis durchscheinend; D – 4,1; H – 4–4,5; SP – keine; B – muschelig bis uneben; M – isometrische Kristalle, körnig, massig.
Bildung und Fundorte: Metamorph, zusammen mit Haussmanit, Rhodonit und Tephroit. Massige Vorkommen in Långban und Nordmark, Schweden.

Whitlockit

$Ca_9(Mg,Fe)H(PO_4)_7$

TRIGONAL ● ●

Eigenschaften: F – farblos, weiß, gelblich, rosa; ST – weiß; G – glasartig bis matt; T – durchsichtig bis durchscheinend; D – 3,1; H – 5; SP – keine; B – muschelig bis uneben; M – rhomboedrische Kristalle, körnig, massig.

Bildung und Fundorte: Hydrothermal, als ein Substitutionsprodukt primärer Phosphate in granitischem Pegmatit, selten in Sedimentgesteinen – Phosphoriten; sehr selten magmatisch in Meteoriten. Hauptsächlich in Begleitung von Apatit und Karbonaten. Unvollkommene Kristalle mit etwa 1 cm Durchmesser treten in der Palermo No. 1 Mine, North Groton, New Hampshire zutage; Vorkommen auch in der Tip Top Mine, Custer, South Dakota, USA.

Whitlockit xx 10 mm, New Hampshire, USA

Xenotim-(Y)
YPO_4

TETRAGONAL ● ● ●

Eigenschaften: F – braun, gelb, grau, grünlich; ST – weiß; G – glasartig bis harzig; T – durchsichtig, durchscheinend bis undurchsichtig; D – 4,5; H – 4,5; SP – gut; B – muschelig bis uneben; M – langprismatische bis tafelige Kristalle, körnig; A – manchmal schwach radioaktiv und metamikt.
Bildung und Fundorte: Magmatisch in granitischem und alkalischem Pegmatit, Granit und Syenit; hydrothermal auf alpinotypen Gängen; metamorph in Gneis; gewöhnlich in Seifen. Begleitmineralien sind Monazit-(Ce) und Zirkon. Vollkommene, prismatische Kristalle mit bis zu 10 cm Durchmesser treten vor allem im Pegmatit von Kragerö und Hitterö, Norwegen und Ytterby, Schweden auf; ebenso an mehreren Orten in Madagaskar und in Ichikawa, Japan. Etwa 2 cm große Kristalle kennt man aus den alpinotypen Gängen in Binntal, Schweiz.
Verwendung: Erz seltener Erden.

Xenotim-(Y) x 14 mm, Washington Co., USA

Monazit-(Ce)
$CePO_4$

MONOKLIN ● ● ●

Eigenschaften: F – gelb, braun, rotbraun, orange, graugrün; ST – weiß; G – glasartig bis harzig; T – durchsichtig, durchscheinend bis undurchsichtig; D – 4,6; H – 5–5,5; SP – gut; B – muschelig bis uneben; M – langprismatische bis tafelige Kristalle, körnig; A – manchmal schwach radioaktiv und metamikt.
Bildung und Fundorte: Magmatisch in granitischem und alkalischem Pegmatit, Granit, Syenit und Karbonatit; hydrothermal auf alpinotypen Gängen und Greisen; metamorph in Gneis; gewöhnlich in Seifen. Begleitmineralien sind Apatit, Xenotim-(Y) und Zirkon. Vollkommene, bis zu 20 cm große, prismatische Kristalle stammen aus Mars Hill, North Carolina, aus Trout Creek Pass, Colorado, USA; aus Arendal, Norwegen und aus Ambatofotsikely und Ampangabé, Madagaskar, wo mehrere kg schwere Massen vorkommen; Kristalle mit bis zu 20 cm Durchmesser fand man in Jaguaraçu, Minas Gerais, Brasilien.
Verwendung: Erz seltener Erden.

Hydroxylherderit
$CaBe(PO_4)(OH,F)$

MONOKLIN ● ●

Eigenschaften: F – farblos, weiß, gelblich, grünlich; ST – weiß; G – glasartig bis matt; T – durchsichtig bis durchscheinend; D – 3,0; H – 5–5,5; SP – gut; B – muschelig bis uneben; M – prismatische bis tafelige Kristalle, radialstrahlige Aggregate, körnig.
Bildung und Fundorte: Hydrothermal in Hohlräumen granitischer Pegmatite und in Greisen. Vollkommene, bis zu 12 cm lange Kristalle kommen aus Marilaca, zusammen mit bunten Turmalinen aus Virgem da Lapa, Minas Gerais, Brasilien; Vorkommen auch in Topsham und Stoneham, Maine, USA.

Amblygonit
$LiAl(PO_4)(F,OH)$

TRIKLIN ● ● ●

Eigenschaften: F – farblos, weiß, gelblich, bläulich, grau; ST – weiß; G – glasartig bis matt; T – durchsichtig bis durchscheinend; D – 3,1; H – 5,5–6; SP – gut; B – muschelig bis uneben; M – kurzprismatische Kristalle, körnig, massig.

Monazit-(Ce) 31 mm, Felicio, Brasilien

Hydroxylherderit 22 mm, Anza, Kalifornien, USA

Montebrasit 80 mm, White Picacho, Arizona, USA

Bildung und Fundorte: Magmatisch in granitischem Pegmatit und teilweise in Granit; selten hydrothermal in Greisen und auf Erzgängen. Große Amblygonitmassen mit mehreren m Durchmesser findet man in Pegmatiten, so in den Beecher, Custer- und Hugo-Minen, Keystone, South Dakota, USA, wo die Blöcke bis zu 200 Tonnen schwer sind; Vorkommen auch in Viitaniemi, Finnland und Utö, Schweden. Ein bekannter Fundort von Quarz-Amblygonit-Gängen ist Vernéřov, Tschechien.
Verwendung: Li-Erz und Rohstoff für keramische Erzeugnisse.

Montebrasit

$LiAl(PO_4)(OH,F)$

TRIKLIN ● ● ●

Eigenschaften: F – farblos, weiß, gelblich, gelb, bläulich, grau; ST – weiß; G – glasartig bis matt; T – durchsichtig bis durchscheinend; D – 3,0; H – 5,5–6; SP – gut; B – muschelig bis uneben; M – kurzprismatische bis tafelige Kristalle, körnig, massig.
Bildung und Fundorte: Magmatisch in granitischem Pegmatit und Granit; hydrothermal in granitischem Pegmatit. Häufige Vorkommen mit Amblygonit, durch das es ersetzt wird. Große Massen kennt man aus Montebras, Frankreich und auch aus der Tin Mountain Mine, Custer, South Dakota, USA. Vollkommene, tafelige Kristalle mit bis zu 15 cm Durchmesser fand man in Taquaral, Minas Gerais, Brasilien.

Wagnerit

$Mg_2(PO_4)(F,OH)$

MONOKLIN ● ● ●

Eigenschaften: F – hellgelb, gelbgrün, gelbbraun, grün; ST – weiß; G – glasartig bis fettig; T – durchsichtig, durchscheinend bis undurchsichtig; D – 3,2; H – 5–5,5; SP – undeutlich; B – muschelig bis uneben; M – kurzprismatische Kristalle, körnig, massig.

Wagnerit x 18 mm, Werfen, Österreich

Bildung und Fundorte: Magmatisch in granitischem Pegmatit; metamorph in Gneis und Eklogiten; hydrothermal auf Quarzgängen und in Salzlagerstätten. Die bekanntesten Funde stammen aus den Quarzgängen in Höllgraben und Radelgraben, Alpen, Österreich, wo Wagnerit zusammen mit Lazulith auftritt und Kristalle mit bis zu 3 cm Durchmesser bildet; bekannte Vorkommen auch in Mangualde, Portugal und Bodenmais, Deutschland.

Amblygonit 55 mm, Minas Gerais, Brasilien

Zwieselit 30 mm, körnig, Dolní Bory, Tschechien

Zwieselit

$Fe_2(PO_4)(F,OH)$

MONOKLIN ● ● ●

Eigenschaften: F – dunkelbraun bis schwarzbraun; ST – hellbraun; G – glasartig bis fettig; T – durchscheinend bis undurchsichtig; D – 4,0; H – 5–5,5; SP – undeutlich; B – muschelig bis uneben; M – kurzprismatische Kristalle, körnig, massig.
Bildung und Fundorte: Magmatisch in granitischem Pegmatit; selten hydrothermal in Greisen. Begleitmineralien sind Apatit, Triplit und sekundäre Phosphate. Unvollkommene Kristalle und körnige Aggregate kennt man aus dem Pegmatit bei Zwiesel, Deutschland und aus Dolní Bory, Tschechien.

Libethenit 80 mm, L'ubietová, Slowakei

Triplit 70 mm, Viitaniemi, Finnland

Triplit

$Mn_2(PO_4)(F,OH)$

MONOKLIN ● ● ●

Eigenschaften: F – rosa, hellbraun; ST – hellbraun; G – glasartig bis fettig; T – durchscheinend bis undurchsichtig; D – 3,8; H – 5–5,5; SP – undeutlich; B – muschelig bis uneben; M – kurzprismatische Kristalle, körnig, massig.
Bildung und Fundorte: Magmatisch in granitischem Pegmatit und Granit; hydrothermal in Greisen und auf Quarzgängen. Es ist meist hydrothermal verändert und durch sekundäre Phosphate ersetzt. Große Massen mit mehreren m Durchmesser kommen aus dem Pegmatit in Karibib, Namibia; Vorkommen auch in Mangualde, Portugal und in Sukula, Finnland.

Libethenit

$Cu_2(PO_4)(OH)$

ORTHORHOMBISCH ● ● ●

Eigenschaften: F – schwarzgrün bis hellgrün; ST – olivgrün; G – fettig; T – durchscheinend; D – 3,9; H – 4; SP – undeutlich; B – muschelig bis uneben; M – kurzprismatische und bipyramidale Kristalle, traubige Aggregate, körnig, massig.
Bildung und Fundorte: Sekundär in Cu-Lagerstätten, wo es zusammen mit Malachit, Pseudomalachit und Brochantit auftritt. Vollkommene Kristalle mit bis zu 3 cm Durchmesser kommen aus der Rokana Mine, Sambia; bis zu 1 cm große Kristalle kennt man aus Kambove, Dem. Rep. Kongo; L'ubietová, Slowakei und Nizhniy Tagil, Ural, Russische Föderation.

Olivenit 80 mm, Tsumeb, Namibia

Olivenit

$Cu_2(AsO_4)(OH)$

ORTHORHOMBISCH ● ● ●

Eigenschaften: F – olivgrün, grünlich braun, graugrün bis grau; ST – hellgrün; G – fettig; T – durchscheinend bis undurchsichtig; D – 4,4; H – 3; SP – undeutlich; B – muschelig bis uneben; M – lang- bis kurzprismatische und bipyramidale Kristalle, nadelförmige und radialstrahlige Aggregate, massig.
Bildung und Fundorte: Sekundär in Cu-Lagerstätten. Begleitmineralien sind andere sekundäre Cu-Mineralien, Malachit, Azurit und Skorodit. Vollkommene Kristalle mit bis zu 1 cm Durchmesser traten in Wheal Gorland und Tavistock, Cornwall, England, GB zutage; Vorkommen auch in Tsumeb, Namibia und Ashburton Downs, Western Australia, Australien.

Adamin

$Zn_2(AsO_4)(OH)$

ORTHORHOMBISCH ● ● ●

Eigenschaften: F – gelbgrün, gelb, grün, farblos, violett; ST – weiß; G – glasartig; T – durchsichtig bis durchscheinend; D – 4,4; H – 3,5; SP – undeutlich; B – muschelig bis uneben; M – lang- bis kurzprismatische und bipyramidale Kristalle, nadelförmige und radialstrahlige Aggregate, massig; LU – gelbgrün.

Bildung und Fundorte: Sekundär in Zn-Lagerstätten, Begleitmineralien sind Hemimorphit, Goethit und Smithsonit. Schöne Drusen mit grünen und seltenen violetten Kristallen und bis zu 7 cm Durchmesser stammen aus der Mina Ojuela, Mapimi, Durango, Mexiko; auch bekannt aus Tsumeb, Namibia; Laurion, Griechenland und Cap Garonne, Frankreich.

Adamin 34 mm, Durango, Mexiko

Lazulith x 11 mm, Lincoln Co., USA

Lazulith
$MgAl_2(PO_4)_2(OH)_2$

MONOKLIN ●●●

Eigenschaften: F – dunkel- bis hellblau, blaugrün; ST – weiß; G – glasartig; T – durchsichtig bis durchscheinend; D – 3,1; H – 5,5–6; SP – undeutlich; B – muschelig bis uneben; M – kurzprismatische und bipyramidale Kristalle, körnig, massig.
Bildung und Fundorte: Hydrothermal auf Quarzgängen und in granitischem Pegmatit, wo es durch Zersetzung primärer Phosphate entsteht; metamorph in Quarziten. Unvollkommene Kristalle mit bis zu 10 cm Durchmesser kommen aus Horrsjöberg, Schweden; vollkommene, etwa 5 cm große Kristalle fand man in Ashudi, Pakistan. Bekannte Vorkommen auch am Big Fish River, Yukon, Kanada und bei Werfen, Österreich.

Skorzalith
$FeAl_2(PO_4)_2(OH)_2$

MONOKLIN ●●●

Eigenschaften: F – dunkelblau, blaugrün; ST – weiß; G – glasartig; T – durchsichtig bis durchscheinend; D – 3,3; H – 6; SP – undeutlich; B – muschelig bis uneben; M – prismatische Kristalle, körnig, massig.
Bildung und Fundorte: Hydrothermal in granitischem Pegmatit, als ein Substitutionsprodukt primärer Phosphate, selten auf Quarzgängen. Dunkelblaue, körnige Aggregate mit bis zu 10 cm Durchmesser treten in den Minen Palermo No. 1 und No. 2, North Groton, New Hampshire und in der Victory Mine, Custer, South Dakota, USA zutage.

Rockbridgeit
$Fe^{2+}Fe^{3+}_4(PO_4)_3(OH)_5$

ORTHORHOMBISCH ●●●

Eigenschaften: F – dunkel- und hellgrün, schwarzgrün; ST – grün; G – matt; T – durchscheinend bis undurchsichtig; D – 3,4; H – 4,5; SP – gut; B – uneben; M – nadelförmige Kristalle, radialstrahlige Aggregate und Krusten, körnig, massig.
Bildung und Fundorte: Sekundär in granitischem Pegmatit und in Fe-Lagerstätten. Meist entsteht es durch hydrothermale Verwandlung primärer Phosphate, vor allem von Triphylin, Begleitmineralien sind andere sekundäre Phosphate. Große radialstrahlige Aggregate mit bis zu 5 cm Durchmesser kommen aus Hagendorf, Deutschland; von der Tip Top Mine, Custer, South Dakota und der Fletcher Mine, Groton, New Hampshire, USA.

Scorzalit 80 mm, Palermo No. 2, USA

Rockbridgeit 70 mm, Hagendorf, Deutschland

Frondelit xx 15 mm, Custer, USA

Dufrenit 9 mm, Lancaster, USA

Frondelit
$MnFe^{3+}_4(PO_4)_3(OH)_5$

ORTHORHOMBISCH ● ● ●

Eigenschaften: F – hellolivgrün, braun, schwarzgrün; ST – grün; G – matt; T – durchscheinend bis undurchsichtig; D – 3,5; H – 4,5; SP – gut; B – uneben; M – nadelförmige Kristalle, radialstrahlige Aggregate und Krusten, körnig, massig.
Bildung und Fundorte: Sekundär in granitischem Pegmatit, wo es durch hydrothermale Verwandlung primärer Phosphate, vor allem Lithiophilit, entsteht. Radialstrahlige Aggregate treten in der Fletcher Mine, Groton, New Hampshire, USA zutage; Vorkommen auch in Sapucaia, Minas Gerais, Brasilien.

Dufrenit
$Fe^{2+}Fe^{3+}_4(PO_4)_3(OH)_5 . 2 H_2O$

MONOKLIN ● ● ●

Eigenschaften: F – dunkelgrün, schwarzgrün, schwarz; ST – grün; G – glasartig bis matt; T – durchscheinend bis undurchsichtig; D – 3,4; H – 3,5–4,5; SP – gut; B – uneben; M – radialstrahlige Aggregate und Krusten, körnig, massig.
Bildung und Fundorte: Sekundär in granitischem Pegmatit und in der Oxidationszone von Fe-Lagerstätten; es entsteht im Pegmatit als ein Produkt der hydrothermalen Verwandlung primärer Phosphate. Radialstrahlige Aggregate treten im Pegmatit von Hagendorf und Hühnerkobel, Deutschland auf; auch im Eisernen Hut in der Wheal Phoenix Mine, Cornwall, England, GB.

Pseudomalachit
$Cu_5(PO_4)_2(OH)_4$

MONOKLIN ● ● ●

Eigenschaften: F – grün, schwarzgrün; ST – grün; G – glasartig bis matt; T – durchscheinend bis undurchsichtig; D – 4,3; H – 4,5–5; SP – gut; B – uneben; M – kurzprismatische Kristalle, traubige Aggregate mit radialstrahliger Struktur, massig.
Bildung und Fundorte: Sekundär in Cu-Lagerstätten, Begleitmineralien sind Malachit, Chrysokoll, Libethenit und Goethit. Schöne traubige Aggregate und große Massen stammen aus Nizhniy Tagil, Ural, Russische Föderation; auch aus Ehl und Virneberg, Deutschland; aus L'ubietová, Slowakei sowie von vielen Fundorten in der Provinz Shaba, Dem. Rep. Kongo.

Pseudomalachit 80 mm, L'ubietová, Slowakei

Cornubit 30 mm, Ľubietová, Slowakei

Cornubit

$Cu_5(AsO_4)_2(OH)_4$

TRIKLIN ●

Eigenschaften: F – hell- bis dunkelgrün; ST – hellgrün; G – glasartig bis matt; T – durchscheinend; D – 4,8; H – unbestimmt; SP – unbestimmt; B – uneben; M – traubige Aggregate, massig.
Bildung und Fundorte: Sekundär in Cu-Lagerstätten. Funde zusammen mit Olivenit und Klinoklas in der Grube Bedford United, Cornwall, England, GB; auch in Ashburton Downs, Western Australia, Australien und Farbište, Slowakei.

Cornetitaggregat 10 mm, Lumumbashi, Dem. Rep. Kongo

Augelith 34 mm, Yukon Territory, Kanada

Augelith

$Al_2(PO_4)(OH)_3$

MONOKLIN ● ● ●

Eigenschaften: F – farblos, weiß, gelblich, rosafarbig; ST – weiß; G – glasartig bis matt; T – durchsichtig bis durchscheinend; D – 2,7; H – 4,5–5; SP – gut; B – uneben; M – dicktafelige bis prismatische Kristalle, körnig, massig.
Bildung und Fundorte: Hydrothermal in granitischem Pegmatit als ein Substitutionsprodukt primärer Phosphate; selten metamorph in Quarziten. Massige Aggregate mit mehreren dm Durchmesser treten im Pegmatit von Burango, Ruanda zutage; auch in der Hugo Mine, Custer, South Dakota und White Mt., California, USA. Kristalle mit bis zu 2 cm Durchmesser kommen aus Rapid Creek, Yukon, Kanada und aus der Champion Mine, California; seltene kleine Kristalle fand man in der Palermo No. 1 Mine, North Groton, New Hampshire, USA.

Cornetit

$Cu_3(PO_4)(OH)_3$

ORTHORHOMBISCH ●

Eigenschaften: F – dunkelblau bis blaugrün; ST – hellblau; G – glasartig; T – durchsichtig bis durchscheinend; D – 4,1; H – 4,5; SP – keine; B – muschelig bis uneben; M – kurzprismatische Kristalle, Überzüge.
Bildung und Fundorte: Sekundär in Cu-Lagerstätten. Seltene Vorkommen in der Etoile Mine bei Lumumbashi und in Kalagi, Provinz Shaba, Dem. Rep. Kongo; weitere Funde in Yerington, Nevada und in Saginaw Hill, Arizona, USA.

Klinoklas 40 mm, Cornwall, Großbritannien

Conichalcit 70 mm, Tintic, USA

Klinoklas

$Cu_3(AsO_4)(OH)_3$

MONOKLIN ●●

Eigenschaften: F – dunkelgrünblau bis schwarzgrün; ST – blaugrün; G – glasartig; T – durchsichtig bis durchscheinend; D – 4,4; H – 2,5–3; SP – vollkommen; B – uneben; M – prismatische und tafelige Kristalle, traubige Aggregate.

Bildung und Fundorte: Sekundär in Cu-Lagerstätten, oft in Begleitung von Malachit, Azurit und anderen sekundären Cu-Mineralien. Kugelige, bis zu 1 cm große Aggregate kennt man aus der Majuba Hill Mine, Nevada, USA; seltene Vorkommen bei Tavistock, Cornwall, England, GB und auch in Novoveská Huta, Slowakei.

Conichalcit

$CuCa(AsO_4)(OH)$

ORTHORHOMBISCH ●●●

Eigenschaften: F – gelbgrün bis smaragdgrün; ST – hellgrün; G – glasartig bis fettig; T – durchsichtig bis durchscheinend; D – 4,3; H – 4,5; SP – keine; B – uneben; M – kurzprismatische Kristalle, traubige Aggregate mit radialstrahliger Struktur, massig.

Bildung und Fundorte: Sekundär in Cu-Lagerstätten. Vorkommen ergiebiger, traubiger Aggregate in Otavi, Namibia; Tintic, Utah, in der Higgins Mine, Bisbee, Arizona und in Yerington, Nevada, USA.

Duftit

$PbCu(AsO_4)(OH)$

ORTHORHOMBISCH ●●

Eigenschaften: F – gelbgrün, olivgrün bis graugrün; ST – hellgrün; G – glasartig bis fettig; T – durchscheinend; D – 6,5; H – 3; SP – unbestimmt; B – uneben; M – kleine Kristalle, traubige Aggregate und Überzüge.

Bildung und Fundorte: Sekundär in Lagerstätten unedler Metalle. Begleitmineralien sind Malachit und Azurit in Tsumeb, Namibia; Vorkommen in der Mina Ojuela, Mapimi, Durango, Mexiko und in Moldava, Tschechien.

Duftit 90 mm, Tsumeb, Namibia

Descloizit 38 mm, Grootfontein, Namibia

Descloizit

$PbZn(VO_4)(OH)$

ORTHORHOMBISCH ● ● ●

Eigenschaften: F – rotorange, rotbraun bis braunschwarz, graugrün; ST – hellgelbbraun; G – fettig; T – durchsichtig, durchscheinend bis undurchsichtig; D – 6,1; H – 3–3,5; SP – keine; B – muschelig bis uneben; M – Kristalle von unterschiedlichem Habitus, meist pyramidal oder prismatisch, traubige und skelettförmige Aggregate, massig.
Bildung und Fundorte: Sekundär in Lagerstätten unedler Metalle. Häufige Begleitmineralien sind Pyromorphit, Mimetesit, Vanadinit und andere sekundäre Pb-Mineralien. Vorkommen von Kristallen mit bis zu 3 cm Länge in Tsumeb und Berg Aukas, Namibia; auch in Broken Hill, Sambia und in der Mammoth Mine, Tiger, Arizona, USA.

Arsendescloizit

$PbZn(AsO_4)(OH)$

ORTHORHOMBISCH ●

Eigenschaften: F – hellgelb; ST – weiß; G – diamanten bis fettig; T – durchsichtig bis durchscheinend; D – 6,1; H – 4; SP – keine; B – muschelig bis uneben; M – tafelige Kristalle, rosettenartige Aggregate.
Bildung und Fundorte: Sekundär in Lagerstätten unedler Metalle, Begleitmineralien sind Mimetesit und

Arsendescloizit 95 mm, Mapimi, Durango, Mexiko

Goethit. Seltene Vorkommen von 1 mm großen Kristallen in Tsumeb, Namibia; weitere Funde in der Mina Ojuela, Mapimi, Durango, Mexiko.

Mottramit

$PbCu(AsO_4)(OH)$

ORTHORHOMBISCH ● ●

Eigenschaften: F – grasgrün bis schwarzgrün; ST – hellgrün; G – glasartig bis matt; T – durchsichtig bis undurchsichtig; D – 5,9; H – 3–3,5; SP – keine; B – muschelig bis uneben; M – Kristalle von unterschiedlichem Habitus, traubige und dendritische Aggregate, Krusten und Überzüge, massig.
Bildung und Fundorte: Sekundär in Lagerstätten unedler Metalle, Begleitmineralien sind Mimetesit, Descloizit und Vanadinit. Vorkommen in Mottram, Cheshire, England, GB; in Tsumeb, Namibia und in der Mammoth Mine, Tiger, Arizona, USA.

Brasilianit

$NaAl_3(PO_4)_2(OH)_4$

MONOKLIN ● ● ●

Eigenschaften: F – farblos, weiß, gelblich, gelbgrün; ST – weiß; G – glasartig; T – durchsichtig bis durchscheinend; D – 3,0; H – 5,5; SP – gut; B – uneben; M – kurzprismatische bis isometrische Kristalle, radialstrahlige Aggregate, körnig.
Bildung und Fundorte: Hydrothermal in Hohlräumen granitischer Pegmatite, mit den Begleitmineralien Fluorapatit, Albit und Turmalin. Gelegentliche Bildung als Produkt der Verdrängung von Amblygonit. Vollkommene, gelbgrüne Kristalle mit bis zu 15 cm Durchmesser stammen aus Hohlräumen im Pegmatit von Conselheira Pena und Córrego Frio, Linopolis, Minas Gerais und von Pietras Lavradas, Paraíba, Brasilien.

Mottramit 60 mm, Arizona USA

Cafarsit x 9 mm, Binntal, Schweiz

Cafarsit

$Ca_8(Ti,Fe^{2+},Fe^{3+},Mn)(As^{3+}O_3)_{12} \cdot 4\,H_2O$

KUBISCH ●

Eigenschaften: F – dunkelbraun; ST – gelbbraun; G – metallartig; T – durchscheinend; D – 3,9; H – 5,5–6; SP – keine; B – muschelig; M – isometrische Kristalle.
Bildung und Fundorte: Hydrothermal auf Klüften alpinotyper Gänge. Kubische Kristalle mit bis zu 3 cm Durchmesser kommen aus Binntal, Schweiz und Pizzo Cervandone, Italien.

Brasilianit 47 mm, Conselheira Pena, Brasilien

Karminit

$PbFe^{3+}_2(AsO_4)_2(OH)_2$

ORTHORHOMBISCH ● ●

Eigenschaften: F – scharlachrot, rotbraun; ST – rotgelb; G – diamanten bis perlmuttartig; T – durchscheinend; D – 5,5; H – 3,5; SP – gut; B – muschelig bis uneben; M – prismatische Kristalle, nadelförmige, radialstrahlige, verfilzte bis poröse Aggregate, Überzüge und Krusten.
Bildung und Fundorte: Sekundär in Lagerstätten unedler Metalle, Begleitmineralien sind Mimetesit und Skorodit. Kristalle mit bis zu 1 cm Durchmesser treten in Tsumeb, Namibia; in der Mina Ojuela, Mapimi, Durango, Mexiko und in Calstock, Cornwall, England, GB zutage.

Karminit xx 2 mm, Nadap, Ungarn

Bayldonit 34 mm, Tsumeb, Namibia

Bayldonit

$PbCu_3(AsO_4)_2(OH)_2 \cdot H_2O$

MONOKLIN ● ●

Eigenschaften: F – gelbgrün, olivgrün; ST – hellgrün; G – harzig; T – durchscheinend; D – 5,5; H – 4,5; SP – unbestimmt; B – uneben; M – erdige Aggregate, Überzüge, massig.
Bildung und Fundorte: Sekundär in der Oxidationszone hydrothermaler Cu-Lagerstätten und in Greisen. Häufige Vorkommen als gelbgrüne Überzüge und als Kristalle mit bis zu 1 cm Durchmesser, zusammen mit großen Azurit- und Mimetesitkristallen in Tsumeb, Namibia; als Überzug in St. Day, Cornwall, England, GB und in Moldava, Tschechien.

Vesignieit

$BaCu_3(VO_4)_2(OH)_2$

MONOKLIN ● ●

Eigenschaften: F – gelbgrün, olivgrün; ST – hellgelbgrün; G – glasartig bis matt; T – durchscheinend; D –

Vesignieit 80 mm, Vrančice, Tschechien

4,1; H – 3–4; SP – gut; B – uneben; M – erdige und pulverige Aggregate und Überzüge, massig.
Bildung und Fundorte: Sekundär in Lagerstätten unedler Metalle und in Sedimenten mit Cu-Sulfiden. Vorkommen in Form gelbgrüner Überzüge in Sedimenten von Horní Kalná, Tschechien; auch in der Mashamba-West-Mine, Dem. Rep. Kongo; zusammen mit Baryt und Psilomelan in Friedrichsroda, Deutschland.

Arsentsumebit

$Pb_2Cu(AsO_4)(SO_4)(OH)$

MONOKLIN ●

Eigenschaften: F – bläulich grün bis hellgrün; ST – hellgrün; G – matt; T – durchscheinend; D – 6,5; H – 3; SP – gut; B – uneben; M – erdige Aggregate, Überzüge, massig.
Bildung und Fundorte: Sekundär in Oxidationszonen, wo es sich durch Substitution von Mimetesit bildet. Seltene Vorkommen in Moldava, Tschechien und in Tsumeb, Namibia, wo es Pseudomorphosen nach Azuritkristallen bildet.

Arsentsumebit 40 mm, Moldava, Tschechien

Fluorapatit 50 mm, Panasqueira, Portugal

Fluorapatit

$Ca_5(PO_4)_3F$

HEXAGONAL ● ● ● ● ●

Eigenschaften: F – farblos, weiß, gelblich, rosafarben, blau, violett, grün, braun mit verschiedenen Schattierungen; ST – weiß; G – glasartig bis matt; T – durchsichtig bis durchscheinend, bisweilen undurchsichtig; D – 3,2; H – 5; SP – undeutlich; B – muschelig bis uneben; M – langprismatische bis tafelige Kristalle, traubige, erdige und faserige Aggregate, massig; LU – gelb.

Bildung und Fundorte: Magmatisch in Granit, Syeniten, Dioriten, Gabbros und verschiedenen Pegmatitarten, auch in Vulkangesteinen; hydrothermal auf Quarzgängen, Erzgängen, in Greisen und auf alpinotypen Gängen; metamorph in unterschiedlichen Arten von Gneis, in Migmatiten, Glimmerschiefer, Skarn und Amphiboliten; in verschiedenenen Arten von Sedimentgesteinen. Vollkommene, kurzprismatische, violett durchscheinende und bis zu 4 x 4 cm große Kristalle sind bekannte Funde aus dem Pegmatit in der Pulsifer-Grube, Mt. Apatit, Auburn, Maine, USA; rosafarbige Kristalle kommen aus Dusso, Pakistan. Vollkommene Kristalle mit etwa 10 cm Durchmesser stammen aus alpinotypen Gängen, z. B. in Fiesch, Schweiz; auch bekannt in Verbindung mit Wolframit aus Quarzgängen in Greisen, Panasqueira, Portugal; aus Horní Slavkov, Tschechien und Ehrenfriedersdorf, Deutschland. Weitere Funde im Skarn von Cerro de

Chlorapatit xx 20 mm, Bob's Lake, Ontario, Kanada

Mercado, Durango, Mexiko. Große Lagerstätten von massigem Apatit befinden sich auf der Kola-Halbinsel, Russische Föderation; bis zu 300 kg schwere Kristalle kommen aus der Umgebung des Clear Lakes, Ontario, Kanada.
Verwendung: Hauptquelle von P, chemische Industrie, Düngemittel.

Chlorapatit

$Ca_5(PO_4)_3Cl$

HEXAGONAL ● ● ●

Eigenschaften: F – weiß, verschiedene Gelbtöne; ST – weiß; G – glasartig bis matt; T – durchsichtig bis durchscheinend; D – 3,2; H – 5; SP – undeutlich; B – muschelig bis uneben; M – langprismatische bis tafelige Kristalle, körnig.
Bildung und Fundorte: Magmatisch in Nephelinsyeniten und -pegmatiten, teilweise in Gabbros und Vulkangesteinen, auch in Meteoriten; metamorph in Skarn. Meist tritt es in Verbindung mit Skapolith, Hornblende, Titanit und Magnetit auf. Vollkommene, bis zu 35 cm lange, prismatische Kristalle stammen aus dem Pegmatit von Bamle, Norwegen; auch aus Kurokura, Japan.

Hydroxylapatit

$Ca_5(PO_4)_3(OH)$

HEXAGONAL ● ● ●

Eigenschaften: F – weiß, gelb, verschiedene Grautöne; ST – weiß; G – glasartig bis matt; T – durchsichtig bis durchscheinend; D – 3,2; H – 5; SP – undeutlich; B – muschelig bis uneben; M – kurzprismatische bis tafelige Kristalle, nadelförmige Aggregate, körnig.
Bildung und Fundorte: Metamorph in Talkschiefer und Serpentiniten; hydrothermal in granitischem Pegmatit; sedimentär in organischen Überresten. Kristalle mit einem Durchmesser bis zu 3 cm kennt man aus Snarum, Norwegen; Hospental, Schweiz und Eagle, Colorado, USA.

Karbonatfluorapatit

$Ca_5(PO_4, CO_3)_3F$

HEXAGONAL ● ● ●

Eigenschaften: F – weiß, grau; ST – weiß; G – glasartig bis matt; T – durchsichtig bis durchscheinend; D – 3,2; H – 5; SP – undeutlich; B – muschelig bis uneben; M – kugelige und traubige Aggregate, massig.
Bildung und Fundorte: Hydrothermal auf Erzgängen und entlang von Spalten in Vulkangesteinen. Reichhaltige traubige Aggregate in Verbindung mit Opal kennt man aus Valeč, Tschechien; aus der Wheal Franco Mine, Tavistock, Cornwall, England, GB.

Hydroxylapatit xx 2 mm, Tornaszentandrás, Ungarn

Karbonatfluorapatit 80 mm, Staffel, Deutschland

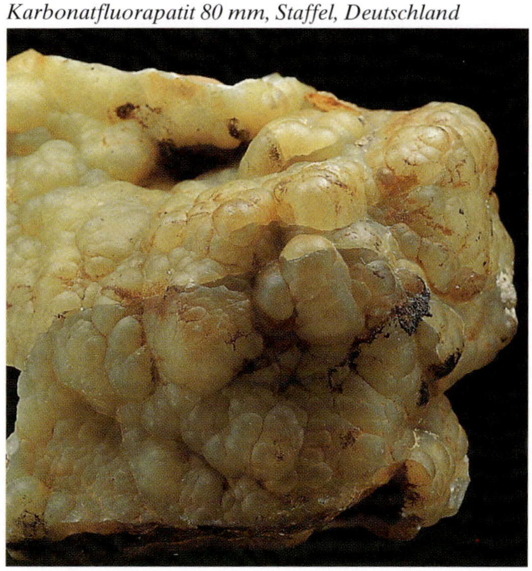

Pyromorphit 41 mm, Les Farges, Frankreich

Pyromorphit

$Pb_5(PO_4)_3Cl$

HEXAGONAL ● ● ● ●

Eigenschaften: F – grün, braun, gelb, orange, weiß, grau; ST – weiß; G – diamanten bis fettig; T – durchsichtig bis durchscheinend; D – 7,1; H – 3,5–4; SP – undeutlich; B – muschelig bis uneben; M – langprismatische bis tafelige und pyramidale Kristalle, traubige Aggregate mit radialstrahliger Struktur, nadelförmige und erdige Aggregate, massig.

Bildung und Fundorte: Sekundär in der Oxidationszone von Pb-Lagerstätten, Begleitmineralien sind Cerussit, Goethit und andere sekundäre Mineralien. Vollkommene, bis zu 4 cm lange Kristalle kennt man aus vielen Fundorten, z. B. grüne und braune Exemplare aus Bad Ems und Zschopau, Deutschland; gelbbraune aus Les Farges, Frankreich; grüne, braune und gelbe aus der Mina Ojuela, Mapimi, Durango, Mexiko. Grüne, orangefarbige und braune Kristalle mit einer Länge bis zu 6 cm kommen aus der Bunker Hill Mine, Idaho, USA.

Pyromorphit 62 mm, Les Farges, Frankreich

Mimetesit x 14 mm, Johanngeorgenstadt, Deutschland

Mimetesit

$Pb_5(AsO_4)_3Cl$

HEXAGONAL ● ● ●

Varietäten: Kampylit.
Eigenschaften: F – gelb, orange, braun, gelbbraun, weiß, grau; ST – weiß; G – diamanten bis fettig; T – durchsichtig bis durchscheinend; D – 7,3; H – 3,5–4; SP – undeutlich; B – muschelig bis uneben; M – lang- bis kurzprismatische und pyramidale Kristalle, traubige Aggregate mit radialstrahliger Struktur, nadelförmige und erdige Aggregate, körnig.
Bildung und Fundorte: Sekundär in Pb-Lagerstätten, Begleitmineralien sind Pyromorphit und Goethit. Vollkommene, bis zu 2 cm lange Kristalle kommen aus Johanngeorgenstadt, Deutschland; Kampylit tritt in Drygill, England, GB zutage; Kristalle mit bis zu 5 cm Durchmesser fand man in Tsumeb, Namibia; in Santa Eulalia und San Pedro, Chihuahua, Mexiko. Schöne, bis zu 3 cm große, gelbe Kristalle wurden vor kurzem in der Provinz Hat Yai, Thailand gefunden.

Vanadinit

$Pb_5(VO_4)_3Cl$

HEXAGONAL ● ● ●

Eigenschaften: F – gelb, orange, rot, braun, gelbbraun; ST – weiß; G – diamanten bis fettig; T – durchsichtig bis durchscheinend; D – 6,9; H – 2,5–3; SP – keine; B – muschelig bis uneben; M – lang- bis kurzprismatische und pyramidale Kristalle, traubige Aggregate mit radialstrahliger Struktur, nadelförmige und erdige Aggregate, körnig.
Bildung und Fundorte: Sekundär in Pb-Lagerstätten, Begleitmineralien sind Pyromorphit, Wulfenit und Goethit. Vollkommene, bis zu 13 cm lange Kristalle kommen aus Djebel Mahseur und Mibladen, Marokko. Prismatische Kristalle wurden auch in Tsumeb, Namibia sowie in den Old Yuma, Red Cloud, Apache- und Mammoth-Minen, Arizona, USA gefunden.

Vanadinit 64 mm, Mibladen, Marokko

Atelestit 70 mm, Schneeberg, Deutschland

Atelestit
$Bi_2(AsO_4)O(OH)$

MONOKLIN ●

Eigenschaften: F – gelb, gelbgrün; ST – weiß; G – diamanten bis fettig; T – durchsichtig bis durchscheinend; D – 7,0; H – 4,5–5; SP – undeutlich; B – muschelig bis uneben; M – kleine tafelige Kristalle, kugelige Aggregate.
Bildung und Fundorte: Sekundär in der Oxidationszone von Bi-Lagerstätten. Vorkommen in Schneeberg, Deutschland.

Huréaulith
$Mn_5(PO_4)_2[PO_3(OH)]_2 \cdot 4\ H_2O$

MONOKLIN ● ● ●

Eigenschaften: F – orangerot, rosa, violett, weiß, grau; ST – weiß; G – glasartig; T – durchsichtig bis durchscheinend; D – 3,2; H – 3,5; SP – gut; B – uneben; M – prismatische bis tafelige Kristalle, Überzüge, körnig, massig.

Huréaulith 53 mm, Shingus, Pakistan

Variscit 30 mm, Fairfield, USA

Bildung und Fundorte: Sekundär in granitischem Pegmatit, als ein Umwandlungsprodukt primärer Phosphate, meist Lithiophilit, Triphylin und Graftonit. Violette Kristalle mit bis zu 5 cm Durchmesser stammen aus Shingus, Pakistan. Ähnliche Kristalle fand man in Hagendorf, Deutschland. Man kennt es auch aus Mangualde, Portugal; São Jose da Safira, Minas Gerais, Brasilien und von der Tip Top Mine, Custer, South Dakota, USA.

Variscit
$Al(PO_4) \cdot 2\ H_2O$

ORTHORHOMBISCH ● ● ●

Eigenschaften: F – farblos, grünlich, blaugrün; ST – weiß; G – glasartig; T – durchsichtig bis durchscheinend; D – 2,6; H – 3,5–4,5; SP – gut; B – uneben; M – isometrische Kristalle, traubige Aggregate, Knollen, Überzüge, massig.
Bildung und Fundorte: Hydrothermal auf Klüften von Sedimentgesteinen, reichhaltig in Al- und P- sowie in Phosphatlagerstätten. Begleitmineralien sind Apatit, Wavellit und andere Phosphate. Bekannte grünliche Knollen mit einem Durchmesser bis zu 30 cm stammen aus Clay Canyon, Fairfield, Utah, USA; Vorkommen auch in Ronneburg, Deutschland und Jivina bei Beroun, Tschechien.

Strengit
$Fe^{3+}(PO_4) \cdot 2\ H_2O$

ORTHORHOMBISCH ● ● ●

Eigenschaften: F – farblos, rosafarbig, rotviolett; ST – weiß; G – glasartig; T – durchsichtig bis durchscheinend; D – 2,8; H – 3,5–4,5; SP – gut; B – muschelig; M – isometrische, tafelige bis kurzprismatische Kristalle, traubige Aggregate mit radialstrahliger Struktur, Überzüge.
Bildung und Fundorte: Sekundär in granitischem Pegmatit, wo es durch die hydrothermale Substitution primärer Phosphate entsteht; in der Oxidations-

Strengit 34 mm, Svappavaara, Schweden

Skorodit x 10 mm, Zacatecas, Mexiko

zone von Fe-Lagerstätten, zusammen mit Goethit. Violette Kristalle mit bis zu 5 mm Durchmesser kommen aus der Bull Moose Mine, Custer, South Dakota, USA; auch bekannt aus Pleystein, Deutschland und aus Těškov, Tschechien.

Skorodit

$Fe^{3+}(AsO_4) \cdot 2\,H_2O$

ORTHORHOMBISCH ● ● ●

Eigenschaften: B – hellgrün, graugrün, olivgrün, farblos, blau, gelbbraun; ST – hellgrün; G – glasartig bis harzig; T – durchsichtig bis durchscheinend; D – 3,3; H – 3,5–4; SP – undeutlich; B – muschelig; M – bipyramidale bis kurzprismatische Kristalle, traubige und erdige Aggregate, Überzüge, körnig, massig.

Bildung und Fundorte: Sekundär in der Oxidationszone von Erzlagerstätten, Begleitmineralien sind Arsenkies, Löllingit und andere Arsenide; in granitischem Pegmatit; hydrothermal in Thermalquellen. Vollkommene Kristalle mit bis zu 5 cm Durchmesser kommen aus Tsumeb, Namibia; aus der Kiura-Mine, Oita, Japan und der Mina Ojuela, Mapimi, Durango, Mexiko; grüne, mehrere cm dicke Krusten fand man in Djebel Debar, Algerien.

Phosphophyllit 18 mm, Potosí, Bolivien

Ludlamit 36 mm, Morococala, Bolivien

Phosphophyllit

$Zn_2Fe(PO_4)_2 \cdot 4\ H_2O$

MONOKLIN ● ●

Eigenschaften: F – farblos, blaugrün, blau; ST – weiß; G – glasartig; T – durchsichtig bis durchscheinend; D – 3,1; H – 3–3,5; SP – gut; B – uneben; M – lang- bis kurzprismatische und dicktafelige Kristalle, körnig.
Bildung und Fundorte: Sekundär in der Oxidationszone von Erzlagerstätten; in granitischem Pegmatit, wo es primäre Phosphate ersetzt. Vollkommene Kristalle mit bis zu 14 cm Durchmesser kommen aus Sulfidhohlräumen in der Unificada-Mine, Potosí, Bolivien. Vorkommen auch in Hagendorf, Deutschland.

Ludlamit

$Fe_3(PO_4)_2 \cdot 4\ H_2O$

MONOKLIN ● ●

Eigenschaften: F – hellgrün, grün; ST – weiß; G – glasartig; T – durchsichtig bis durchscheinend; D – 3,2; H – 3,5; SP – vollkommen; B – uneben; M – dünn- bis dicktafelige Kristalle, körnig, massig.
Bildung und Fundorte: Sekundär in der Oxidationszone von Erzlagerstätten; in granitischem Pegmatit, wo es primäre Phosphate ersetzt. Vollkommene Kristalle mit bis zu 9 cm Durchmesser kennt man aus der San-Antonio-Mine, Santa Eulalia, Chihuahua, Mexiko. Vorkommen auch in Morococala, Bolivien und im Blackbird District, Idaho, USA.

Anapait

$Ca_2Fe(PO_4)_2 \cdot 4\ H_2O$

TRIKLIN ● ●

Eigenschaften: F – hell- bis dunkelgrün, farblos; ST – weiß; G – glasartig; T – durchsichtig bis durchscheinend; D – 2,8; H – 3,5; SP – vollkommen; B – uneben; M – dünn- bis dicktafelige Kristalle, rosettenartige Aggregate, körnig.
Bildung und Fundorte: Sekundär in der Oxidationszone von Fe-Lagerstätten und in Sedimentgesteinen, reichhaltig in P. Tafelige Kristalle mit mehreren mm Durchmesser und kugelige Aggregate mit einem Durchmesser bis zu 3 cm stammen aus Klüften in oolithischen Erzen bei Anapa und Kerch, Krim, Ukraine. Vorkommen auch in Bellaver de Cerdena, Spanien.

Vivianit

$Fe_3(PO_4)_2 \cdot 8\ H_2O$

MONOKLIN ● ● ● ●

Eigenschaften: F – farblos im frischen Zustand, oxidiert an der Luft schnell zu blau, grün, violett, schwarzblau; ST – weiß bis bläulich; G – glasartig; T – durchsichtig, durchscheinend bis undurchsichtig; D – 2,7; H – 1,5–2; SP – vollkommen; B – uneben; M – langprismatische bis nadelförmige Kristalle, faserige, erdige bis pulverige Aggregate, Überzüge, körnig, massig.
Bildung und Fundorte: Sekundär in der Oxidationszone von Fe-Lagerstätten; in granitischem Pegmatit, wo es durch die Substitution primärer Phosphate entsteht, und in Sedimentgesteinen in der Nähe von or-

Anapaitaggregate 18 mm, Anapa, Ukraine

ganischem Material; hydrothermal in Erzlagerstätten. Bis zu 1,5 cm lange Kristalle fand man in Tonsedimenten in Anloua, Kamerun; Kristalle mit bis zu 20 cm Durchmesser kennt man aus Morococala, Bolivien. Kleinere Kristalle kommen aus Trepča, Serbien; Leadville, Colorado, Bingham Canyon, Utah, USA; auch aus Kerch und Anapa, Krim, Ukraine.

Erythrin

$Co_3(AsO_4)_2 . 8 H_2O$

MONOKLIN ● ● ●

Eigenschaften: F – pfirsichblütenrot, farblos; ST – hellrosa bis weiß; G – glasartig; T – durchsichtig bis durchscheinend; D – 3,2; H – 1,5–2,5; SP – vollkommen; B – uneben; M – langprismatische, nadelförmige bis tafelige Kristalle, erdige Aggregate, Überzüge, körnig, massig.

Bildung und Fundorte: Sekundär in der Oxidationszone von Co-, Ni- und U-Lagerstätten. Bis zu 6 cm lange, tafelige Kristalle kommen aus Bou Azzer, Marokko. Weitere bedeutende Fundorte sind Schneeberg, Deutschland; Talmessi, Iran; Cobalt, Ontario, Kanada und Mt. Cobalt, Queensland, Australien.

Erythrin 29 mm, Mexiko

Vivianit 48 mm, Morococala, Bolivien

Annabergit 55 mm, Laurion, Griechenland

Annabergit

$Ni_3(AsO_4)_2 \cdot 8 H_2O$

MONOKLIN ● ● ●

Varietäten: Cabrerit (Mg-haltig).
Eigenschaften: F – hell- bis dunkelgrün, weiß; ST – weiß; G – glasartig; T – durchsichtig bis durchscheinend; D – 3,2; H – 1,5–2,5; SP – vollkommen; B – uneben; M – langprismatische bis nadelförmige und tafelige Kristalle, nadelförmige und erdige Aggregate, Überzüge, körnig, massig.
Bildung und Fundorte: Sekundär in der Oxidationszone von Ni-Lagerstätten, Begleitmineral ist Erythrin. Kristalle mit bis zu 5 mm Durchmesser treten in Çukurören, Türkei; Sierra Cabrera, Spanien und Laurion, Griechenland zutage. Bis zu 2 cm große Knollen kommen aus der Snowbird Mine, Montana, USA.

Symplesit

$Fe_3(AsO_4)_2 \cdot 8 H_2O$

TRIKLIN ● ●

Eigenschaften: F – bläulich, dunkelblau, hellgrün, schwarzgrün; ST – weiß; G – glasartig; T – durchsichtig bis durchscheinend; D – 3,0; H – 2,5; SP – vollkommen; B – uneben; M – nadelförmige bis tafelige Kristalle, kugelige Aggregate mit radialstrahliger Struktur, erdige Aggregate und Überzüge, körnig, massig.

Symplesit xx 12 mm, Baia Sprie, Rumänien

Pikropharmakolit 128 mm, Frankreich

Bildung und Fundorte: Sekundär in der Oxidationszone von Erzlagerstätten und in granitischem Pegmatit mit As-Mineralien, vor allem Arsenkies und Löllingit. Vorkommen in Schneeberg, Deutschland; Baia Sprie, Rumänien und Třebsko, Tschechien.

Pikropharmakolith

$Ca_4MgH_2(AsO_4)_4 \cdot 12\ H_2O$

TRIKLIN ● ●

Eigenschaften: F – farblos, weiß; ST – weiß; G – glasartig; T – durchsichtig bis durchscheinend; D – 2,6; H – 2,5; SP – vollkommen; B – uneben; M – nadelförmige Kristalle, kugelige Aggregate mit radialstrahliger Struktur, Überzüge.
Bildung und Fundorte: Sekundär in der Oxidationszone von Erzlagerstätten mit As-Mineralien, vor allem Arsenkies und Löllingit. Man kennt es auch aus Sainte-Marie-aux-Mines und Salsigne, Frankreich; Freiberg, Deutschland und Jáchymov, Tschechien.

Brushit

$CaH(PO_4) \cdot 2\ H_2O$

MONOKLIN ● ●

Eigenschaften: F – farblos, weiß; ST – weiß; G – glasartig, perlmuttartig auf spaltbaren Flächen; T – durchsichtig bis durchscheinend; D – 2,3; H – 2,5; SP – vollkommen; B – uneben; M – prismatische, nadelförmige bis tafelige Kristalle, erdige Aggregate und Überzüge, massig.

Brushit xx 4 mm, Domica, Slowakei

Legrandit xx 25 mm, Mapimi, Mexiko

Bildung und Fundorte: Sekundär auf Exkrementen und Knochen von Fledermäusen und Vögeln, es imprägniert Knochen und tritt an Klüften in Phosphoriten auf. Tafelige Kristalle mit bis zu 2 cm Durchmesser kommen aus Quercy, Frankreich. Vorkommen auch bei Oran, Algerien und Pig Hole, Virginia, USA.

Legrandit

$Zn_2(AsO_4)(OH) \cdot H_2O$

MONOKLIN ● ●

Eigenschaften: F – farblos, gelb, violett; ST – weiß; G – glasartig; T – durchsichtig bis durchscheinend; D – 4,0; H – 4,5; SP – undeutlich; B – uneben; M – langprismatische Kristalle und ihre Verwachsungen, radialstrahlige Aggregate.
Bildung und Fundorte: Sekundär in der Oxidationszone von Zn-Lagerstätten und in Pegmatiten. Prismatische, bis zu 25 cm lange Kristalle fand man in der Mina Ojuela, Mapimi, Durango, Mexiko. Vorkommen auch in Galiléia, Minas Gerais, Brasilien und Tsumeb, Namibia.

Euchroit xx 10 mm, Ľubietová, Slowakei

Strunzit xx 10 mm, Hagendorf, Deutschland

Euchroit

$Cu_2(AsO_4)(OH) \cdot 3\ H_2O$

ORTHORHOMBISCH ● ●

Eigenschaften: F – smaragdgrün; ST – weiß; G – glasartig; T – durchsichtig bis durchscheinend; D – 3,5; H – 3,5–4; SP – undeutlich; B – muschelig bis uneben; M – kurzprismatische bis dicktafelige Kristalle, massig.

Bildung und Fundorte: Sekundär in der Oxidationszone von Cu-Lagerstätten, Begleitmineralien sind Olivenit und Malachit. Dicktafelige, bis zu 3 cm große Kristalle stammen aus L'ubietová, Slowakei. Weitere Vorkommen in Zapačica, Bulgarien und Chessy, Frankreich.

Vauxit xx 20 mm, Llallagua, Bolivien

Vauxit

$FeAl_2(PO_4)_2(OH)_2 \cdot 6\ H_2O$

TRIKLIN ● ●

Eigenschaften: F – hell- bis dunkelblau; ST – weiß; G – glasartig; T – durchsichtig bis durchscheinend; D – 2,4; H – 3,5; SP – keine; B – uneben; M – tafelige Kristalle, radialstrahlige Aggregate, massig.

Bildung und Fundorte: Sekundär in der Oxidationszone von Sn-Lagerstätten, Begleitmineral ist Wavellit. Kristalle treten in der Siglo XX Mine, Llallagua, Bolivien zutage.

Strunzit

$MnFe^{3+}{}_2(PO_4)_2(OH)_2 \cdot 6\ H_2O$

MONOKLIN ● ● ●

Eigenschaften: F – hellgelb, gelbbraun; ST – gelblich; G – glasartig; T – durchsichtig bis durchscheinend; D – 2,5; H – unbestimmt; SP – unbestimmt; B – uneben; M – nadelförmige Kristalle, nadelförmige und faserige Aggregate.

Bildung und Fundorte: Sekundär in granitischem Pegmatit, als ein Verwitterungsprodukt primärer Phosphate, meist Triphylin; selten hydrothermal auf Klüften Fe-reicher Sedimentgesteine. Nadelförmige Kristalle mit bis zu 2 cm Durchmesser kennt man aus Hagendorf, Deutschland; den Minen Palermo No. 1 und No. 2, North Groton und der Fletcher Mine, Groton, New Hampshire, USA.

Kakoxen xx 1 mm, Hellertown, Pennsylvania, USA

Beraunitaggreate 3 mm, Nekézsény, Ungarn

Kakoxen

$(Fe^{3+},Al)_{25}(PO_4)_{17}O_6(OH)_{12} \cdot 75\ H_2O$

HEXAGONAL ●●●

Eigenschaften: F – hellgelb, gelbbraun, orange; ST – gelb; G – seiden; T – durchsichtig bis durchscheinend; D – 2,3; H – 3–4; SP – unbestimmt; B – uneben; M – nadelförmige und faserige Aggregate, oft mit radialstrahliger Struktur, traubige Krusten und Überzüge.

Bildung und Fundorte: Hydrothermal auf Klüften sedimentärer Fe-Erze, Begleitmineral ist Wavellit; selten sekundär in granitischem Pegmatit, als ein Verwitterungsprodukt primärer Phosphate. Kristalle mit bis zu 1 cm Durchmesser kommen aus der Horcajo-Mine, Ciudad Real, Spanien; goldgelbe, nadelförmige Aggregate treten in Hrbek bei Svatá Dobrotivá und Třenice, Tschechien sowie in Amberg, Deutschland zutage.

Beraunit

$Fe^{2+}Fe^{3+}_5(PO_4)_4(OH)_5 \cdot 4\ H_2O$

MONOKLIN ●●

Eigenschaften: F – rotbraun, rot, graugrün; ST – gelb bis grünlich braun; G – glasartig bis matt; T – durchscheinend; D – 3,0; H – 3,5–4; SP – gut; B – uneben; M – nadelförmige Aggregate, oft mit radialstrahliger Struktur, traubige Krusten und Überzüge.

Bildung und Fundorte: Hydrothermal auf Klüften sedimentärer Fe-Erze, normalerweise zusammen mit Wavellit; sekundär in granitischem Pegmatit, als ein Verwitterungsprodukt primärer Phosphate. Nadelförmige Aggregate mit bis zu 1 cm Durchmesser kennt man vom Indian Mt., Alabama, USA; Vorkommen auch in Hrbek bei Svatá Dobrotivá, Tschechien und Amberg, Deutschland.

Diadochit

$Fe^{3+}_2(PO_4)(SO_4)(OH) \cdot 5\ H_2O$

TRIKLIN ●●●

Eigenschaften: F – gelbbraun, braun, rotbraun, gelbgrün, graugrün; ST – gelb bis hellbraun; G – matt, wachsartig; T – durchscheinend bis undurchsichtig; D – 2,0–2,4; H – 3; SP – unbestimmt; B – uneben, muschelig, erdig; M – Knollen, Überzüge und Krusten, massig.

Bildung und Fundorte: Sekundär in der Oxidationszone von Fe-Lagerstätten. Diadochithöhlen in verlassenen Gruben kennt man aus Saalfeld, Deutschland; Knollen fand man in New Idria, California und Eureka, Nevada, USA.

Diadochit 40 mm, Récsk, Ungarn

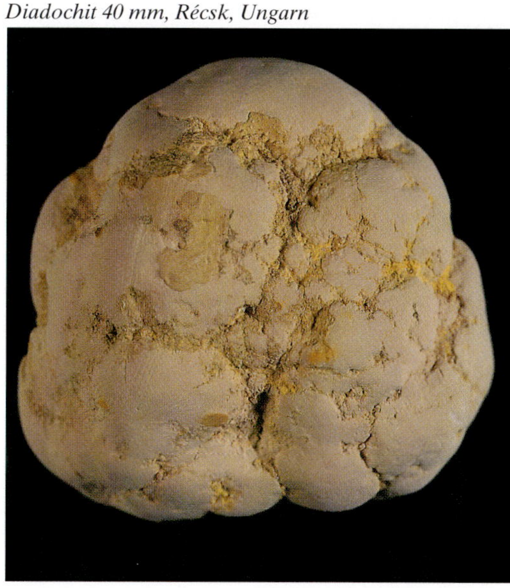

Wavellit 40 mm, Třenice, Tschechien

Eosphorit xx 4 mm, Lavra de Ilha, Brasilien

Wavellit

$Al_3(PO_4)_2(OH,F)_3 \cdot 5\ H_2O$

ORTHORHOMBISCH ● ● ●

Eigenschaften: F – farblos, weiß, grünlich, blaugrün, grün, gelblich; ST – weiß; G – glasartig bis perlmuttartig; T – durchsichtig bis durchscheinend; D – 2,4; H – 3,5–4; SP – vollkommen; B – uneben; M – isometrische Kristalle, halbkugelige Aggregate mit radialstrahliger Struktur, traubige Aggregate, Knollen, Überzüge, massig.
Bildung und Fundorte: Hydrothermal auf Klüften Al- und P-reicher Sedimente, auch in Phosphatlagerstätten, auf Erzgängen und in Pegmatiten. Schöne halbkugelige Aggregate mit einem Durchmesser bis zu 4 cm treten in Pencil, Garland und Magnet Cove, Arkansas, USA zutage. Vorkommen auch in Třenice und Mílina, Tschechien und Ronneburg, Deutschland.

Eosphorit

$MnAl(PO_4)(OH)_2 \cdot H_2O$

ORTHORHOMBISCH ● ●

Eigenschaften: F – rosafarbig, farblos, weiß, bräunlich, rotbraun; ST – weiß; G – glasartig bis perlmuttartig; T – durchsichtig bis durchscheinend; D – 3,1; H – 5; SP – undeutlich; B – uneben bis muschelig; M – lang- bis kurzprismatische Kristalle, radialstrahlige Aggregate, körnig.
Bildung und Fundorte: Sekundär in granitischem Pegmatit, als ein Produkt hydrothermaler Verdrängung primärer Phosphate. Bis zu 10 cm lange Kristalle fand man in der Joao-Modesto-dos-Santos-Mine, Minas Gerais, Brasilien. Vorkommen auch in Rapid Creek, Yukon, Kanada.

Türkis

$CuAl_6(PO_4)_4(OH)_8 \cdot 4\ H_2O$

TRIKLIN ● ● ●

Eigenschaften: F – blau, blaugrün, grün; ST – weiß; G – wachsartig; T – durchsichtig, durchscheinend bis undurchsichtig; D – 2,9; H – 5–6; SP – gut; B – muschelig bis uneben; M – kurzprismatische Kristalle, traubige Aggregate, Überzüge, massig.
Bildung und Fundorte: Sekundär im Oberflächenbereich von Gesteinen mit erhöhten P- und Cu-Gehalt, z. B. in der Oxidationszone einiger Cu-Lagerstätten. Kleine Kristalle traten bei Lynch Station, Virginia, USA zutage. Massige blaue und blaugrüne Konkretionen kommen vom Ali Mirsai bei Maden, Iran. Weitere Fundorte sind Cortez, Nevada, Los Cerillos und Eureka, New Mexico sowie Bisbee, Arizona, USA.
Verwendung: Beliebter Edelstein.

Türkisaggregate 3 mm, Humboldt Co., USA

Chalkosiderit

$CuFe^{3+}_6(PO_4)_4(OH)_8 \cdot 4\ H_2O$

TRIKLIN ● ●

Eigenschaften: F – dunkelgrün; ST – weiß; G – glasartig; T – durchsichtig bis durchscheinend; D – 3,3; H – 4,5; SP – gut; B – muschelig bis uneben; M – kurzprismatische Kristalle, Überzüge.

Bildung und Fundorte: Sekundär in der Oxidationszone einiger Cu-Lagerstätten, zusammen mit Goethit, Dufrenit und Pharmakosiderit. Vorkommen in Bisbee, Arizona, USA; in der Wheal Phoenix Mine, Cornwall, England, GB; in Schneckenstein, Deutschland und Horní Slavkov, Tschechien.

Türkis 50 mm, Kasachstan

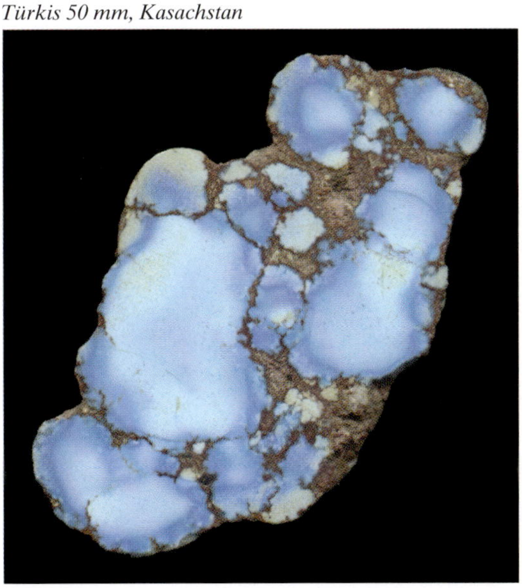

Chalkosiderit 90 mm, Cornwall, Großbritannien

Chenevixit 100 mm, Chuquicamata, Chile

Tirolit 90 mm, Novoveská Huta, Slowakei

Chenevixit

$Cu_2Fe^{3+}{}_2(AsO_4)_2(OH)_4 \cdot H_2O$

MONOKLIN ●

Eigenschaften: F – dunkelgrün, olivgrün bis gelbgrün; ST – gelbgrün; G – fettig; T – durchscheinend; D – 3,9; H – 3,5–4,5; SP – unbestimmt; B – muschelig bis uneben; M – erdige Aggregate, Überzüge, massig.
Bildung und Fundorte: Sekundär in der Oxidationszone von Cu-Lagerstätten, Begleitmineralien sind Malachit, Tirolit, Azurit und andere Mineralien. Massige Aggregate treten in der Mammoth Mine, Tintic, Utah, USA zutage; auch in Klein Spitzkopje, Namibia.

Tirolit

$CaCu_5(AsO_4)_2(CO_3)(OH)_4 \cdot 6\ H_2O$

ORTHORHOMBISCH ● ● ●

Eigenschaften: F – apfelgrün, grünblau bis blau; ST – hellgrün bis blaugrün; G – glasartig bis perlmuttartig; T – durchsichtig bis durchscheinend; D – 3,3; H – 2; SP – vollkommen; B – uneben; M – schuppige und fächerförmige Aggregate, Überzüge und Krusten.
Bildung und Fundorte: Sekundär in der Oxidationszone von Cu-Lagerstätten, häufig in Begleitung von Chalkophyllit. Reichhaltige Aggregate treten in der Majuba Hill Mine, Nevada und auch in Tintic, Utah, USA auf. Vorkommen auch in Brixlegg, Österreich; Saalfeld und Schneeberg, Deutschland sowie in Novoveská Huta, Slowakei.

Delvauxit

$CaFe^{3+}{}_4(PO_4,SO_4)(OH)_8 \cdot 4\text{-}6\ H_2O$

AMORPH ● ● ●

Eigenschaften: F – gelbbraun, braun, rotbraun, schwarzbraun; ST – gelb; G – fettig, wachsartig; T – durchscheinend bis undurchsichtig; D – 1,8–2,0; H – 2,5; SP – unbestimmt; B – muschelig, erdig; M – Knollen, stalaktitisch, Überzüge und Krusten, massig.
Bildung und Fundorte: Sekundär in der Oxidationszone von Fe-Lagerstätten. Knollen mit bis zu 50 cm Durchmesser treten in Nučice und Chvaletice, Tschechien zutage. Man kennt es auch aus Berneau und Richelle, Belgien; Železník, Slowakei und Kerch, Krim, Ukraine.

Delvauxit 80 mm, Nučice, Tschechien

Bukovskyit 40 mm, Kaňk, Tschechien

Bukovskyit

$Fe^{3+}_2(AsO_4)(SO_4)(OH) \cdot 7\,H_2O$

TRIKLIN ●

Eigenschaften: F – gelbgrün, graugrün; ST – gelblich weiß; G – matt bis erdig; T – durchscheinend bis undurchsichtig; D – 2,3; H – unbestimmt; SP – unbestimmt; B – erdig; M – traubige Aggregate und Knollen.

Bildung und Fundorte: Sekundär auf alten Abraumhalden, wo es als ein Verwitterungsprodukt von Arsenkies entsteht. Bis zu 60 cm große Knollen treten bei den mittelalterlichen Halden in Kaňk bei Kutná Hora, Tschechien zutage.

Chalkophyllit 36 mm, Chile

Veszelyit

$(Cu,Zn)_3(PO_4)(OH)_3 \cdot 2\,H_2O$

MONOKLIN ● ●

Eigenschaften: F – grün, blaugrün, dunkelblau; ST – grün; G – glasartig; T – durchscheinend; D – 3,4; H – 3,5–4; SP – gut; B – uneben; M – kurzprismatische bis tafelige Kristalle, körnig.

Bildung und Fundorte: Sekundär in der Oxidationszone von Cu-Zn-Lagerstätten. Kristalle mit bis zu 5 cm Durchmesser fand man in der Black Pine Mine, Philipsburg, Montana, USA. Vorkommen auch in Moraviţa, Rumänien; Arakawa, Japan und Wanlockhead, Schottland, GB.

Chalkophyllit

$Cu_{18}Al_2(AsO_4)_3(SO_4)_3(OH)_{27} \cdot 36\,H_2O$

TRIGONAL ● ● ●

Eigenschaften: F – smaragdgrün, blaugrün; ST – hellgrün; G – glasartig, perlmuttartig; T – durchsichtig bis durchscheinend; D – 2,6; H – 2; SP – vollkommen; B – uneben; M – tafelige Kristalle, schuppige, fächerförmige Aggregate, Überzüge, massig.

Bildung und Fundorte: Sekundär in der Oxidationszone von Cu-Lagerstätten, normalerweise mit dem Begleitmineral Tirolit. Reichhaltige Aggregate treten in Majuba Hill, Nevada und im Tintic Dstrict, Utah, USA zutage. Schöne Exemplare kommen auch aus Novoveská Huta und Piesky, Slowakei; Nizhniy Tagil, Ural, Russische Föderation und Cap Garrone, Frankreich.

Veszelyit x 13 mm, Philipsburg, USA

Lirokonit 86 mm, Großbritannien

Lirokonit

$Cu_2Al(AsO_4)(OH)_4 \cdot 4\,H_2O$

MONOKLIN ● ●

Eigenschaften: F – blau, grün; ST – hellblau; G – glasartig bis harzig; T – durchsichtig bis durchscheinend; D – 3,0; H – 2–2,5; SP – undeutlich; B – muschelig bis uneben; M – linsenförmige, bipyramidale Kristalle, massig.
Bildung und Fundorte: Sekundär in der Oxidationszone von Cu-Lagerstätten, zusammen mit Olivenit, Malachit und Azurit. Vollkommene Kristalle mit bis zu 3 cm Durchmesser kommen aus Redruth und St. Day, Cornwall, England, GB. Man kennt es auch aus Cerro Gordo, California, USA.

Evansit

$Al_3(PO_4)(OH)_6 \cdot 6\,H_2O$

AMORPH ● ● ●

Eigenschaften: F – farblos, weiß, grünlich, hellblaugrün, gelblich; ST – weiß; G – glasartig, harzig, wachsartig; T – durchsichtig bis durchscheinend; D – 1,8–2,2; H – 3–4; SP – keine; B – muschelig; M – traubige, stalaktitische und halbkugelige Aggregate und Überzüge.
Bildung und Fundorte: Sekundär in der Oxidationszone von Fe-Lagerstätten, reichhaltig in P, Begleitmineralien sind Allophan und Goethit. Ergiebige stalaktitische Aggregate kommen aus Železník, Slowakei und aus Épernay, Frankreich.

Whiteit-(CaFeMg)

$CaFeMg_2Al_2(PO_4)_4(OH)_2 \cdot 8\,H_2O$

MONOKLIN ● ●

Eigenschaften: F – braun; ST – weiß; G – glasartig; T – durchsichtig bis durchscheinend; D – 2,6; H – 4; SP – gut; B – uneben; M – kurzprismatische Kristalle.
Bildung und Fundorte: Hydrothermal in Spalten P-reicher Sedimente. Vollkommene Kristalle mit bis zu 2 cm Durchmesser kommen aus Big Fish River, Yukon, Kanada. Bis zu 5 mm große Kristalle kennt man aus Lavra da Ilha de Taquaral, Minas Gerais, Brasilien.

Evansitaggregate 5 mm, Sirk-Železník, Slowakei

Whiteit-(CaFeMg) 65 mm, Yukon Territory, Kanada

Jahnsit-(CaMnMg) 60 mm, Custer, USA

Wardit 48 mm, Yukon Territory, Kanada

Jahnsit-(CaMnMg)

$CaMnMg_2Fe^{3+}{}_2(PO_4)_4(OH)_4 . 8\ H_2O$

MONOKLIN ● ●

Eigenschaften: F – gelb, hell- bis dunkelbraun; ST – hellgelb; G – glasartig; T – durchsichtig bis durchscheinend; D – 2,6; H – unbestimmt; SP – gut; B – uneben; M – kurz- bis langprismatische Kristalle, körnig.
Bildung und Fundorte: Sekundär in granitischem Pegmatit, wo es durch Substitution primärer Phosphate entsteht. Vollkommene Kristalle mit bis zu 1 cm Durchmesser treten in der Tip Top Mine, Custer, South Dakota, USA zutage. Man kennt es auch aus Hagendorf, Deutschland.

Wardit

$NaAl_3(PO_4)_2(OH)_4 . 2\ H_2O$

TETRAGONAL ● ● ●

Eigenschaften: F – farblos, weiß, grünlich, hellblaugrün; ST – weiß; G – glasartig; T – durchsichtig bis durchscheinend; D – 2,8; H – 5; SP – vollkommen; B – uneben; M – bipyramidale Kristalle, radialstrahlige und halbkugelige Aggregate, Überzüge, Krusten, körnig.
Bildung und Fundorte: Sekundär in granitischem Pegmatit, wo es durch Substitution primärer Phosphate entsteht; hydrothermal in Spalten P-reicher Sedimente. Vollkommene Kristalle mit bis zu 3 cm Durchmesser kommen aus Rapid Creek, Yukon, Kanada. Vorkommen auch in Piedras Lavradas, Paraíba, Brasilien.

Cyrilovit

$NaFe^{3+}{}_3(PO_4)_2(OH)_4 . 2\ H_2O$

TETRAGONAL ● ●

Eigenschaften: F – gelb, orange, braungelb; ST – gelb; G – glasartig; T – durchsichtig bis durchscheinend; D – 3,1; H – 4; SP – gut; B – muschelig; M – tafelige und bipyramidale Kristalle, Überzüge und Krusten.
Bildung und Fundorte: Sekundär in granitischem Pegmatit, wo es durch Substitution primärer Phosphate entsteht. Kleine Kristalle treten in Cyrilov, Tschechien; Hagendorf, Deutschland und Sapucaia, Minas Gerais, Brasilien auf.

Cyrilovit 60 mm, Iron Monarch, Australien

Pharmakosiderit 35 mm, Großbritannien

Arseniosiderit 3 mm, Nagybörszöny, Ungarn

Lavendulan 36 mm, Chile

Mixit 70 mm, Cinovec, Tschechien

Pharmakosiderit

$KFe^{3+}{}_4(AsO_4)_3(OH)_4 \cdot 6\ H_2O$

KUBISCH ●●●

Eigenschaften: F – grün, gelbbraun, braun; ST – weiß; G – diamanten bis fettig; T – durchsichtig bis durchscheinend; D – 2,8; H – 2,5; SP – undeutlich; B – uneben; M – kubische Kristalle, Überzüge, Krusten, körnig, massig.
Bildung und Fundorte: Sekundär in granitischem Pegmatit und in der Oxidationszone von Erzlagerstätten, wo es durch Substitution von Arsenkies und Löllingit entsteht. Kubische Kristalle mit bis zu 1 cm Durchmesser treten in St. Day, Liskeard und Redruth, Cornwall, England, GB zutage. Weitere Vorkommen in der Majuba Hill Mine, Nevada, USA; Horhausen, Deutschland und Cap Garrone, Frankreich.

Arseniosiderit

$CaFe^{3+}{}_3(AsO_4)_3O_2 \cdot 3\ H_2O$

MONOKLIN ●●

Eigenschaften: F – gelb, hell- bis dunkelbraun; ST – gelb; G – metallartig bis seiden; T – undurchsichtig; D – 3,6; H – 1,5; SP – gut; B – uneben; M – faserige und erdige Aggregate, Überzüge, Krusten, massig.
Bildung und Fundorte: Sekundär in der Oxidationszone von Erzlagerstätten und in granitischem Pegmatit, wo es durch Substitution von Arsenkies und Löllingit entsteht. Ergiebige Aggregate treten in Romanché, Frankreich zutage. Weitere Vorkommen in der Eureka Mine, Tintic, Utah, USA und in Wittichen, Deutschland.

Lavendulan

$NaCaCu_5(AsO_4)_4Cl \cdot 5\ H_2O$

ORTHORHOMBISCH ●●

Eigenschaften: F – hellblauviolett, blau; ST – weiß; G – glasartig bis wachsartig; T – durchscheinend; D – 3,5; H – 2,5; SP – gut; B – uneben; M – nadelförmige Kristalle, nadelförmige und erdige Aggregate, Überzüge.
Bildung und Fundorte: Sekundär in der Oxidationszone von Co-, Cu- und Ni-Lagerstätten, als Verwitterungsprodukt von Arsenid, Begleitmineral ist Erythrin. Reichhaltige nadelförmige Aggregate kommen aus Talmessi und Anarak, Iran. Kleine Kristalle fand man in der Blanca-Mine, San Juan, Chile und in Annaberg, Deutschland. Kristalle mit bis zu 4 mm Durchmesser treten in der Gold Hill Mine, Utah, USA zutage.

Kovdorskit x 15 mm, Kovdor, Russische Föderation

Kovdorskit

$Mg_5(PO_4)_2(CO_3)(OH)_2 \cdot 4,5\ H_2O$

MONOKLIN ●

Eigenschaften: F – hellrosabraun, weiß, blau; ST – weiß; G – glasartig; T – durchsichtig bis durchscheinend; D – 2,6; H – 4; SP – keine; B – muschelig bis uneben; M – tafelige Kristalle, massig.
Bildung und Fundorte: Hydrothermal, Begleitmineralien sind Magnesit, Magnetit und andere Mineralien. Blaue und rosabraune Kristalle mit bis zu 2,5 cm Durchmesser kommen aus der Zheleznyi-Mine, Kovdor, Kola-Halbinsel, Russische Föderation.

Mixit

$BiCu_6(AsO_4)_3(OH)_6 \cdot 3\ H_2O$

HEXAGONAL ● ●

Eigenschaften: F – smaragdgrün, blaugrün, hellblau, hellgrün, weißlich; ST – hellgrün, hellblau; G – diamanten bis matt; T – durchscheinend; D – 3,8; H – 3–4; SP – unbestimmt; B – uneben; M – nadelförmige Kristalle, nadelförmige und erdige Aggregate, Überzüge, massig.
Bildung und Fundorte: Sekundär in der Oxidationszone von Bi- und Cu-Lagerstätten, zusammen mit Wismutglanz. Vorkommen in Jáchymov, Tschechien; in Tintic, Utah, USA; Schneeberg und Wittichen, Deutschland.

Torbernit

$Cu(UO_2)_2(PO_4)_2 \cdot 8\text{-}12\ H_2O$

TETRAGONAL ● ● ●

Eigenschaften: F – smaragdgrün bis grasgrün; ST – hellgrün; G – glasartig bis matt, perlmuttartig auf Spaltflächen; T – durchsichtig bis durchscheinend; D – 3,3; H – 2–2,5; SP – vollkommen; B – uneben; M – tafelige bis pyramidale Kristalle, erdige Aggregate, Überzüge, körnig, massig; A – stark radioaktiv.
Bildung und Fundorte: Sekundär in der Oxidationszone von U-Lagerstätten, auch in Pegmatiten und Sedimentgesteinen, als ein hydrothermales Umwandlungsprodukt von Uranpecherz und anderen U-Mineralien. Begleitmineralien sind Autunit und andere sekundäre U-Mineralien. Smaragdgrüne, tafelige Kristalle mit mehreren cm Durchmesser stammen aus Sabugal, Portugal; Jáchymov, Tschechien; Shinkolobwe, Dem. Rep. Kongo; Bois-Noirs, Frankreich; Moctezuma, Mexiko und vielen Fundorten im Colorado Plateau, Utah, USA. Schöne Kristalldrusen mit bis zu 2 cm Durchmesser wurden vor kurzem in der Margabal-Mine, Aveyron, Frankreich entdeckt.
Verwendung: U-Erz.

Torbernit 120 mm, Katanga, Dem. Rep. Kongo

Autunit xx 15 mm, Troncasa, Portugal

Nováčekit 70 mm, Brumado, Brasilien

Autunit

$Ca(UO_2)_2(PO_4)_2 \cdot 10\text{-}12\ H_2O$

TETRAGONAL ● ● ●

Eigenschaften: F – hell- bis dunkelgelb, gelbgrün bis grün; ST – hellgelb; G – glasartig bis matt; T – durchsichtig bis durchscheinend; D – 3,1; H – 2–2,5; SP – vollkommen; B – uneben; M – tafelige Kristalle, blättrige, schuppige, erdige und pulverige Aggregate, Überzüge, massig; LU – gelbgrün; A – stark radioaktiv.

Bildung und Fundorte: Sekundär in der Oxidationszone von U-Lagerstätten, in Pegmatiten und in einigen U-reichen Sedimentgesteinen, als ein hydrothermales Umwandlungsprodukt von Uranpecherz und anderen U-Mineralien. Es kommt häufig zusammen mit Torbernit und anderen sekundären U-Mineralien vor. Tafelige Kristalle mit bis zu 3 cm Durchmesser kommen aus Schneeberg und Johanngeorgenstadt, Deutschland und Autun, Frankreich. Man kennt es auch aus Rum Jungle, Northern Territory, Australien; St. Austel, Cornwall, England, GB; Mt. Spokane, Washington, USA und Jáchymov, Tschechien.

Verwendung: U-Erz.

Uranocircit

$Ba(UO_2)_2(PO_4)_2 \cdot 10\ H_2O$

TETRAGONAL ● ●

Eigenschaften: F – hell- bis dunkelgelb, hellgelbgrün; ST – hellgelb; G – glasartig bis matt, perlmuttartig auf Spaltflächen; T – durchsichtig bis durchscheinend; D – 3,5; H – 2–2,5; SP – vollkommen; B – uneben; M –

Uranocircit 78 mm, Minas Gerais, Brasilien

Zeunerit xx 5 mm, Cinovec, Tschechien

tafelige Kristalle, blättrige und erdige Aggregate, pulverige Überzüge, massig; LU – grün; A – stark radioaktiv.
Bildung und Fundorte: Sekundär in der Oxidationszone von U-Lagerstätten. Gelbe, tafelige Kristalle mit bis zu 1 cm Durchmesser traten in Damětice, Tschechien; Bergen und Wölsendorf, Deutschland sowie in der São Pedro Mine, Suaçui, Minas Gerais, Brasilien zutage.

Novacekit
$Mg(UO_2)_2(AsO_4)_2 \cdot 10\ H_2O$

TETRAGONAL ● ●

Eigenschaften: F – strohgelb, hellgelb; ST – hellgelb; G – glasartig bis matt; T – durchsichtig bis durchscheinend; D – 3,7; H – 2,5; SP – vollkommen; B – uneben; M – tafelige Kristalle, blättrige, erdige und pulverige Aggregate, massig; LU – dunkelgrün; A – stark radioaktiv.
Bildung und Fundorte: Sekundär in der Oxidationszone von U-Lagerstätten. Tafelige Kristalle mit bis zu 5 cm Durchmesser stammen aus der Pedra-Preta-Mine, Brumado, Bahía, Brasilien. Blättrige Aggregate kennt man aus Zálesí, Tschechien; Aldama, Chihuahua, Mexiko und Wittichen, Deutschland.

Zeunerit
$Cu(UO_2)_2(AsO_4)_2 \cdot 10\text{-}16\ H_2O$

TETRAGONAL ● ●

Eigenschaften: F – smaragdgrün, gelbgrün; ST – hellgrün; G – glasartig bis matt; T – durchsichtig bis durchscheinend; D – 3,4; H – 2,5; SP – vollkommen; B – uneben; M – tafelige Kristalle, blättrige Aggregate, massig; A – stark radioaktiv.
Bildung und Fundorte: Sekundär in der Oxidationszone von U-Lagerstätten. Tafelige Kristalle mit bis zu 3 cm Durchmesser kommen aus the Pedra-Preta-Mine, Brumado, Bahía, Brasilien. Man kennt es auch aus Zálesí, Tschechien und Schneeberg, Deutschland.

Carnotit
$K_2(UO_2)_2(VO_4)_2 \cdot 3\ H_2O$

MONOKLIN ● ● ●

Eigenschaften: F – hell- bis dunkelgelb, gelbgrün; ST – hellgelb; G – matt; T – durchsichtig bis durchscheinend, undurchsichtig; D – 4,9; H – unbestimmt; SP – vollkommen; B – uneben; M – erdige Aggregate, massig; A – stark radioaktiv.
Bildung und Fundorte: Sekundär in der Oxidationszone von sedimentären U-Lagerstätten, normalerweise in Begleitung von Tyuyamunit. Plattige Kristalle mit bis zu 2 mm Durchmesser fand man in der Mashamba-West-Mine, Dem. Rep. Kongo. Erdige und pulverige Aggregate treten in vielen Fundorten

Carnotit 55 mm, Utah, USA

im Colorado Plateau zutage, z. B. in Paradox Valley, Colorado und La Sal, Utah, USA. Man kennt es auch aus Tyuya Muyun, Usbekistan und Radium Hill, Southern Australia, Australien.
Verwendung: U- und V-Erz.

Tyuyamunit
$Ca(UO_2)_2(VO_4)_2 \cdot 5\text{-}8\ H_2O$

ORTHORHOMBISCH ● ● ●

Eigenschaften: F – gelbgrün, kanariengelb; ST – hellgelb; G – seiden bis diamanten; T – durchscheinend bis undurchsichtig; D – 3,6; H – 2; SP – vollkommen; B – uneben; M – erdige Aggregate, massig; LU – schwach gelbgrün; A – stark radioaktiv.
Bildung und Fundorte: Sekundär in der Oxidationszone sedimentärer U-Lagerstätten, zusammen mit Carnotit. Vorwiegend erdige und pulverige Aggregate sind vielerorts im Colorado Plateau zu finden, z. B. in Paradox Valley, Colorado und Red Creek, Utah, USA. Erste Funde in Tyuya Muyun, Usbekistan.
Verwendung: U- und V-Erz.

Tyuyamunit 80 mm, Fergana, Usbekistan

9. Silikate

Phenakit

Be_2SiO_4

TRIGONAL ● ● ●

Eigenschaften: F – farblos, weiß, gelblich; ST – weiß; G – stark glasartig; T – durchsichtig bis durchscheinend; D – 3,0; H – 8; SP – undeutlich; B – muschelig; M – langprismatische bis tafelige Kristalle, radialstrahlige Aggregate, körnig.
Bildung und Fundorte: Magmatisch in granitischem Pegmatit; hydrothermal in Greisen; metamorph in Glimmerschiefer, Begleitmineralien sind Beryll, Chrysoberyll, Apatit und Quarz. Prismatische, bis zu 25 cm lange Kristalle traten in Kragerö, Norwegen zutage. Man kennt es auch aus São Miguel de Piracicaba, Minas Gerais, Brasilien, wo bis zu 10 cm lange Kristalle auftreten. Weitere Fundorte sind Habachtal, Österreich; Malyshevo, Russische Föderation und Anjanabonoina, Madagaskar.
Verwendung: Teilweise Gewinnung als Edelstein.

Phenakit x 200 mm, Kragerö, Norwegen

Willemit

Zn_2SiO_4

TRIGONAL ● ● ●

Eigenschaften: F – weiß, gelblich, grau, grün; ST – weiß; G – glasartig; T – durchscheinend; D – 4,0; H – 5,5; SP – gut; B – muschelig bis uneben; M – prismatische bis tafelige Kristalle, radialstrahlige Aggregate, körnig; LU – deutlich hellgrün.
Bildung und Fundorte: Metamorph in Marmor; sekundär in der Oxidationszone von Erzlagerstätten, Begleitmineralien sind Zinkit, Franklinit, Hemimorphit und Smithsonit. Kristalle mit bis zu 10 cm Durchmesser kommen aus Franklin, New Jersey, USA und Mont St.-Hilaire, Québec, Kanada.
Verwendung: Mitunter als Zn-Erz.

links: Topas 60 mm, Thomas Range, USA
Willemit 76 mm, Tsumeb, Namibia

Forsterit 40 mm, Suppat, Pakistan

Forsterit

OLIVINGRUPPE

Mg_2SiO_4

ORTHORHOMBISCH ● ● ● ●

Eigenschaften: F – gelblich, grünlich, farblos; ST – weiß; G – glasartig; T – durchsichtig bis undurchsichtig; D – 3,3; H – 6,5–7; SP – gut; B – muschelig bis uneben; M – tafelige bis prismatische Kristalle, körnig.

Bildung und Fundorte: Metamorph in regional- und kontaktmetamorphen Dolomiten. Typisches gesteinsbildendes Mineral, Begleitmineralien sind Enstatit, Spinell, Phlogopit und Chlorit. Grün glänzende, bis zu 8 cm lange Kristalle stammen aus Suppat, Pakistan. Vorkommen auch in Crestmore, California, USA, Timobly Mt., British Columbia, Kanada und Monte Somma, Italien.

Olivin

OLIVINGRUPPE

$(Mg,Fe)_2SiO_4$

ORTHORHOMBISCH ● ● ● ● ●

Varietäten: Chrysolith.

Eigenschaften: F – grün, gelbgrün (Chrysolith), braungrün bis schwarzgrün; ST – weiß; G – glasartig; T – durchscheinend bis undurchsichtig; D – 3,3–3,6; H – 6,5–7; SP – gut; B – muschelig bis uneben; M – unvollkommene Kristalle, körnig.

Bildung und Fundorte: Magmatisch in einigen ultrabasischen Gesteinen, z. B. Duniten, Lherzoliten, Peridotiten, Gabbros und in Meteoriten. Typisches gesteinsbildendes Mineral, meist in Begleitung von Diopsid, Magnetit und Pyrop. Der klassische Fundort von Chrysolith ist die Insel Zebirget im Roten Meer, Ägypten, wo tafelige Kristalle mit bis zu 10 cm Durchmesser auftraten. Man kennt es auch aus dem

Olivin 60 mm, Smrčí, Tschechien

San Carlos Indian Reservation, Arizona, USA. Olivin wurde in vielen basaltischen Gesteinen im Laacher See, Deutschland; in Rockport, Massachusetts, USA und andernorts gefunden.
Verwendung: Chrysolith wird als Edelstein abgebaut.

Fayalith

OLIVINGRUPPE

Fe_2SiO_4

ORTHORHOMBISCH ● ● ●

Eigenschaften: F – schwarzgrün bis schwarz; ST – grau; G – matt bis glasartig; T – undurchsichtig; D – 4,2; H – 6,5–7; SP – gut; B – muschelig bis uneben; M – unvollkommene, prismatische Kristalle, körnig.
Bildung und Fundorte: Magmatisch in granitischem Pegmatit, in Graniten und Syeniten, Begleitmineralien sind Orthoklas, Gadolinit-(Y) und Epidot; selten metamorph. Kaum entwickelte, bis zu 15 cm lange Kristalle fand man im Pegmatit bei Baveno, Alpen, Italien. Man kennt es auch aus Strzegom, Polen und vom Sawtooth Batholith, Idaho, USA.

Tephroit

OLIVINGRUPPE

Mn_2SiO_4

ORTHORHOMBISCH ● ●

Eigenschaften: F – grau, olivgrün, rotbraun; ST – weiß; G – matt bis glasartig; T – durchscheinend bis durchsichtig; D – 4,2; H – 6; SP – gut; B – muschelig bis uneben; M – prismatische Kristalle, körnig.
Bildung und Fundorte: Metamorph in Skarn und Mn-reichen, metamorphen Sedimenten, zusammen mit Rhodonit, Franklinit und Spessartin. Körnige Aggregate und vollkommene Kristalle mit bis zu 5 cm Durchmesser kennt man aus Franklin, New Jersey, USA und Långban, Schweden. Weitere Funde aus Tarnobrzeg, Polen, wo Kristalle mit bis zu 8 cm Durchmesser auftreten.

Fayalit 80 mm, Rockport, USA

Tephroit 60 mm, Harstigen, Schweden

Pyrop 3 mm, körnig, Třebívlice, Tschechien

Pyrop

GRANATGRUPPE

$Mg_3Al_2Si_3O_{12}$

KUBISCH ● ● ● ●

Eigenschaften: F – rot bis blutrot, hellpurpurrot, schwarzbraun; ST – weiß; G – glasartig; T – durchsichtig bis durchscheinend; D – 3,5; H – 7–7,5; SP – keine; B – muschelig bis uneben; M – isometrische Kristalle, körnig.

Bildung und Fundorte: Magmatisch in einigen ultrabasischen Gesteinen, z. B. Lherzoliten, Peridotiten, Kimberliten, Eklogiten und Serpentiniten; metamorph in Quarziten; auch aus Seifen bekannt. Begleitmineralien sind Diopsid, Magnetit und Diamant. Es ist vielerorts in ultrabasischen Gesteinen zu finden, so in Třebenice und Měrunice, Tschechien; Zöblitz, Deutschland; Chennai, Indien und Kimberley, Südafrika. Kristalle mit bis zu 25 cm Durchmesser fand man in Dora Maria, Alpen, Italien.

Verwendung: Wird als Edelstein abgebaut.

Almandin

GRANATGRUPPE

$Fe_3Al_2Si_3O_{12}$

KUBISCH ● ● ● ●

Eigenschaften: F – rot bis violettrot, schwarzbraun; ST – weiß; G – glasartig; T – durchsichtig bis durchscheinend; D – 4,3; H – 7; SP – keine; B – muschelig bis uneben; M – gut ausgebildete Kristalle, körnig.

Bildung und Fundorte: Metamorph in regionalmetamorphen Gesteinen wie Chloritschiefer, Gneis, Glimmerschiefer und Migmatiten; magmatisch in einigen

Almandin x 38 mm, Ötztal, Österreich

Spessartin 96 mm, Gilgit, Pakistan

Grosular x 17 mm, Asbestos, Kanada

Graniten und Pegmatiten; auch in Seifen. Gut ausgebildete Kristalle mit bis zu 15 cm Durchmesser kennt man aus dem Ishikawa-Pegmatit, Japan und Shingus, Pakistan. Vorkommen bis zu 5 cm großer Kristalle in Glimmerschiefer und im Gneis, z. B. in Fort Wrangel, Alaska, USA; im Ötztal, Österreich und in Bodö, Norwegen. Vorkommen in Seifen bei Ratnapura, Sri Lanka.
Verwendung: Wird als Edelstein abgebaut; Schleifmittel.

Spessartin

GRANATGRUPPE

$Mn_3Al_2Si_3O_{12}$

KUBISCH ● ● ● ●

Eigenschaften: F – rot, orange, hellbraun bis gelblich; ST – weiß; G – glasartig; T – durchsichtig bis durchscheinend; D – 4,3; H – 7–7,5; SP – keine; B – muschelig bis uneben; M – vollkommene Kristalle, körnig.
Bildung und Fundorte: Magmatisch in granitischem Pegmatit und einigen Graniten; hydrothermal in Rhyolithohlräumen; metamorph in Skarn und einigen Mn-reichen, metamorphen Gesteinen. Vollkommene Kristalle mit bis zu 3 cm Durchmesser fand man im granitischen Pegmatit der Hercules Mine, Ramona, California, USA; am Marienfluss, Namibia und in Rhyolithohlräumen in Nathrop, Colorado, USA. Vor kurzem fand man glänzende Kristallfragmente mit einem Durchmesser bis zu 5 cm an einem noch nicht bekannt gegebenen Fundort in Minas Gerais, Brasilien.
Verwendung: Wird als Edelstein abgebaut.

Grossular

GRANATGRUPPE

$Ca_3Al_2Si_3O_{12}$

KUBISCH ● ● ● ●

Varietäten: Hessonit, Tsavorit.
Eigenschaften: F – rot, grün (Tsavorit), orange, rotbraun (Hessonit) bis farblos; ST – weiß; G – glasartig; T – durchsichtig bis durchscheinend; D – 3,4; H – 6,5–7; SP – keine; B – muschelig bis uneben; M – vollkommene Kristalle, körnig.
Bildung und Fundorte: Metamorph in Ca-reichen, kontaktmetamorphen Gesteinen, in Skarn und Rodingiten; hydrothermal auf Klüften dieser Gesteine, Begleitmineralien sind Diopsid, Vesuvian, Wollastonit, Skapolith und Epidot. Vollkommene Kristalle mit einem Durchmesser von etwa 3 cm treten in der Jeffrey-Grube in Asbestos, Québec, Kanada und in Sierra de las Cruces, Coahuila, Mexiko zutage. Tsavoritkristalle mit bis zu 5 cm Durchmesser kommen aus dem Tsavo Nationalpark, Kenia und den Merelani Hills, Arusha, Tansania. Andere bekannte Fundorte sind Ala, Italien und Ciclova, Rumänien. Bis zu 10 cm große Grossularkristalle fand man in Vápenná, Tschechien; Xalostoc, Mexiko und Sandaré, Mali.
Verwendung: Wird als Edelstein abgebaut.

Andradit xx 30 mm, Graham Co., USA

Andradit

GRANATGRUPPE

$Ca_3Fe^{3+}{}_2Si_3O_{12}$

KUBISCH ● ● ● ●

Varietäten: Demantoid, Melanit.
Eigenschaften: F – dunkelrot, schwarzbraun, braun, grün bis gelbgrün (Demantoid), schwarzbraun bis schwarz (Melanit); ST – weiß; G – glasartig; T – durchsichtig bis durchscheinend; D – 3,9; H – 6,5–7; SP – keine; B – muschelig bis uneben; M – gut entwickelte Kristalle, körnig.
Bildung und Fundorte: Metamorph in Ca- und Fe-reichen, kontaktmetamorphen Gesteinen, in Skarn und in Rodingiten; hydrothermal auf Klüften in diesen Gesteinen; magmatisch in einigen alkalischen Vulkangesteinen, meist an denselben Fundorten wie Grossular. Kristalle mit bis zu 4 cm Durchmesser kommen aus Sinerechenskoye, Russische Föderation. Schöne Kristalle fand man auch in der Namgar Mine, Usakos, Namibia und in Ciclova, Rumänien. Schöne Melanitkristalle treten in Magnet Cove, Arkansas, USA zutage. Demantoidkristalle mit bis zu 3 cm Durchmesser kennt man aus Val Malenco, Italien und aus dem Einzugsgebiet der Bobrovka, Ural, Russische Föderation.
Verwendung: Demantoid wird als Edelstein abgebaut.

Demantoid xx 3 mm, Bobrovka, Russische Föderation

Melanit xx 5 mm, Rudnyj, Kasachstan

Uwarowit xx 2 mm, Sarany, Russische Föderation

Uwarowit

GRANATGRUPPE

$Ca_3Cr_2Si_3O_{12}$

KUBISCH ● ●

Eigenschaften: F – dunkelsmaragdgrün; ST – weiß; G – glasartig; T – durchsichtig bis durchscheinend; D – 3,9; H – 6,5–7; SP – keine; B – muschelig bis uneben; M – vollkommene Kristalle, körnig.
Bildung und Fundorte: Metamorph und auch hydrothermal fast nur in Gesteinen mit erhöhtem Cr-Gehalt, in ultrabasischen Gesteinen mit Chromit, in Serpentiniten und in Skarn. Vorkommen als Kristalle mit bis zu 8 mm Durchmesser entlang von Spalten im Chromit von Sarany, Ural, Russische Föderation. Kristalle mit bis zu 2 cm Durchmesser kommen aus Outokumpu, Finnland. Weitere Vorkommen in Orford, Québec, Kanada.

Zirkon

$ZrSiO_4$

TETRAGONAL ● ● ●

Varietäten: Jargon, Hyazinth.
Eigenschaften: F – gelb (Jargon), braun, gelbbraun, rotorange (Hyazinth), rot bis farblos; ST – weiß; G – glasartig, fettig bis diamanten; T – durchsichtig bis durchscheinend; D – 4,7; H – 7,5; SP – undeutlich; B – muschelig bis uneben; M – vollkommene, lang- und kurzprismatische Kristalle, körnig; LU – gelb; A – manchmal radioaktiv und meist metamikt.
Bildung und Fundorte: Magmatisch und metamorph als ein Gemengeteil verschiedener Gesteinsarten; selten hydrothermal auf alpinotypen Gängen und auf Quarzgängen; auch in Sedimenten und Seifen. Prismatische Kristalle mit bis zu 30 cm Durchmesser treten im Syenitpegmatit von Renfrew und Bancroft, Ontario, Kanada zutage. Man kennt es auch aus Miass, Ural und vom Berg Vavnbed im Lovozeromassiv, Kola-Halbinsel, Russische Föderation. Klassische Vorkommen in granitischem Pegmatit sind die von Alto Ligonha, Mosambik; Arendal, Norwegen; Ytterby, Schweden und Jaguaraçu, Minas Gerais, Brasilien. Glänzende, bis zu 8 cm große Zirkonkristalle unterschiedlicher Farbe stammen aus den Seifen bei Ratnapura, Sri Lanka und anderen Orten.
Verwendung: Hyazinth und Jargon werden als Edelsteine abgebaut; Zr-Erz.

Zirkon x 20 mm, Vizhnevogorsk, Ural, Russische Föderation

Eulytin xx 2 mm, Schneeberg, Deutschland

Sillimanit 10 mm, körnig, Havlíčkův Brod, Tschechien

Eulytin

$Bi_4Si_3O_{12}$

KUBISCH ● ●

Eigenschaften: F – braun, gelb, grau, farblos; ST – weiß; G – fettig; T – durchscheinend; D – 6,6; H – 4,5; SP – gut; B – muschelig bis uneben; M – kleine, bipyramidale Kristalle, radialstrahlige Aggregate, körnig.
Bildung und Fundorte: Sekundär in Bi-Lagerstätten, normalerweise als Begleitmineral von Wismut. Kleine Kristalle kommen aus Horní Slavkov, Tschechien; Schneeberg und Johanngeorgenstadt, Deutschland.

Euklas

$BeAlSiO_4(OH)$

MONOKLIN ● ●

Eigenschaften: F – farblos, weiß, grünlich, blau; ST – weiß; G – glasartig; T – durchsichtig bis durchscheinend; D – 3,1; H – 7,5; SP – gut; B – muschelig bis un-

Euklas 42 mm, Minas Novas, Brasilien

eben; M – langprismatische Kristalle, radialstrahlige Aggregate, körnig.
Bildung und Fundorte: Hydrothermal in Pegmatiten, Greisen und auf Quarz- sowie alpinotypen Gängen; selten in Seifen. Schön ausgebildete, bis zu 8 cm große Kristalle kennt man aus Santa do Encoberto, Minas Gerais, Brasilien. Blaue Kristalle mit bis zu 5 cm Durchmesser traten in der Last Hope Mine, Karoi, Simbabwe zutage. Vorkommen auch in den Flusssedimenten des Sanarka, Ural, Russische Föderation. Erst vor kurzem wurden dunkelblaue Kristalle mit bis zu 15 cm Durchmesser in der Chivor-Mine, Kolumbien gefunden.
Verwendung: Wird stellenweise als Edelstein abgebaut.

Sillimanit

Al_2SiO_5

ORTHORHOMBISCH ●●●●●

Eigenschaften: F – weiß, grau, grünlich, gelblich; ST – weiß; G – glasartig bis matt; T – durchsichtig bis durchscheinend; D – 3,3; H – 6,5–7,5; SP – gut; B – uneben; M – langprismatische Kristalle, faserige Aggregate, körnig.
Bildung und Fundorte: Fast ausschließlich metamorph in Gneis und in Migmatiten; nur selten magmatisch in Pegmatiten und Graniten; auch in Seifen. Typisches gesteinsbildendes Mineral, tritt meist in Begleitung von Andalusit auf. Bekannte Fundorte sind Bodenmais, Deutschland und Maršíkov, Tschechien. Glänzende, bis zu 2 cm lange Kristalle kennt man aus Rakwana-Deniyaya, Sri Lanka.

Andalusit

Al_2SiO_5

ORTHORHOMBISCH ●●●●

Varietäten: Chiastolith, Viridin.
Eigenschaften: F – rosa, rotbraun, rot, grau, weißlich, grün (Viridin); ST – weiß; G – glasartig bis matt; T – durchscheinend bis durchsichtig; D – 3,2; H – 6,5–7,5; SP – gut; B – uneben; M – prismatische Kristalle, faserige Aggregate, körnig, massig.
Bildung und Fundorte: Metamorph in regional- und kontaktmetamorphen Gesteinen; magmatisch in Pegmatit und Granit, hydrothermal in Quarziten. Typisches gesteinsbildendes Mineral, normalerweise in Begleitung von Sillimanit, Korund und Cordierit. Bekannte Fundorte sind Lisens, Alpen, Österreich und Bimbowrie, South Australia, Australien. Grün glänzende Kristalle kommen aus Morro do Chapeú, Bahía, Brasilien. Viridin kennt man auch aus Darmstadt, Deutschland.

Andalusit x 28 mm, Aracuay, Minas Gerais, Brasilien

Chiastolith 20 mm, Bimbowrie, Australien

Kyanit

Al_2SiO_5

TRIKLIN ● ● ● ●

Eigenschaften: F – blau, grau, weiß, grün, dunkelgrau, farblos; ST – weiß; G – glasartig bis matt; T – durchsichtig bis durchscheinend; D – 3,6; H – 4,5–7,5; SP – gut; B – uneben; M – prismatische bis tafelige Kristalle, faserige Aggregate, körnig, massig.
Bildung und Fundorte: Fast nur metamorph in regionalmetamorphen Gesteinen, in Glimmerschiefer, Gneis, Granuliten und Eklogiten; weniger häufig in Pegmatiten und Graniten; selten hydrothermal auf Quarzgängen. Typisches gesteinsbildendes Mineral, Begleitmineralien sind Andalusit und Sillimanit. Blaue Säulenaggregate und bis zu 15 cm lange Kristalle treten in Barra do Salinas, Minas Gerais, Brasilien zutage. Weitere bekannte Fundorte sind Pizzo Forno, Schweiz; Prilep, Makedonien und Keivy, Kola-Halbinsel, Russische Föderation.

Kyanit 87 mm, Minas Gerais, Brasilien

Topaz xx 18 mm, Ghundao, Pakistan

Topas

$Al_2SiO_4(F,OH)$

ORTHORHOMBISCH ● ● ●

Varietäten: Pyknit.
Eigenschaften: F – farblos, blau, gelb, grau, weiß, grünlich, rosa, rot; ST – weiß; G – glasartig; T – durchsichtig bis durchscheinend; D – 3,6; H – 8; SP – gut; B – uneben; M – vollkommene, prismatische bis tafelige Kristalle, radialstrahlige und Säulenaggregate, körnig.
Bildung und Fundorte: Magmatisch in Pegmatit und Granit; hydrothermal in Greisen, in Rhyolithhohlräumen, auf Quarzgängen und auch in Seifen. Topaskristalle im Pegmatit sind gelegentlich sehr groß, wie z. B. der Kristall mit einem Durchmesser von 80 x 60 x 60 cm, den man in Fazenda do Funil fand; bis zu 30 cm große Kristalle kommen aus

Topas 49 mm, Ramona, USA

Virgem da Lapa, Minas Gerais, Brasilien. Blaue, bräunliche und zweifarbige Kristalle mit einer Länge bis zu 40 cm stammen aus Volodarsk Volynskii, Ukraine. Weitere Fundorte von Topas sind Iveland, Norwegen; Murzinka, Ural, Russische Föderation; Little Three Mine, Ramona, California; Pikes Peak, Colorado, USA; Gilgit, Pakistan und Spitzkopje, Namibia. Orangefarbiger bis roter Topas kommt aus den Quarzgängen bei Ouro Preto, Minas Gerais, Brasilien. Rosafarbige, bis zu 7 cm große Topaskristalle fand man am Mt. Ghundao, Mardan, Pakistan. Bedeutende Topasexemplare wurden auch in Schneckenstein, Deutschland; Thomas Range, Utah, USA und Nerchinsk, Sibirien, Russische Föderation gefunden. Säulenaggregate von Pyknit kommen aus Cínovec, Tschechien und Altenberg, Deutschland.

Verwendung: Wird als Edelstein abgebaut.

Pyknit 60 mm, Cínovec, Tschechien

Staurolith 80 mm, Keivy, Russische Föderation

Staurolith

$Fe_2Al_9Si_4O_{22}(OH)_2$

ORTHORHOMBISCH ●●●●

Eigenschaften: F – dunkel- bis hellbraun, gelb; ST – weiß; G – matt bis glasartig; T – durchsichtig bis fast undurchsichtig; D – 3,7; H – 7–7,5; SP – gut; B – uneben; M – prismatische bis tafelige Kristalle und ihre Kombinationen, körnig.

Saphirin 26 mm, Vohimena, Madagaskar

Bildung und Fundorte: Metamorph in regionalmetamorphen Gesteinen, in Gneis und Glimmerschiefer; selten magmatisch in Granit; auch in Seifen, die häufigsten Begleitmineralien sind Almandin, Andalusit und Kyanit. Kristalle mit bis zu 5 cm Durchmesser kommen aus Pizzo Forno, Schweiz. Vorkommen auch in Rio Arriba, New Mexico, USA. Kreuzartige Zwillinge mit bis zu 20 cm Durchmesser treten in Keivy, Kola-Halbinsel, Russische Föderation und Morbihan, Frankreich zutage.

Saphirin

$Mg_2Al_4SiO_{10}$

MONOKLIN ●●

Eigenschaften: F – dunkel- bis hellblau, grün; ST – weiß; G – glasartig bis matt; T – durchsichtig bis durchscheinend; D – 3,5; H – 7,5; SP – undeutlich; B – uneben; M – tafelige Kristalle, körnig.
Bildung und Fundorte: Metamorph in regionalmetamorphen Gesteinen, die reich an Al und Mg und arm an Si sind; Begleitmineralien sind Spinell und Korund. Kristalle mit bis zu 4 cm Durchmesser kommen aus Fiskenaesset, Grönland; Betroka und Androy, Madagaskar. Weitere Fundorte sind u. a. Val Codera, Italien und Enderby Land, Antarktis.

Chondrodit x 15 mm, Brewster, USA

Klinohumit 19 mm, Kuch-i-Lal, Tadschikistan

Chondrodit

$Mg_5Si_2O_8(OH,F)_2$

MONOKLIN ● ● ●

Eigenschaften: F – gelb, grünlich, braun; ST – weiß; G – glasartig bis matt; T – durchsichtig bis durchscheinend; D – 3,2; H – 6–6,5; SP – undeutlich; B – uneben; M – Kristalle von unterschiedlichem Habitus, körnig.
Bildung und Fundorte: Metamorph in kontakt- und regionalmetamorphen Karbonatgesteinen; selten magmatisch in Karbonatiten, normalerweise in Begleitung von Spinell, Chlorit und Phlogopit. Vollkommene, bis zu 5 cm lange Kristalle stammen aus der Tilly Foster Mine, Brewster, New York, USA. Weitere Fundorte sind Pargas, Finnland; Monte Somma, Italien und Riverside, California, USA.

Chapmanit

$SbFe^{3+}{}_2Si_2O_8(OH)$

MONOKLIN ● ●

Eigenschaften: F – olivgrün bis dunkelgelb; ST – gelblich bis gelb; G – matt; T – durchscheinend; D – 3,7; H – 2,5; SP – undeutlich; B – uneben; M – längliche Kristalle, massig.
Bildung und Fundorte: Hydrothermal und sekundär in Gesteinsspalten, manchmal in Begleitung von Stibnit. Massige Aggregate treten in Smilkov bei Votice, Tschechien und in der Keely Mine, Cobalt, Ontario, Kanada zutage.

Klinohumit

$Mg_9Si_4O_{16}(OH,F)_2$

MONOKLIN ● ● ●

Eigenschaften: F – gelb, rot, braun, weiß; ST – weiß; G – glasartig bis matt; T – durchsichtig bis durchscheinend; D – 3,3; H – 6; SP – undeutlich; B – uneben; M – Kristalle von unterschiedlichem Habitus, körnig.
Bildung und Fundorte: Metamorph in kontakt- und regionalmetamorphen Karbonatgesteinen, in Serpentinit und Talkschiefer, Begleitmineralien sind Spinell, Chlorit, Forsterit, Serpentin und Phlogopit. Glänzende, gelbe Kristalle mit bis zu 3 cm Durchmesser stammen aus Kukh-i-Lal, Pamir, Tadschikistan. Andere Fundorte sind Pargas, Finnland; Monte Somma, Italien und die Jensen-Grube, California, USA.

Chapmanit 4 mm, Pernek, Slowakei

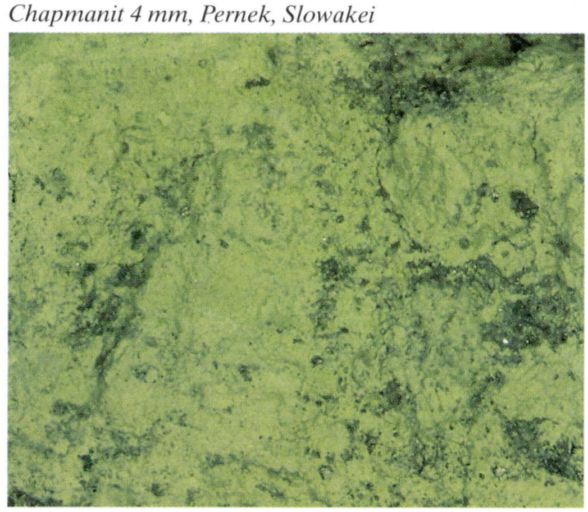

Braunit 60 mm, Långban, Schweden

Braunit

$Mn^{2+}Mn^{3+}_6SiO_{12}$

TETRAGONAL ● ● ●

Eigenschaften: F – schwarz, schwarzgrau, schwarzbraun; ST – grau; G – metallartig bis metallisch; T – undurchsichtig; D – 4,7; H – 6–6,5; SP – vollkommen; B – uneben bis muschelig; M – bipyramidale Kristalle, körnig.
Bildung und Fundorte: Metamorph in regional- und kontaktmetamorphen Gesteinen; hydrothermal in Mn-reichen Sedimentgesteinen und auf hydrothermalen Gängen, Begleitmineralien sind Hausmanit, Pyrolusit und andere Mn-Mineralien. Vollkommene, bis zu 7 cm lange Kristalle stammen aus Kacharhavee und Tirodi, Indien. Man kennt es auch aus Långban, Schweden; Ilfeld und Ilmenau, Deutschland; St. Marcel, Italien und Tizi Bashkun, Marokko.
Verwendung: Mn-Erz.

Thaumasit

$Ca_6Si_2(CO_3)_2(SO_4)_2(OH)_{12} \cdot 24 H_2O$

HEXAGONAL ● ●

Eigenschaften: F – weiß bis farblos; ST – weiß; G – glasartig bis matt; T – durchsichtig bis durchscheinend; D – 1,9; H – 3,5; SP – undeutlich; B – uneben; M – nadelförmige Aggregate, körnig, massig; LU – weiß.
Bildung und Fundorte: Hydrothermal oder metamorph in kontaktmetamorphen Karbonatgesteinen, meist in Begleitung anderer Ca-Silikate und Karbonate wie Ettringit und Prehnit. Bekannte Fundorte sind Crestmore, California; West Paterson, New Jersey, USA; Långban, Schweden und die N'Chwaning Mine No. 2, Kuruman, Südafrika.

Titanit

$CaTiOSiO_4$

MONOKLIN ● ● ● ●

Eigenschaften: F – farblos, gelb, braun, grün, grau bis schwarz; ST – weiß; G – glasartig bis matt; T – durchsichtig, durchscheinend bis undurchsichtig; D – 3,5; H – 5–5,5; SP – gut; B – uneben bis muschelig; M – tafelige Kristalle und ihre Kombinationen, körnig, massig.
Bildung und Fundorte: Metamorph und magmatisch als weit verbreitetes Gemengeteil vieler vulkanischer

Thaumasitaggregat 3 mm, Maglovec, Slowakei

Fersmanit x 10 mm, Khibinskymassiv, Russ. Föderation

Titanit xx 20 mm, Stubachtal, Österreich

und metamorpher Gesteine und in Pegmatiten; hydrothermal auf alpinotypen Gängen; auch in Seifen. Die schönsten, bis zu 18 cm langen Kristalle treten auf den alpinotypen Gängen in Tavetsch und Binntal, Schweiz; im Zillertal und Felbertal, Österreich sowie in Dodo, Nördlicher Ural, Russische Föderation zutage. Große, nicht vollkommene Kristalle mit einem Gewicht bis zu 40 kg kommen aus Eganville, Ontario, Kanada und Rossie, New York, USA.

Chloritoid 30 mm, Île de Croix, Frankreich

Fersmanit

$(Na,Ca)_4(Ti,Nb)_2Si_2O_{11}(OH,F)_2$

TRIKLIN ●●

Eigenschaften: F – hell- bis dunkelbraun; ST – weiß; G – glasartig bis matt; T – durchscheinend; D – 3,5; H – 5–5,5; SP – keine; B – uneben bis muschelig; M – tafelige Kristalle.
Bildung und Fundorte: Magmatisch bis hydrothermal in alkalischem Pegmatit zusammen mit Pektolith, Apatit und Sulfiden. Kristalle mit bis zu 3 cm Durchmesser kennt man vom Eveslogchorr im Khibinymassiv, Kola-Halbinsel, Russische Föderation.

Chloritoid

$Fe_2Al_4Si_2O_{10}(OH)_2$

MONOKLIN, TRIKLIN ●●●

Eigenschaften: F – dunkelgrau, graugrün bis schwarzgrün; ST – grau; G – glasartig bis matt; T – durchscheinend; D – 3,6; H – 6,5; SP – vollkommen; B – uneben bis muschelig; M – tafelige Kristalle, blättrige und schuppige Aggregate, körnig.
Bildung und Fundorte: Metamorph in einigen Glimmerschiefern und Phylliten; hydrothermales Umwandlungsprodukt in Laven. Bekannte Fundorte sind Zermatt, Schweiz; Ottrez, Belgien und Pregraten, Österreich.

Datolith xx 30 mm, Dalnegorsk, Russische Föderation

Datolith

$CaBSiO_4(OH)$

MONOKLIN ● ● ●

Eigenschaften: F – weiß bis farblos, gelblich, grünlich, grau; ST – weiß; G – glasartig bis matt; T – durchsichtig bis durchscheinend; D – 3,1; H – 5–5,5; SP – keine; B – uneben bis muschelig; M – prismatische bis tafelige Kristalle, Knollen, körnig.
Bildung und Fundorte: Metamorph und hydrothermal in kontaktmetamorphen Gesteinen, in Hohlräumen von Vulkangesteinen, auf Erzgängen und in Pegmatiten. Häufige Vorkommen in Verbindung mit Zeolithen, Prehnit, Calcit und auch mit Turmalin. Prismatische und tafelige, bis zu 10 cm lange Kristalle treten in Dalnegorsk, Russische Föderation zutage. Weitere bekannte Fundorte sind West Paterson, New Jersey; die Keweenaw-Halbinsel, Michigan, USA; Haslach, Deutschland und Charcas, San Luis Potosí, Mexiko.

Gadolinit-(Y)

$Y_2FeBe_2Si_2O_{10}$

MONOKLIN ● ●

Eigenschaften: F – schwarz, dunkelrot, braun, grünlich; ST – graugrün; G – glasartig bis fettig; D – durchsichtig bis durchscheinend; D – 4,4; H – 6,5–7; SP – keine; B – muschelig; M – prismatische Kristalle, körnig; A – stellenweise metamikt.

Gadolinit-(Y) 60 mm, Hitterö, Norwegen

Howlit 30 mm, Kalifornien, USA

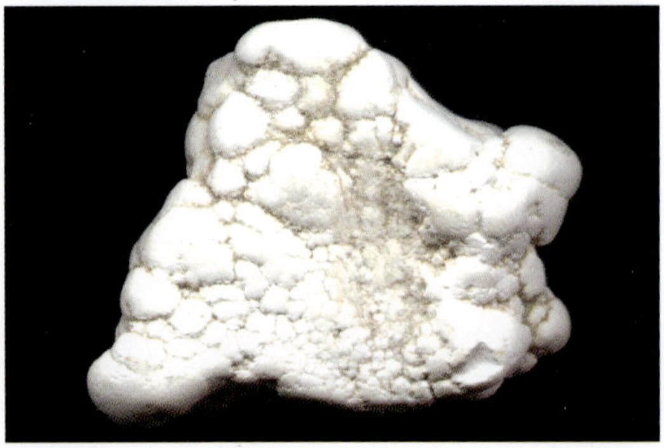

Dumortierit 60 mm, Dehesa, USA

Bildung und Fundorte: Magmatisch in Granit und Pegmatit, stellenweise in Begleitung von Fluorit und Allanit; selten hydrothermal auf alpinotypen Gängen. Aggregate mit bis zu 40 cm Durchmesser kommen aus Hitterö, Norwegen. In Barringer Hill und Clear Creek, Texas, USA wurden Aggregate abgebaut, die bis zu 90 kg wogen. Andere bekannte Fundorte sind Blatchford Lake, Northwest Territories, Kanada; Baveno, Alpen, Italien und Iveland, Evje, Norwegen.

Kornerupin

$Mg_4Al_6(Si,Al,B)_5O_{21}(OH)$

ORTHORHOMBISCH ● ●

Eigenschaften: F – farblos, weiß, grünlich, grau, braun; ST – weiß; G – glasartig bis matt; T – durchsichtig bis durchscheinend; D – 3,3; H – 6,5–7; SP – keine; B – muschelig; M – prismatische Kristalle, radialstrahlige Aggregate, körnig.
Bildung und Fundorte: Metamorph in stark metamorphen Gesteinen, als Granulite. Kristalle mit bis zu 23 cm Durchmesser kennt man aus Fiskenaesset, Grönland. Vorkommen auch in Lac Ste-Marie, Québec, Kanada; Waldheim, Deutschland und Itrongay, Madagaskar.

Dumortierit

$(Al,Ti,Mg)Al_6BSi_3O_{16}(O,OH)_2$

ORTHORHOMBISCH ● ● ●

Eigenschaften: F – violett, rosa, blau, braun; ST – weiß; G – glasartig bis matt; T – durchsichtig bis durchscheinend; D – 3,4; H – 8,5; SP – gut; B – uneben; M – prismatische Kristalle, radialstrahlige und nadelförmige Aggregate, massig.
Bildung und Fundorte: Metamorph in einigen Al-reichen, metamorphen Gesteinen, z. B. in Migmatiten und Gneisen; magmatisch in Granit und Pegmatit; hydrothermal in metamorphen Gesteinen. Es kommt aus Dehesa, California; Rochester, Nevada, USA und Beaunan, Frankreich; Kristalle kennt man aus der Umgebung von Kutná Hora, Tschechien und aus Soavina, Madagaskar.

Howlith

$Ca_2B_5SiO_9(OH)_5$

MONOKLIN ● ●

Eigenschaften: F – weiß; ST – weiß; G – glasartig bis matt; T – durchsichtig bis durchscheinend; D – 2,5; H – 3,5; SP – gut; B – uneben; M – tafelige Kristalle, knollig, massig.
Bildung und Fundorte: Hydrothermal in Boratlagerstätten, Begleitmineralien sind Ulexit und Colemanit. Kristalle mit mehreren cm Durchmesser kommen aus der Umgebung des Bras d'Or Lake, Nova Scotia, Kanada. Weitere Vorkommen in Lang und Daggett, California, USA.

Kornerupin 90 mm, Lac Ste-Marie, Kanada

Cuprosklodowskit 82 mm, Musonoi, Dem. Rep. Kongo

Cuprosklodowskit

$Cu(UO_2)_2Si_2O_7 \cdot 6\ H_2O$

MONOKLIN ● ●

Eigenschaften: F – verschiedene Grüntöne; ST – grünlich; G – glasartig bis matt; T – durchsichtig bis durchscheinend; D – 3,8; H – 4; SP – gut; B – uneben; M – radialstrahlige, nadelförmige Aggregate, dünne Überzüge, körnig, massig; A – stark radioaktiv.

Bildung und Fundorte: Sekundär in der Oxidationszone von U-Lagerstätten, Begleitmineralien sind Autunit, Torbernit, Uranophan und andere sekundäre U-Mineralien. Mehrere cm lange Kristalle kommen

Uranophan 125 mm, Brewster, Texas, USA

Kasolit 30 mm, Musonoi, Dem. Rep. Kongo

aus der Mashamba-West-Mine, Musonoi, Dem. Rep. Kongo. Vorkommen auch in Jáchymov, Tschechien.

Uranophan

$Ca(UO_2)_2Si_2O_7 . 6 H_2O$

MONOKLIN ● ● ●

Eigenschaften: F – verschiedene Töne von gelb bis braun; ST – gelblich; G – glasartig bis matt; T – durchsichtig bis durchscheinend; D – 3,9; H – 2,5; SP – gut; B – uneben; M – radialstrahlige, nadelförmige Aggregate, dünne Überzüge, körnig, massig; LU – gelbgrün; A – stark radioaktiv.
Bildung und Fundorte: Sekundär in der Oxidationszone von U-Lagerstätten als ein Umwandlungsprodukt von Uranpecherz, Begleitmineralien sind Autunit, Torbernit und andere sekundäre U-Mineralien. Bis zu 1 cm lange Nadeln stammen aus Musonoi, Shinkolobwe, Dem. Rep. Kongo. Man kennt es auch aus der Faraday Mine, Bancroft, Ontario, Kanada. Weitere Vorkommen in Wölsendorf, Deutschland und in Jáchymov, Tschechien.

Kasolit

$Pb(UO_2)SiO_4 . H_2O$

MONOKLIN ● ●

Eigenschaften: F – verschiedene Gelbtöne, grün bis braun; ST – gelblich; G – glasartig bis matt; T – durchscheinend bis undurchsichtig; D – 6,2; H – 4,5; SP – gut; B – uneben; M – prismatische Kristalle, radialstrahlige und nadelförmige Aggregate, dünne Überzüge, körnig, massig; A – stark radioaktiv.
Bildung und Fundorte: Sekundäres Mineral in der Oxidationszone von U-Lagerstätten. Es ist ein Umwandlungsprodukt von Uranpecherz und tritt in Begleitung von Uranophan, Torbernit und U-Hydroxiden auf. Bis zu 1 cm lange Kristalle fand man in Shinkolobwe, Kasolo, Dem. Rep. Kongo und in Mounana, Gabun.

Akermanit

$Ca_2MgSi_2O_7$

TETRAGONAL ● ● ●

Eigenschaften: F – weiß, grau, grün, braun; ST – weiß; G – glasartig bis matt; T – durchsichtig bis durchscheinend; D – 2,9; H – 5,5; SP – gut; B – uneben bis muschelig; M – kurzprismatische Kristalle, körnig.
Bildung und Fundorte: Magmatisch in basischen Vulkangesteinen; metamorph in kontaktmetamorphem Marmor. Ein typischer Fundort von Marmor ist Crestmore, California, USA. Vorkommen auch in Ca-reichen Vulkangesteinen von Velardena, Mexiko.

Akermanit xx 5 mm, Vesuv, Italien

Gehlenit

$Ca_2Al_2SiO_7$

TETRAGONAL ● ● ●

Eigenschaften: F – weiß, grau, gelblich; ST – weiß; G – glasartig bis matt; T – durchsichtig bis durchscheinend; D – 3,0; H – 5–6; SP – gut; B – uneben bis muschelig; M – kurzprismatische Kristalle, körnig.
Bildung und Fundorte: Magmatisch in basischen Vulkangesteinen; metamorph in kontaktmetamorphem Marmor. Vorkommen in Crestmore, California, USA; Monzoni, Italien; Oravița, Rumänien und andernorts.

Gehlenit 80 mm, Vata de Sus, Rumänien

Ilvait xx 20 mm, Dalnegorsk, Russische Föderation

Bertrandit 36 mm, Mt. Antero, USA

Ilvait

$CaFe^{2+}_2Fe^{3+}Si_2O_8(OH)$

ORTHORHOMBISCH ●●●

Eigenschaften: F – schwarz bis schwarzgrau; ST – schwarz; G – metallartig bis matt; T – undurchsichtig; D – 4,1; H – 5,5–6; SP – gut; B – uneben; M – prismatische Kristalle, körnig.
Bildung und Fundorte: Metamorph und hydrothermal in kontaktmetamorphen Fe-, Zn- und Cu-Lagerstätten. Bis zu 10 cm lange, prismatische Kristalle stammen aus Rio Marina, Elba, Italien. Bis zu 30 cm lange Kristalle kennt man von der Insel Sérifos, Griechenland. Mehrere cm lange Kristalle treten auch in Dalnegorsk, Russische Föderation und in der Laxey Mine, Idaho, USA zutage.

Bertrandit

$Be_4Si_2O_7(OH)_2$

ORTHORHOMBISCH ●●●

Eigenschaften: F – farblos, weiß, gelblich; ST – weiß; G – glasartig bis matt; T – durchsichtig bis durchscheinend; D – 2,6; H – 6–7; SP – vollkommen; B – uneben; M – tafelige Kristalle und ihre Kombinationen, radialstrahlige Aggregate, körnig, massig.
Bildung und Fundorte: Hydrothermal in granitischem Pegmatit, in Greisen und auf hydrothermalen Gängen, zusammen mit Beryll, auch als Pseudomorphose nach Beryll. Tafelige Kristalle mit bis zu 5 cm Durchmesser treten in Conselheira Pena, Minas Gerais, Brasilien zutage. Kristalle mit bis zu 3 cm Durchmesser kennt man aus Kounrad und Kara-Oba, Kasachstan. Weitere Vorkommen in Stoneham, Maine, USA; Písek, Tschechien und Iveland, Norwegen.
Verwendung: Wichtigstes Be-Erz.

Hemimorphit

$Zn_4Si_2O_7(OH)_2 \cdot H_2O$

ORTHORHOMBISCH ●●●

Eigenschaften: F – farblos, weiß, gelblich, grünlich; ST – weiß; G – glasartig bis matt; T – durchsichtig bis durchscheinend; D – 3,4; H – 4,5–5; SP – vollkommen; B – uneben; M – tafelige Kristalle und ihre Kombinationen, traubige und radialstrahlige Aggregate, körnig, massig.
Bildung und Fundorte: Sekundär in der Oxidationszone von Zn-Lagerstätten, Begleitmineralien sind Sphalerit, Smithsonit und Cerussit. Bis zu 10 cm lange Kristalle kommen aus Bisbee, Arizona, USA. Weitere Vorkommen in der El Potosí Mine, Santa Eulalia, Chihuahua, Mexiko; in Bleiberg, Österreich und Cho-Dien, Vietnam.
Verwendung: Zn-Erz.

Hemimorphit xx 30 mm, Mapimi, Mexiko

Lamprophyllit

$Na_2Sr_2Ti_3Si_4O_{16}(OH,F)_2$

MONOKLIN ● ●

Eigenschaften: F – braun bis dunkelbraun; ST – weiß; G – glasartig bis metallartig; T – durchscheinend; D – 3,5; H – 2–3; SP – vollkommen; B – uneben; M – tafelige Kristalle, radialstrahlige Aggregate.

Bildung und Fundorte: Magmatisch in alkalischen Syeniten und ihren Pegmatiten, Begleitmineralien sind Nephelin, Ägirin und Eudialyt. Die besten Kristalle mit bis zu 15 cm Länge kommen vom Berg Flora im Lovozeromassiv, Kola-Halbinsel, Russische Föderation. Bekannte Vorkommen auch in Langesundsfjord, Norwegen und Mont St.-Hilaire, Québec, Kanada.

Hemimorphit 26 mm, Arizona, USA

Lamprophyllit xx 50 mm, Lovozeromassiv, Russische Föderation

Klinozoisit 36 mm, Eden Mills, USA

Klinozoisit

$Ca_2Al_3Si_3O_{12}(OH)$

MONOKLIN ● ● ● ●

Eigenschaften: F – farblos, gelblich, grün, rosa; ST – weiß; G – glasartig bis matt; T – durchsichtig bis durchscheinend; D – 3,4; H – 6,5; SP – gut; B – uneben; M – prismatische Kristalle, säulige, radialstrahlige Aggregate, körnig, massig.
Bildung und Fundorte: Metamorph und hydrothermal in Kontaktzonen von Marmor und auf alpinotypen Gängen. Bis zu 6 cm lange, prismatische Kristalle stammen von der Insel Radøy, Norwegen. Weitere Vorkommen in Eden Mills, Vermont; Allens Park, Colorado, USA und Pinos Altos, Baja California, Mexiko.

Epidot

$Ca_2(Al,Fe^{3+})_3Si_3O_{12}(OH)$

MONOKLIN ● ● ● ● ●

Eigenschaften: F – grün, braun, grünlich, gelbgrün; ST – weiß; G – glasartig bis matt; T – durchsichtig bis durchscheinend, stellenweise undurchsichtig; D – 3,4; H – 6–7; SP – gut; B – uneben; M – prismatische Kristalle, säulige und radialstrahlige Aggregate, körnig, massig.
Bildung und Fundorte: Metamorph in Kontaktzonen von Marmor und Granit; hydrothermal auf alpinotypen Gängen und in hydrothermal verwandelten Gesteinen, normalerweise in Verbindung mit Albit, Prehnit und Hornblende. Bis zu 14 cm lange, grüne Kristalle fand man in Sobotín, Tschechien. Vollkommene Kristalle mit bis zu 10 cm Durchmesser kommen von der Knappenwand, Österreich. Dicktafelige Kristalle treten auf der Prince of Wales Island, Alaska, USA zutage. Schöne Kristalle, die den österreichischen Exemplaren sehr ähnlich sind, wurden vor kurzem in Alchuri, Shigar, Pakistan gefunden. Schöne Säulenaggregate kennt man aus Pampa Blanca, Peru. Weitere Vorkommen in Arendal, Norwegen.

Piemontit

$Ca_2(Al,Mn^{3+})_3Si_3O_{12}(OH)$

MONOKLIN ● ●

Eigenschaften: F – rotbraun bis schwarz, scharlachrot, rotgelb; ST – kirschrot; G – glasartig bis matt; T – durchscheinend, stellenweise undurchsichtig; D – 3,5; H – 6; SP – gut; B – uneben; M – prismatische Kristalle, radialstrahlige Aggregate, körnig.
Bildung und Fundorte: Metamorph in Schiefern und Mn-reichen, metamorphen Gesteinen; selten mag-

Epidot 40 mm, Dazhkesan, Aserbaidschan

Epidot 50 mm, Knappenwand, Österreich

matisch in Rhyolithen und Pegmatiten. Bis zu 3 cm lange Nadeln kommen aus St. Marcel, Piemont, Italien und Otakiyama, Japan.

Allanit-(Ce)

$(Ca,Ce,Y)_2(Al,Fe^{3+})_3Si_3O_{12}(OH)$

MONOKLIN ● ● ●

Eigenschaften: F – schwarz bis dunkelbraun; ST – grüngrau; G – fettig bis metallartig; T – durchscheinend bis undurchsichtig; D – 3,9; H – 5,5–6; SP – keine; B – muschelig bis uneben; M – tafelige Kristalle, körnig; A – gewöhnlich metamikt.

Bildung und Fundorte: Magmatisch in Pegmatit und Granit; metamorph in verschiedenen metamorphen Gesteinsarten, z. B. in Migmatiten, Amphiboliten und in Gneis. Körner mit bis zu 70 cm Durchmesser fand man im Pegmatit bei Bancroft, Ontario, Kanada. Vorkommen auch in Barringer Hill, Colorado; im Amelia District, Virginia, USA; in Arendal und Hitterö, Norwegen; Ytterby und Riddarhyttan, Schweden sowie in der Yates Mine, Québec, Kanada.

Piemontit 45 mm, Todyryact, Marokko

Allanit-(Ce) 40 mm, Vizcaya, Spanien

Tansanit 37 mm, Arusha, Tansania

Zoisit 60 mm, Weißenstein, Deutschland

Zoisit

$Ca_2Al_3Si_3O_{12}(OH)$

ORTHORHOMBISCH ● ● ●

Varietäten: Thulit, Tansanit.
Eigenschaften: F – farblos, gelblich, grün, rosa, rot (Thulit), blau (Tansanit); ST – weiß; G – glasartig bis matt; T – durchsichtig bis durchscheinend; D – 3,4; H – 6,5; SP – gut; B – uneben; M – prismatische Kristalle, radialstrahlige Aggregate, körnig.
Bildung und Fundorte: Metamorph in regionalmetamorphen, Ca-reichen Gesteinen, vor allem in Pyroxengneisen, Amphiboliten und in Kontaktzonen von Marmor. Man kennt es aus vielen Fundorten wie Saualpe, Österreich; Zermatt, Schweiz; Lexviken, Norwegen (Thulit); Traversella, Italien; Alchuri, Pakistan; oder den Merelani Hills, Arusha, Tansania (Tansanit), wo bis zu 7 cm lange Kristalle gefunden wurden.
Verwendung: Tansanit und Thulit werden als Edelsteine abgebaut.

Thulit 40 mm, Lexviken, Norwegen

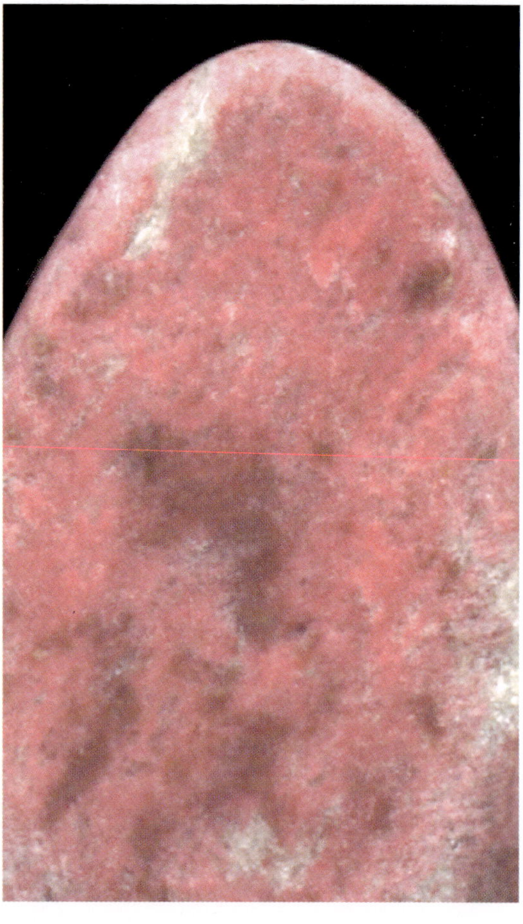

Vesuvian

$Ca_{19}(Al,Mg,Fe)_{13}Si_{18}O_{68}(OH,F,O)_{10}$

TETRAGONAL ● ● ●

Eigenschaften: F – braun, gelblich, grün, blau, violett, farblos; ST – weiß; G – glasartig bis matt; T – durchsichtig bis durchscheinend; D – 3,3; H – 6–7; SP – undeutlich; B – uneben bis muschelig; M – prismatische bis tafelige Kristalle, Säulenaggregate mit radialstrahliger Struktur, körnig, massig.
Bildung und Fundorte: Metamorph und hydrothermal in kontaktmetamorphen, Ca-reichen Gesteinen, vor allem in Skarn, in Kontaktzonen von Marmor und auch in Rodingiten; selten magmatisch in alkalischen Gesteinen. Es tritt normalerweise zusammen mit Grossular, Wollastonit und Diopsid auf. Vollkommene, bis zu 18 cm lange, grüne Kristalle und bis zu 7 cm lange, violette Kristalle stammen aus der Jeffrey-Grube, Asbestos, Québec, Kanada. Man kennt es auch aus Hazlov, Tschechien; Crestmore, California, Franklin, New Jersey, USA und Monzoni, Italien.

Vesuvian 110 mm, Asbestos, Kanada

Viluit

$Ca_{19}(Al,Mg)_{13}B_5Si_{18}O_{68}(O,OH)_{10}$

TETRAGONAL ●

Eigenschaften: F – dunkelgrün, graubraun; ST – weiß; G – glasartig bis matt; T – durchsichtig bis durchscheinend; D – 3,4; H – 6; SP – undeutlich; B – uneben bis muschelig; M – prismatische Kristalle.
Bildung und Fundorte: Metamorph in serpentinisiertem Skarn, Begleitmineral ist Grossular. Vollkommene, prismatische Kristalle mit bis zu 5 cm Länge kennt man nur aus dem Flussgebiet des Vilui, Jakutien, Russische Föderation.

Viluit xx 30 mm, Vilui, Russische Föderation

Benitoit

$BaTiSi_3O_9$

TRIGONAL ● ●

Eigenschaften: F – blau, rosa, weiß, farblos; ST – weiß; G – glasartig bis matt; T – durchsichtig bis durchscheinend; D – 3,6; H – 6–6,5; SP – undeutlich; B – uneben bis muschelig; M – prismatische bis tafelige Kristalle, meist mit trigonalem Querschnitt; LU – bläulich.
Bildung und Fundorte: Hydrothermal auf Serpentinit kreuzenden Gängen, immer in Begleitung von Neptunit und Natrolith. Der einzige Fundort ist die Benitoite Gem Mine, San Benito Co., California, USA, wo tafelige Kristalle mit bis zu 4 cm Durchmesser zutage treten.

Katapleit

$Na_2ZrSi_3O_9 \cdot 2\,H_2O$

HEXAGONAL ● ●

Eigenschaften: F – hellgelb, gelbbraun, rosa, braun, blau; ST – weiß; G – glasartig bis matt; T – durchsichtig bis undurchsichtig; D – 2,8; H – 5–6; SP – gut; B – uneben; M – dünntafelige Kristalle, blättrige Aggregate.
Bildung und Fundorte: Magmatisch in Nephelinsyeniten und ihren Pegmatiten, zusammen mit Ägirin, Titanit, Nephelin und Mikroklin. Vorkommen tafeliger Kristalle mit bis zu 15 cm Durchmesser in Mont St.-Hilaire, Québec, Kanada. Kristalle mit bis zu 3 cm Durchmesser kommen vom Berg Yukspor, Khibinymassiv, Kola-Halbinsel, Russische Föderation. Weitere Vorkommen in Langesundsfjord, Norwegen und Magnet Cove, Arkansas, USA.

Eudialyt

$Na_4(Ca,Fe,Ce,Mn)_2ZrSi_6O_{18}(OH,Cl)$

TRIGONAL ● ●

Eigenschaften: F – rot, rosa bis braun; ST – weiß; G – glasartig bis matt; T – durchsichtig bis durchscheinend; D – 2,8; H – 5–5,5; SP – undeutlich; B – uneben; M – prismatische und tafelige Kristalle, körnig.
Bildung und Fundorte: Magmatisch in Nephelinsyeniten und ihren Pegmatiten, Begleitmineralien sind Ägirin, Nephelin und Mikroklin. Kristalle mit bis zu 8 cm Durchmesser kommen vom Kukisvumchorr, Khibinymassiv, Kola-Halbinsel, Russische Föderation. Kristalle mit bis zu 5 cm Durchmesser kennt man auch aus Mont St.-Hilaire, Québec, Kanada. Weitere Vorkommen in Langesundsfjord, Norwegen und in Los Island, Guinea.

Ferroaxinit

$Ca_2FeAl_2BSi_4O_{15}(OH)$

TRIKLIN ● ● ●

Eigenschaften: F – braun bis violettbraun, hellviolett; ST – weiß; G – glasartig bis matt; T – durchsichtig bis durchscheinend; D – 3,3; H – 6,5–7; SP – gut; B – un-

Benitoit x 28 mm, San Benito Co., USA

Katapleit 37 mm, Mont St.-Hilaire, Kanada

Eudialyt 20 mm, körnig, Khibinymassiv, Russ. Föderation

Ferroaxinit 62 mm, Khapalu, Pakistan

eben bis muschelig; M – tafelige Kristalle, plattige Aggregate, körnig, massig.
Bildung und Fundorte: Metamorph und hydrothermal in Kontaktzonen von Marmor und Granit, Begleitmineralien sind Klinozoisit, Prehnit, Calcit und Aktinolith, auch auf alpinotypen Gängen und in Pegmatit. Vollkommene, tafelige Kristalle mit bis zu 15 cm Durchmesser kommen aus Puiva, Nördlicher Ural, Russische Föderation. Andere bekannte Fundorte sind Obira, Japan; Bourg d'Oisans, Frankreich und Monte Scopi, Schweiz.

Tinzenit

$Ca(Mn,Fe)_2Al_2BSi_4O_{15}(OH)$

TRIKLIN ● ●

Eigenschaften: F – gelb, orange bis rot; ST – weiß; G – glasartig bis matt; T – durchsichtig bis durchscheinend; D – 3,3; H – 6,5–7; SP – gut; B – uneben bis muschelig; M – tafelige Kristalle, plattige und faserige Aggregate, körnig, massig.
Bildung und Fundorte: Hydrothermal auf alpinotypen Gängen, die Braunit-reiches Gestein kreuzen. Vorkommen in Tinzen, Val d'Err, Schweiz und in der Cassagna-Grube, Genua, Italien.

Tinzenit xx 10 mm, Val Graveglia, Italien

Beryll

$Be_3Al_2Si_6O_{18}$

HEXAGONAL ● ● ● ●

Varietäten: Smaragd, Aquamarin, Heliodor, Morganit, Goshenit, Roter Beryll (Bixbit).
Eigenschaften: F – je nach Varietät unterschiedlich; gewöhnlicher Beryll – meist gelb, gelbgrün, hellgrün bis weiß, selten blau; Varietäten: Smaragd – dunkel-, smaragdgrün; Aquamarin – hell- bis dunkelblaugrün; Morganit – rosa; Heliodor – hellgelb bis gelbgrün; Goshenit – weiß bis farblos; Roter Beryll – rot; ST – weiß; G – glasartig bis matt; T – durchsichtig bis durchscheinend; D – 2,6; H – 7,5–8; SP – undeutlich; B – uneben bis muschelig; M – langprismatische bis tafelige Kristalle, säulige und radialstrahlige Aggregate, körnig, massig.
Bildung und Fundorte: Magmatisch in Pegmatit und Granit; hydrothermal in Greisen, in Rhyolithhohlräumen und auf Quarzgängen; metamorph in Glimmerschiefer. Vollkommene, bis zu 9 m lange, prismatische Kristalle des gewöhnlichen Beryll fand man in der Etta Mine, Keystone, South Dakota, USA. Bis zu 177 Tonnen schwere Kristalle kommen aus Namivo, Alto Ligonha, Mosambik. Andere Fundorte sind Pici, Brasilien; Iveland, Norwegen und Antsirabé, Madagaskar. Smaragdkristalle treten in Glimmerschiefer, Marmor und ultrabasischen Gesteinen auf, Begleitmineralien sind andere Be-Mineralien, Phenakit und Chrysoberyll. Schöne dunkelgrüne und durchsichtige

Smaragd x 30 mm, Boyacá, Kolumbien

Smaragd 30 mm, Ural, Russische Föderation

Kristalle kennt man aus Malyshevo, Ural, Russische Föderation; Muzo und Coscuez, Kolumbien und Habachtal, Österreich, wo die größten Kristalle bis zu 12

Smaragd 90 mm, Muzo, Kolumbien

Aquamarin 97 mm, Koronel Hurta, Brasilien

cm groß sind. Aquamarin kennt man vorwiegend aus Pegmatiten und hydrothermalen Gängen, hauptsächlich in Verbindung mit Turmalin, Quarz und Albit.

Aquamarin 158 mm, Ihingus, Pakistan

Heliodor 87 mm, Volodarsk Volynskii, Ukraine

Kristalle mit intensiver Blaufärbung kennt man aus vielen Pegmatiten in Minas Gerais, Brasilien, wo in der Marambaia-Mine Kristalle mit bis zu 70 cm Länge und einem Gewicht bis zu 110 kg gefunden wurden. Vor kurzem traten sehr schöne, glänzende Kristalle mit über 30 cm Länge in der Medina-Mine zutage. Weitere Fundorte sind Murzinka, Ural und Adun Chilon, Sibirien, Russische Föderation; Spitzkopje, Namibia; Gilgit, Pakistan und andere. Morganit ist ein typisches Mineral in granitischem Pegmatit, wo es vor allem in Hohlräumen auftritt – meist in Begleitung farbiger Varietäten von Turmalin, Quarz und Albit. Die tafeligen Kristalle mit bis zu 10 cm Durchmesser fand man in der White Queen Mine, Pala, California, USA. Kleinere Kristalle kommen aus San Piero in Campo, Elba, Italien. Kristalle mit bis zu 50 cm Durchmesser kennt man aus mehreren Fundorten in Minas Gerais, Brasilien. Heliodor tritt auch in Pegmatithohlräumen, auf hydrothermalen Gängen und in Gneis zutage, normalerweise in Verbindung mit Quarz und Albit. Prismatische, bis zu 20 cm lange Kristalle stammen aus Volodarsk Volynskii, Ukraine. Man kennt es auch aus Nerchinsk, Sibirien, Russische Föderation und mehreren Gruben in Minas Gerais, Brasilien. Goshenit tritt nur in Pegmatiten auf. Seine prismatischen Kristalle kommen aus Goshen, Massachusetts, USA und San Piero

Heliodor x 26 mm, Pamir, Tadschikistan

Goshenit 39 mm, Apalygun, Pakistan

Bixbit x 17 mm Wah Wah Mts., USA

in Campo, Elba, Italien. Roten Beryll fand man in Violet Claims, Wah Wah Mts., Utah, USA, wo Kristalle mit bis zu 5 cm entdeckt wurden.
Verwendung: Be-Erz, die farbigen Varietäten werden als Edelsteine abgebaut.

Morganit x 43 mm, San Diego Co., USA

Bazzit 70 mm, Tørdal, Norwegen

Bazzit
$Be_3(Sc,Al)_2Si_6O_{18}$

HEXAGONAL ●

Eigenschaften: F – hell- bis tiefblau; ST – weiß; G – glasartig bis matt; T – durchsichtig bis durchscheinend; D – 2,8; H – 6,5; SP – undeutlich; B – uneben bis muschelig; M – langprismatische Kristalle, säulige und radialstrahlige Aggregate.
Bildung und Fundorte: Hydrothermal auf alpinotypen Gängen und in Pegmatiten. Bis zu 2 cm lange Kristalle kommen aus Tørdal, Norwegen. Weitere Funde am Lago Maggiore, Italien und in St. Gotthard, Schweiz.

Cordierit
$Mg_2Al_4Si_5O_{18}$

ORTHORHOMBISCH ● ● ● ●

Varietäten: Iolith (glänzend blau).

Cordierit 50 mm, Fishtail Lake, Kanada

Sekaninait x 40 mm, Dolní Bory, Tschechien

Eigenschaften: F – blau, violett, grau, graugrün, graubraun, trichroitisch; ST – weiß; G – glasartig bis matt; T – durchsichtig bis durchscheinend; D – 2,5; H – 7–7,5; SP – undeutlich; B – uneben bis muschelig; M – kurzprismatische Kristalle, körnig.
Bildung und Fundorte: Metamorph in Migmatiten, in Gneis und in Feuerstein; magmatisch in Granit und granitischem Pegmatit, meist mit den Begleitmineralien Andalusit und Sillimanit, Vorkommen auch in Seifen. Es ist ein gesteinsbildendes Mineral. Die prismatischen Kristalle kommen sehr selten vor. Schwach entwickelte, durchsichtige Kristalle mit einer Länge bis zu 20 cm stammen aus Näverberg, Schweden. Weitere Vorkommen in Orijärvi, Finnland; Kragerö, Norwegen und Bodenmais, Deutschland. Glänzende Gerölle kennt man aus der Umgebung von Ratnapura, Sri Lanka.

Sekaninait
$Fe_2Al_4Si_5O_{18}$

ORTHORHOMBISCH ● ● ●

Eigenschaften: F – blau, violett, stark pleochroitisch; ST – weiß; G – glasartig bis matt; T – durchsichtig bis

Dravit 27 mm, Gujarkot, Nepal

durchscheinend; D – 2,8; H – 7–7,5; SP – undeutlich; B – uneben bis muschelig; M – kurzprismatische Kristalle, körnig.
Bildung und Fundorte: Magmatisch in granitischem Pegmatit und teilweise in Granit, Begleitmineralien sind Andalusit und Turmalin; metamorph in Gneis und Migmatiten. Konische, unvollkommene Kristalle mit einer Länge bis zu 70 cm stammen aus der Typuslokalität Dolní Bory, Tschechien. Vorkommen auch in San Piero in Campo, Elba, Italien.

Dravit

TURMALINGRUPPE

$NaMg_3Al_6(BO_3)_3Si_6O_{18}(OH)_4$

TRIGONAL ● ● ● ●

Eigenschaften: F – hell- bis dunkelschwarzbraun, blau, farblos, meist pleochroitisch; ST – weiß; G – glasartig bis matt; T – durchsichtig bis durchscheinend; D – 3,0; H – 7–7,5; SP – keine; B – uneben bis muschelig; M – lang- bis kurzprismatische Kristalle, säulige bis nadelförmige Aggregate, körnig.
Bildung und Fundorte: Metamorph in Migmatiten, Gneis, Glimmerschiefer, Marmor und in kontaktmetasomatischen Gesteinen; magmatisch teilweise in granitischem Pegmatit; hydrothermal auf Quarz- und Erzgängen, Vorkommen auch in Seifen. Braune bis dunkelbraune, vollkommene Kristalle mit einer Länge bis zu 20 cm stammen aus dem Glimmerschiefer bei Dravograd, Slowenien. Man kennt es auch aus dem Marmor in Gouverneur, New York, USA. Kristalle mit bis zu 15 cm Durchmesser fand man in Yinnietharra, Western Australia, Australien. Vor kurzem wurden bis zu 5 cm lange Kristalle in Gujarkot, Nepal gefunden.
Verwendung: Durchsichtige Kristalle werden als Edelsteine abgebaut.

Buergerit x 12 mm, San Luis Potosí, Mexiko

Buergerit

TURMALINGRUPPE

$NaFe^{3+}{}_3Al_6(BO_3)_3Si_6O_{21}F$

TRIGONAL ●

Eigenschaften: F – schwarz, stark pleochroitisch; ST – gelbbraun; G – glasartig bis matt; T – durchscheinend bis undurchsichtig; D – 3,3; H – 7; SP – keine; B – uneben bis muschelig; M – prismatische Kristalle, körnig.
Bildung und Fundorte: Hydrothermal in Rhyolithen. Die schwarzen, bis zu 4 cm langen Kristalle kennt man aus Mexquitic, San Luis Potosí, Mexiko.

Schörl 40 mm, Gilgit, Pakistan

Schörl

TURMALINGRUPPE

$NaFe_3Al_6(BO_3)_3Si_6O_{18}(OH)_4$

TRIGONAL ● ● ● ●

Eigenschaften: F – schwarz, schwarzbraun, blauschwarz, stark pleochroitisch; ST – weiß; G – glasartig bis matt; T – durchscheinend bis undurchsichtig; D – 3,3; H – 7–7,5; SP – keine; B – uneben bis muschelig; M – lang- bis kurzprismatische Kristalle, säulige bis nadelförmige Aggregate, körnig, massig.

Bildung und Fundorte: Magmatisch in Granit und granitischem Pegmatit; hydrothermal in Greisen, auf Quarz- und Erzgängen; metamorph in Migmatiten, Gneis, Glimmerschiefer und Turmaliniten; Vorkommen auch in Seifen. Begleitmineralien sind meist Muskovit, Quarz und Albit. Vollkommene, schwarze Kristalle kommen aus vielen Fundorten mit Pegmatitgestein. Die langprismatischen Kristalle mit bis zu 5 m Länge stammen aus Arendal, Norwegen. Sehr gut entwickelte Kristalle kennt man auch aus Kaatiala, Finnland; Dolní Bory, Tschechien; Conselheira Pena und Galileia, Minas Gerais, Brasilien.

Povondrait

TURMALINGRUPPE

$NaFe^{3+}{}_3Mg_2Fe^{3+}{}_4(BO_3)_3Si_6O_{18}(OH)_4$

TRIGONAL ●

Eigenschaften: F – schwarz; ST – grau; G – glasartig bis matt; T – durchscheinend bis undurchsichtig; D –

Povondrait 60 mm, Cochabamba, Bolivien

Elbait 115 mm, Turmaline Queen Mine, USA

Elbait 153 mm, Afghanistan

3,3; H – 7; SP – keine; B – uneben bis muschelig; M – kurzprismatische Kristalle, körnig.
Bildung und Fundorte: Hydrothermal auf Klüften metamorpher Evaporite. Die schwarzen, bis zu 1 cm langen Kristalle stammen aus der Typuslokalität Alto Chapare, Cochabamba, Bolivien.

Elbait

TURMALINGRUPPE

$Na(Li_{1,5}Al_{1,5})Al_6(BO_3)_3Si_6O_{18}(OH)_3F$

TRIGONAL ● ● ●

Varietäten: Rubellit, Verdelith, Indigolith, Achroit.
Eigenschaften: F – je nach Varietät unterschiedlich; Rubellit – rosa bis rot; Verdelith – verschiedene Grüntöne; Indigolith – blau; Achroit – farblos, zu weiteren Farbvarianten gehören gelb, braun und schwarz; ST – weiß; G – glasartig bis matt; T – durchsichtig bis durchscheinend; D – 3,0; H – 7; SP – keine; B – uneben bis muschelig; M – prismatische Kristalle, Säulenaggregate, körnig, massig.
Bildung und Fundorte: Fast nur magmatisch und hydrothermal in granitischem Pegmatit, normalerweise in Verbindung mit Lepidolith und Albit; auch in Seifen. Die Kristalle kommen an vielen Fundorten meist in Hohlräumen von Pegmatiten vor. Ein 109 cm langer Rubellitkristall, „The Rocket" ge-

Rubellit 23 mm, Pala, USA

nannt, wurde in der Jonas-Mine, Minas Gerais, Brasilien gefunden. Bis zu 40 cm lange Rubellitkristalle kommen aus dem Alto Ligonha Distrikt, Mosambik. Bis zu 25 cm lange Rubellitkristalle traten in den Minen Stewart Lithia, Turmalin King und Turmalin Queen, Pala, California, USA zutage. Ein 27 cm langer Verdelithkristall ist aus der Dunton Mine, Newry, Maine, USA bekannt. Weitere bedeutende Fundorte sind San Piero in Campo, Elba, Italien; Malkhan, Transbaikalien, Russische Föderation; Rožná, Tschechien; Utö, Schweden; Gilgit, Pakistan und Paprok, Afghanistan.
Verwendung: Häufige Verwendung als Edelstein.

Uvit

TURMALINGRUPPE

$CaMg_4Al_5(BO_3)_3Si_6O_{18}(OH,F)_4$

TRIGONAL ● ● ●

Eigenschaften: F – grau, schwarz, braun, grün, rot, pleochroitisch; ST – weiß; G – glasartig bis matt; T – durchscheinend bis undurchsichtig; D – 3,3; H – 7–7,5; SP – keine; B – uneben bis muschelig; M – lang- bis kurzprismatische Kristalle, Säulenaggregate, körnig.
Bildung und Fundorte: Metamorph in Ca-reichen Gesteinen, in Marmor und Skarn; magmatisch in einigen Pegmatiten; hydrothermal auf Erzgängen. Vollkommene grüne und rote Kristalle mit bis zu 3 cm Durchmesser treten in Brumado, Bahía, Brasilien zutage. Weitere Fundorte sind Gouverneur und Pierrepont, New York, USA.

Liddicoatit

TURMALINGRUPPE

$Ca(Li_2Al)Al_6(BO_3)_3Si_6O_{18}(OH)_3F$

TRIGONAL ● ● ●

Varietäten: Rubellit, Verdelith.
Eigenschaften: F – je nach Varietät unterschiedlich, meist rosa, grün, grünlich braun bis gelbbraun; ST – weiß; G – glasartig bis matt; T – durchsichtig bis durchscheinend; D – 3,1; H – 7; SP – keine; B – uneben bis muschelig; M – prismatische Kristalle, Säulenaggregate, körnig.
Bildung und Fundorte: Magmatisch in granitischem

Uvit 41 mm, Brumado, Brasilien

Liddicoatit 60 mm, Anjanabonoina, Madagaskar

Verdelith 24 mm, Gillette Q., USA

Indigolith 32 mm, Esmeralda Mine, Mesa Grande, USA

Pegmatit in Verbindung mit Lepidolith, Spodumen und Albit. Vollkommene rote und grüne Kristalle mit einer Länge bis zu 25 cm kommen aus den Hohlräumen in Pegmatiten vieler Fundorte in Madagaskar, z. B. Sahatany und Anjanabonoina. Vorkommen auch in Bližná, Tschechien.

Verwendung: Wird als Edelstein abgebaut.

Liddicoatit 41 mm, Madagaskar

Foitit

TURMALINGRUPPE

☐ $Fe_2AlAl_6(BO_3)_3Si_6O_{18}(OH)_4$

TRIGONAL ●●●

Eigenschaften: F – schwarz bis schwarzviolett; ST – weiß; G – glasartig bis matt; T – durchscheinend bis undurchsichtig; D – 3,3; H – 7; SP – keine; B – uneben bis muschelig; M – prismatische Kristalle, nadelförmige Aggregate.
Bildung und Fundorte: Magmatisch in granitischem Pegmatit und in Granit; hydrothermal in Pegmatithohlräumen. Das charakteristische an Foitit ist, dass es die schwarzen Spitzen von Elbaitkristallen (Mohrenköpfe) bildet, so in Dobrá Voda, Tschechien; San Piero in Campo, Elba, Italien und in der White Queen Mine, Pala, California, USA. Zusammen mit Schörl tritt es in einigen granitischen Pegmatiten auf, wie in Rožná, Tschechien.

Rossmanit

TURMALINGRUPPE

☐ $LiAl_2Al_6(BO_3)_3Si_6O_{18}(OH)_4$

TRIGONAL ●

Eigenschaften: F – rosa; ST – weiß; G – glasartig bis matt; T – durchsichtig bis durchscheinend; D – 3,1; H – 7; SP – keine; B – uneben bis muschelig; M – prismatische Kristalle, Säulenaggregate.
Bildung und Fundorte: Magmatisch in granitischem Pegmatit. Prismatische, bis zu 2 cm lange Kristalle fand man in massigem Lepidolith in Rožná, auch in Laštovičky, Tschechien.

Dioptas

$Cu_6Si_6O_{18} . 6 H_2O$

TRIGONAL ●●

Eigenschaften: F – smaragdgrün bis blaugrün; ST – hellblaugrün; G – glasartig bis matt; T – durchsichtig bis durchscheinend; D – 3,3; H – 5; SP – gut; B – uneben bis muschelig; M – lang- bis kurzprismatische Kristalle, körnig.
Bildung und Fundorte: Sekundär in der Oxidationszone von Cu-Lagerstätten, Begleitmineralien sind andere sekundäre Cu-Mineralien. Schöne Kristalle mit bis zu 5 cm Durchmesser treten in Tsumeb, Namibia; Altyn Tyube, Kasachstan und Renneville, Dem. Rep. Kongo zutage. Vorkommen auch in der Mammoth Mine, Tiger, Arizona, USA.

Milarit

$KCa_2AlBe_2Si_{12}O_{30} . H_2O$

HEXAGONAL ●●

Eigenschaften: F – farblos, weiß, grau, hellgrün; ST – weiß; G – glasartig bis matt; T – durchsichtig bis durchscheinend; D – 2,5; H – 5–6; SP – keine; B – uneben bis muschelig; M – langprismatische bis nadelförmige Kristalle, körnig.
Bildung und Fundorte: Hydrothermal auf alpinotypen Gängen, in Pegmatit und auf hydrothermalen Gängen, Begleitmineral ist Adular. Bis zu 4 cm lange Kristalle kommen aus Jaguaraçu, Minas Gerais, Brasilien. Weitere Funde in St. Gotthard, Schweiz; Klein Spitzkopje, Namibia und in der Valencia-Mine, Guanajuato, Mexiko.

Foitit x 20 mm, Dobrá Voda, Tschechien

Rossmanit xx 10 mm, Laštovičky, Tschechien

Dioptas 40 mm, Mindouli, Dem. Rep. Kongo

Sugilit

$KNa_2(Fe,Mn,Al)_2Li_3Si_{12}O_{30}$

HEXAGONAL ●

Eigenschaften: F – violett; ST – weiß; G – glasartig bis matt; T – durchsichtig bis durchscheinend; D – 2,7; H – 6–6,5; SP – keine; B – uneben bis muschelig; M – langprismatische bis nadelförmige Kristalle, körnig.
Bildung und Fundorte: Hydrothermal in alkalischen Syeniten, Begleitmineralien sind Pektolith, Albit und Ägirin. Vorkommen auf der Insel Iwagi, Japan und in Hotazel, Südafrika.
Verwendung: Wird als Edelstein und Schmuckstein abgebaut und verarbeitet.

Milarit 22 mm, Jaguaraçu, Brasilien

Sugilit 40 mm, Hotazel, Südafrika

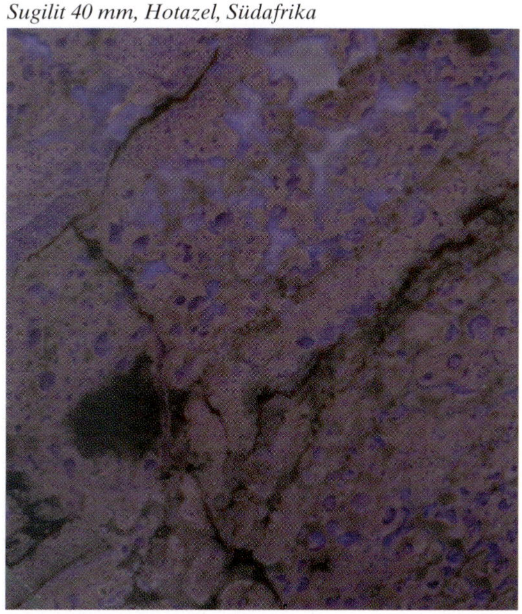

Bronzit 15 mm, Minas Gerais, Brasilien

Enstatit

PYROXENGRUPPE

$Mg_2Si_2O_6$

ORTHORHOMBISCH ● ● ● ●

Varietäten: Bronzit.
Eigenschaften: F – farblos, grau, gelblich, grünlich, braun (Bronzit); ST – weiß; G – glasartig bis matt; T – durchsichtig bis undurchsichtig; D – 3,2; H – 5–6; SP – gut; B – uneben bis muschelig; M – prismatische Kristalle, körnig.
Bildung und Fundorte: Magmatisch in ultrabasischen Gesteinen, Gabbros, Peridotiten und in Meteoriten; metamorph in Marmor, Begleitmineralien sind meist Olivin und Pyrop. Bis zu 50 cm lange Kristalle kennt man aus Bamle, Norwegen. Erstmals wurde es in Ruda nad Moravou, Tschechien beschrieben. Glänzende, bis zu 2 cm lange Kristalle treten in Brumado, Bahía, Brasilien zutage.

Diopsid

PYROXENGRUPPE

$CaMgSi_2O_6$

MONOKLIN ● ● ● ● ●

Varietäten: Chromdiopsid, Fassait, Jeffersonit.
Eigenschaften: F – hellgrün, dunkelgrün (Chromdiopsid), farblos, weiß, grau, braun, selten blau; ST – weiß; G – glasartig bis matt; T – durchsichtig bis durchscheinend; D – 3,3; H – 5,5–6,5; SP – gut; B – uneben bis muschelig; M – lang- bis kurzprismatische Kristalle, körnig.
Bildung und Fundorte: Metamorph in Ca-reichen Gesteinen, Skarn, Pyroxen-Gneis, Marmor; magmatisch in basischen Vulkangesteinen, Pegmatit und Meteoriten; hydrothermal auf alpinotypen Gängen.

Chromdiopsid 5 mm, körnig, Inagli, Russ. Föderation

Fassait tritt in Skarn auf, Chromdiopsid in metamorphen Lagerstätten von Cu und Cr; Jeffersonit in metamorphen Lagerstätten von Mn und Zn. Diopsid ist ein typisches gesteinsbildendes Mineral, Begleitmineralien sind Plagioklas, Grossular und Epidot. Gut ausgebildete Kristalle sind ziemlich selten. Prismatische, bis zu 25 cm lange Kristalle von Jeffersonit

Diopsid x 22 mm, Ala, Italien

stammen aus Franklin, New Jersey, USA. Kristalle in Corrego Setuba, Minas Gerais, Brasilien erreichen eine Größe bis zu 30 cm. Weitere typische Fundorte sind das Zillertal, Österreich; Nordmarken, Schweden und die Orford Mine, Québec, Kanada. Fassait kennt man aus dem Val di Fassa, Italien. Bis zu 10 cm große Chromdiopsidkristalle fand man in Outokumpu, Finnland, und Rohedelsteine wurden erst vor kurzer Zeit in Inagli, Jakutien, Russische Föderation entdeckt.

Hedenbergit

PYROXENGRUPPE

$CaFeSi_2O_6$

MONOKLIN ● ● ● ●

Eigenschaften: F – dunkelgrün, braungrün, braun bis schwarz; ST – weiß bis grau; G – glasartig bis matt; T – durchsichtig bis durchscheinend; D – 3,6; H – 6; SP – gut; B – uneben bis muschelig; M – lang- bis kurzprismatische Kristalle, körnig.
Bildung und Fundorte: Metamorph in Ca-reichen Gesteinen, wie Fe-Skarn und Pyroxen-Gneis; magmatisch in einigen Graniten und Syeniten, Begleitmineralien sind Magnetit, Grossular und Epidot. Kristalle sind ziemlich selten; bis zu 5 cm große Kristalle sind in Dalnegorsk, Russische Föderation und Franklin, New Jersey, USA anzutreffen. Vorkommen auch in Nordmarken, Schweden. Große blättrige Aggregate kommen aus dem Skarn in Rio Marina, Elba, Italien.

Hedenbergit 40 mm, Dalnegorsk, Russische Föderation

Augit 17 mm, Firmerich, Deutschland

Augit

PYROXENGRUPPE

$(Ca,Mg,Fe,Al)(Si,Al)_2O_6$

MONOKLIN ● ● ● ● ●

Eigenschaften: F – dunkelbraun bis schwarz; ST – graugrün; G – glasartig bis matt; T – durchscheinend bis undurchsichtig; D – 3,6; H – 6; SP – gut; B – uneben bis muschelig; M – kurzprismatische Kristalle, körnig.
Bildung und Fundorte: Magmatisch in basischen Gesteinen (Basalten, Gabbros, Diabas und Diabastuffe); selten metamorph in Skarn. Es ist ein typisches gesteinsbildendes Mineral und ist aus zahlreichen Fundorten bekannt. Schön ausgebildete Kristalle mit bis zu 15 cm Durchmesser treten vor allem in Vulkangesteinen zutage, so am Lake Clear, Ontario, Kanada. Bis zu 5 cm große Kristalle kennt man auch aus dem Laacher See, Deutschland und aus Lukov und Paškapole, Tschechien.

Omphacit 90 mm, St. Leonhard, Österreich

Omphacit

PYROXENGRUPPE

$(Ca,Na)(Mg,Fe^{2+},Fe^{3+},Al)(Si,Al)_2O_6$

MONOKLIN ● ● ● ●

Eigenschaften: F – grün bis dunkelgrün; ST – grauweiß; G – glasartig bis matt; T – durchscheinend bis undurchsichtig; D – 3,3; H – 5–6; SP – gut; B – uneben bis muschelig; M – kurzprismatische Kristalle, nadelförmige Aggregate, körnig.

Bildung und Fundorte: Metamorph in ultrabasischen und basischen Gesteinen, gebildet unter hohen Temperaturen, meist in Begleitung von Pyrop, Diopsid und Kyanit. Vorkommen im Eklogit und Granulit von Rubinberg, Deutschland; in Headsburg, California, USA und andernorts.

Jadeit 85 mm, Guerro Negro, Baja California, USA

Nephrit 60 mm, Jordanow, Polen

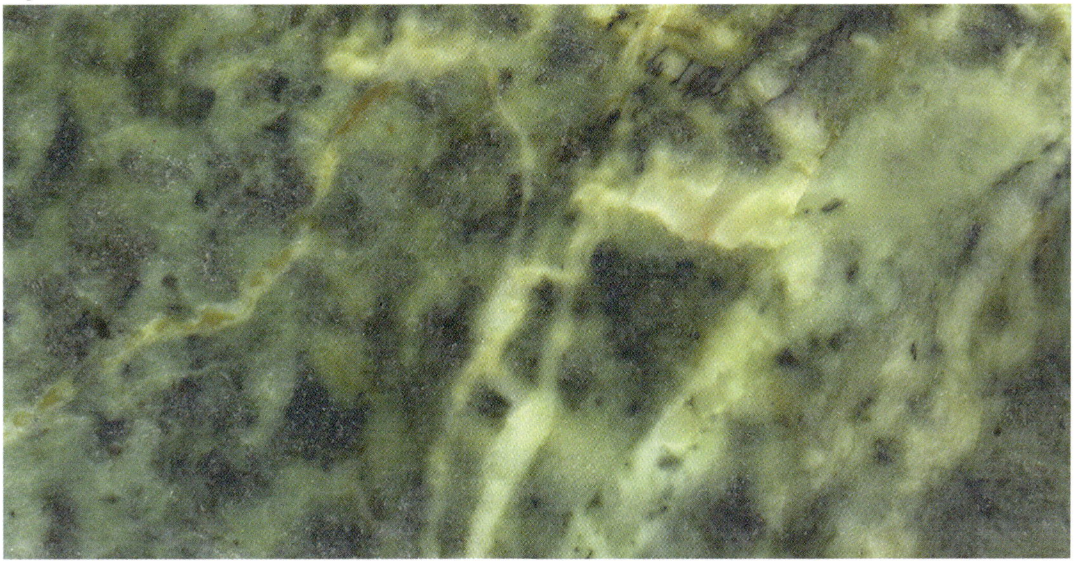

Jadeit

PYROXENGRUPPE

$NaAlSi_2O_6$

MONOKLIN ● ●

Varietäten: Nephrit.
Eigenschaften: F – weiß, violett bis grau, in Aggregaten auch hellgrün (Nephrit); ST – weiß; G – glasartig bis matt; T – durchsichtig bis durchscheinend; D – 3,2; H – 6; SP – gut; B – uneben bis muschelig; M – prismatische Kristalle, nadelförmige Aggregate, körnig.
Bildung und Fundorte: Ausschließlich metamorph in stark metamorphen Gesteinen; auch in Seifen. Mehrere Tonnen schwere Blöcke kennt man aus Ben Sur, California, USA. Weitere Vorkommen in Tawmaw, Myanmar; in Neuseeland; Tibet und andernorts.
Verwendung: Edel- und Dekorstein, häufig für Schnitzereien verwendet.

Ägirin

PYROXENGRUPPE

$NaFe^{3+}Si_2O_6$

MONOKLIN ● ● ●

Eigenschaften: F – dunkelgrün bis schwarzgrün; ST – hellgelbgrau; G – glasartig bis matt; T – durchscheinend bis undurchsichtig; D – 3,6; H – 6; SP – gut; B – uneben bis muschelig; M – langprismatische bis nadelförmige Kristalle, nadelförmige Aggregate.
Bildung und Fundorte: Magmatisch, vor allem in alkalisch-magmatischen Gesteinen (Syeniten, Karbonatiten, alkalischen Graniten und ihren Pegmatiten); selten hydrothermal in Sedimenten. Schön ausgebildete, prismatische Kristalle mit einer Länge bis zu 15 cm kommen aus Mt. Malosa, Malawi. Bis zu 30 cm große Kristalle treten in Langensundsfjord, Norwegen zutage. Andere Fundorte sind der Berg Karnasurt im Lovozeromassiv, Kola-Halbinsel, Russische Föderation und Mont St.-Hilaire, Québec, Kanada.

Ägirin 77 mm, Mt. Malosa, Malawi

Spodumen x 52 mm, Kunar, Afghanistan

Hiddenit 35 mm, Adams Property, USA

Kunzit 118 mm, Nuristan, Afghanistan

Spodumen

PYROXENGRUPPE

$LiAlSi_2O_6$

MONOKLIN ● ● ●

Varietäten: Kunzit, Hiddenit, Triphan.
Eigenschaften: F – weiß, grau, gelblich (Triphan), grün (Hiddenit), rosa bis violett (Kunzit); ST – weiß; G – glasartig bis matt; T – durchsichtig bis durchscheinend; D – 3,2; H – 6,5–7,5; SP – gut; B – uneben bis muschelig; M – lang- bis kurzprismatische Kristalle, spaltbare Aggregate, körnig; LU – orange.
Bildung und Fundorte: Magmatisch in granitischem Pegmatit; hydrothermal in Pegmatithohlräumen. Es ist aus vielen Fundorten bekannt. Schwach entwickelte, bis zu 6 m lange Kristalle treten in der Etta Mine, Keystone, South Dakota und in Kings Mountain, North Carolina, USA zutage. Durchsichtige, bis zu 40 cm lange Kunzitkristalle kommen aus Mawi, Laghman, Afghanistan. Bis zu 28 cm lange Kunzitkristalle fand man in der Pala Chief Mine, Pala, California, USA. Rissige Kunzitkristalle mit bis zu 1 m Länge kennt man aus Araçuai, Minas Gerais, Brasilien. Bis zu 25 cm lange Hiddenitkristalle stammen aus Resplendor, Minas Gerais, Brasilien. Weitere Vorkommen in der Adams Property, North Carolina, USA.
Verwendung: Rohmaterial für keramische Erzeugnisse; Kunzit und Hiddenit werden als Edelsteine abgebaut.

Karpholith 70 mm, Horní Slavkov, Tschechien

Karpholith

$MnAl_2Si_2O_6(OH)_4$

ORTHORHOMBISCH ● ●

Eigenschaften: F – verschiedene Gelbtöne; ST – weiß; G – glasartig bis matt; T – durchscheinend; D – 3,0; H – 5–5,5; SP – gut; B – uneben bis muschelig; M – nadelförmige Kristalle und ihre Aggregate.
Bildung und Fundorte: Hydrothermal auf durch Greisen kreuzende Gänge, Begleitmineralien sind Fluorit, Quarz und Kassiterit; auch in metamorphen Gesteinen. Erste Funde in Horní Slavkov, Tschechien, wo es bis zu 1 cm lange, nadelförmige Kristalle und radialstrahlige Aggregate ausbildet. Weitere Funde in Meuville, Belgien und Wippra, Deutschland.

Lorenzenit

$Na_2Ti_2Si_2O_9$

ORTHORHOMBISCH ● ●

Eigenschaften: F – braun bis schwarz; ST – gelblich; G – glasartig bis matt; T – durchscheinend bis undurchsichtig; D – 3,4; H – 6; SP – gut; B – uneben bis muschelig; M – prismatische Kristalle, Säulenaggregate, körnig.
Bildung und Fundorte: Magmatisch in alkalischen Syeniten und ihren Pegmatiten, Begleitmineralien sind Astrophyllit, Nephelin und Ägirin. Bis zu 8 cm lange Kristalle kommen vom Berg Flora, Lovozeromassiv, Kola-Halbinsel, Russische Föderation. Andere Fundorte sind Narssarssuk, Grönland und Mont St.-Hilaire, Québec, Kanada.

Ajoit

$(K,Na)Cu_7AlSi_9O_{24}(OH)_6 . 3\ H_2O$

TRIKLIN ●

Eigenschaften: F – blaugrün; ST – hellgrün; G – glasartig bis matt; T – durchscheinend bis undurchsichtig; D – 3,0; H – unbestimmt; SP – unbestimmt; B – uneben bis muschelig; M – prismatische Kristalle, massig.
Bildung und Fundorte: Sekundär in Cu-Lagerstätten, Begleitmineral ist Shattuckit. Seltene Vorkommen kleiner Kristalle in der New Cornelia Mine, Ajo, Arizona, USA. Man kennt es auch als Einschlüsse in Quarzkristallen der Messina Mine, Transvaal, Südafrika.

Lorenzenit xx 20 mm, Flora, Russische Föderation

Ajoit 60 mm, Ajo, USA

Holmquistit 60 mm, Lac Malartic, Québec, Kanada

Antophyllit
AMPHIBOLGRUPPE
$Mg_7Si_8O_{22}(OH,F)_2$

ORTHORHOMBISCH ● ● ● ●

Eigenschaften: F – weiß, hellbraun, gelb, hellgrün; ST – weiß; G – glasartig bis matt; T – durchsichtig bis durchscheinend; D – 3,4; H – 5,5–6; SP – gut; B – uneben bis muschelig; M – langprismatische Kristalle, säulige und radialstrahlige Aggregate, körnig.

Antophyllit 60 mm, North Carolina, USA

Bildung und Fundorte: Metamorph in Gneis, Serpentinit und in der Kontaktzone von Serpentinit und Pegmatit, meist mit Aktinolith oder Tremolit und Cordierit. Bis zu 15 cm lange Kristalle kommen aus der Marbridge No. 1 Mine, Québec, Kanada. Man kennt es auch aus Bodenmais, Deutschland; Snarum, Schweden und Heřmanov, Tschechien.

Holmquistit
AMPHIBOLGRUPPE
$Li_2Mg_3Al_2Si_8O_{22}(OH,F)_2$

ORTHORHOMBISCH ● ● ●

Eigenschaften: F – blau, violett, grau, schwarz; ST – weiß; G – glasartig bis matt; T – durchsichtig bis durchscheinend; D – 3,0; H – 5,5–6; SP – gut; B – uneben bis muschelig; M – nadelförmige und prismatische Kristalle, faserige Aggregate, körnig.
Bildung und Fundorte: Hydrothermal in der Kontaktzone zwischen Li-haltigem Pegmatit und Amphiboliten, manchmal in Begleitung von Biotit. Vorkommen in Greenbushes, Western Australia, Australien, wo die Fasern bis zu 18 cm lang werden. Man kennt es auch aus Utö, Schweden; Manono, Dem. Rep. Kongo und Brandbrücken, Österreich.

Manganogedrit
AMPHIBOLGRUPPE
$Mn_2Fe_5Si_8O_{20}(OH)_2$

MONOKLIN ● ●

Eigenschaften: F – grau, dunkelgrün, braun, grünlich; ST – weiß; G – glasartig bis matt; T – durchscheinend bis undurchsichtig; D – 3,5; H – 5–6; SP – gut; B – uneben bis muschelig; M – säulige, nadelförmige und radialstrahlige Aggregate, körnig.
Bildung und Fundorte: Metamorph in kontakt- und regionalmetamorphen, Mn-reichen Gesteinen, Begleitmineralien sind Chlorit und Magnetit. Vorkommen in Dannemora, Schweden und andernorts.

Manganogedrit 70 mm, Neuseelamd

Tremolit 37 mm, Maricopa Co., Arizona, USA

Tremolit

AMPHIBOLGRUPPE

$Ca_2Mg_5Si_8O_{20}(OH)_2$

MONOKLIN ● ● ● ● ●

Eigenschaften: F – weiß, grau, grünlich, grün, braun, rosa; ST – weiß; G – glasartig bis matt; T – durchsichtig bis durchscheinend; D – 2,9; H – 5–6; SP – gut; B – uneben bis muschelig; M – säulige, nadelförmige und radialstrahlige Aggregate, körnig.
Bildung und Fundorte: Metamorph in kontakt- und regionalmetamorphen Gesteinen, in Dolomit und ultrabasischen Gesteinen; hydrothermal auf alpinotypen Gängen, typische Begleitmineralien sind Diopsid, Talk, Dolomitspat und Calcit. Es ist ein gesteinsbildendes Mineral, das an vielen Orten vorkommt. Bis zu 40 cm lange, prismatische Kristalle stammen aus Brumado, Bahía, Brasilien. Weitere Vorkommen in Campolungo, Schweiz; im Zillertal, Österreich; in Gouverneur, New York, USA und andernorts.

Aktinolith

AMPHIBOLGRUPPE

$Ca_2(Mg,Fe)_5Si_8O_{20}(OH)_2$

MONOKLIN ● ● ● ● ●

Eigenschaften: F – hellgrün bis fast schwarz; ST – weiß; G – glasartig bis matt; T – durchsichtig bis durchscheinend; D – 3,2; H – 5–6; SP – gut; B – uneben bis muschelig; M – säulige, nadelförmige und radialstrahlige Aggregate, körnig.
Bildung und Fundorte: Metamorph in kontakt- und regionalmetamorphen Gesteinen, auch in Dolomit und einigen basischen Gesteinen (Amphibolite, Schiefer). Es ist ein typisches gesteinsbildendes Mineral, Begleitmineralien sind Anthophyllit, Chlorit, Talk, Dolomitspat und Calcit. Man kennt es aus vielen Fundorten, wo es bis zu 25 cm lange Säulenaggregate bildet, so in der Knappenwand und im Zillertal, Österreich; im Val Malenco, Italien; in Brumado, Bahía, Brasilien und Sobotín, Tschechien.

Aktinolith xx 30 mm, Österreich

Edenit

AMPHIBOLGRUPPE

$NaCa_2(Mg,Fe)_5Si_7AlO_{22}(OH)_2$

MONOKLIN ● ● ● ●

Eigenschaften: F – weiß, grau bis dunkelgrün; ST – weiß; G – glasartig bis matt; T – durchsichtig, durchscheinend bis undurchsichtig; D – 3,1; H – 5–6; SP – gut; B – uneben bis muschelig; M – prismatische Kristalle, körnig.
Bildung und Fundorte: Metamorph in regionalmetamorphen, basischen Gesteinen und in Marmor; magmatisch in Dioriten und Gabbros. Typisches gesteinsbildendes Mineral; bis zu 4 cm lange Kristalle kommen aus Edenville, New York, USA und Bancroft, Ontario, Kanada.

Edenit 48 mm, Wilberforce, Kanada

Pargasit

AMPHIBOLGRUPPE

$NaCa_2(Mg,Fe)_4AlSi_6Al_2O_{22}(OH)_2$

MONOKLIN ● ● ● ●

Eigenschaften: F – hellbraun, grünblau, braun bis schwarzbraun; ST – weiß; G – glasartig bis matt; T – durchsichtig bis durchscheinend; D – 3,1; H – 5–6; SP – gut; B – uneben bis muschelig; M – prismatische Kristalle, körnig, massig.
Bildung und Fundorte: Metamorph in regionalmetamorphen, basischen Gesteinen, in Marmor und Skarn; magmatisch in Dioriten und Gabbros. Typisches gesteinsbildendes Mineral. Kristalle mit bis zu 8 cm Durchmesser kommen aus der Jensen-Grube, Riverside, California, USA; Pargas, Finnland und Hunza, Pakistan.

Gemeine Hornblende

AMPHIBOLGRUPPE

$(Ca,Na)_2(Mg,Fe,Al)_5(Si,Al)_8O_{22}(OH,F)_2$

MONOKLIN ● ● ● ● ●

Eigenschaften: F – dunkelgrün, braun bis schwarz; ST – graugrün bis graubraun; G – glasartig bis matt; T – durchscheinend bis undurchsichtig; D – 3,4; H – 5–6; SP – gut; B – uneben bis muschelig; M – kurzprismatische Kristalle, Säulenaggregate, körnig.
Bildung und Fundorte: Metamorph in basischen Gesteinen, wie in Amphiboliten und in Schiefer; magmatisch in einigen Vulkangesteinen, wie in Syeniten, Dioriten, Andesiten und Basalten. Typisches, vielerorts auftretendes gesteinsbildendes Mineral. Große, bis zu 1 m lange Kristalle kommen aus dem Silver Crater, Ontario, Kanada. Man kennt es auch aus dem Zillertal, Österreich; aus Lukov, Tschechien und aus anderen Orten.

Gemeine Hornblende x 50 mm, Lukov, Tschechien

Richterit

AMPHIBOLGRUPPE

$Na_2Ca(Mg,Fe,Al)_5(Si,Al)_8O_{22}(OH,F)_2$

MONOKLIN ● ● ●

Eigenschaften: F – braun, gelb, dunkelrot, dunkelgrün; ST – grau; G – glasartig bis matt; T – durchsichtig bis durchscheinend; D – 3,1; H – 5–6; SP – gut; B – uneben bis muschelig; M – langprismatische Kristalle, Säulenaggregate, körnig.
Bildung und Fundorte: Magmatisch in alkalischen Gesteinen, wie Trachyten und alkalischen Graniten; selten metamorph in einigen metamorphen Gesteinen, wie Skarn und Marmor. Bis zu 10 cm lange Kristalle kommen aus Wilberforce, Ontario, Kanada und Långban, Schweden.

Pargasit 70 mm, Limberg, Parainen, Finnland

Richterit 40 mm, Wilberforce, Kanada

Riebeckit 45 mm, Griqualand, Südafrika

Aenigmatit xx 40 mm, Eveslokchorr, Kola, Russ. Föd.

Riebeckit

AMPHIBOLGRUPPE

$Na(Fe^{2+},Mg)_3Fe^{3+}{}_2Si_8O_{22}(OH)_2$

MONOKLIN ● ● ● ●

Varietäten: Krokydolith.
Eigenschaften: F – dunkelblau bis schwarz, Krokydolith – graublau; ST – weiß; G – glasartig bis matt; T – durchscheinend bis undurchsichtig; D – 3,4; H – 5; SP – vollkommen; B – uneben bis muschelig; M – langprismatische Kristalle, nadelförmige bis faserige Aggregate.
Bildung und Fundorte: Magmatisch in alkalischen Gesteinen, wie Granit, Syeniten und Rhyoliten; metamorph in regionalmetamorphen, Fe-reichen Schiefern. Große, bis zu 15 cm lange Kristalle kommen aus Khangay, Mongolei. Bekannte Vorkommen von Krokydolith in Griqualand, Südafrika.

Wollastonit 44 mm, Crestmore, USA

Aenigmatit

$Na_2Fe_5TiSi_6O_{20}$

TRIKLIN ● ●

Eigenschaften: F – schwarz; ST – rotbraun; G – metallartig bis matt; T – fast undurchsichtig; D – 3,8; H – 5,5; SP – vollkommen; B – uneben bis muschelig; M – langprismatische Kristalle, Säulenaggregate, körnig.
Bildung und Fundorte: Magmatisch in alkalischen Syeniten und in Vulkangesteinen, Begleitmineralien sind Ägirin und Arfvedsonit. Vorkommen in Julianehåb, Grönland; auf den Liparischen Inseln, Italien und andernorts.

Wollastonit

$Ca_3Si_3O_9$

TRIKLIN ● ● ● ●

Eigenschaften: F – weiß, grau, hellgrünlich, rosa; ST – weiß; G – glasartig bis matt; T – durchsichtig bis durchscheinend; D – 3,0; H – 4,5–5; SP – gut; B – uneben bis muschelig; M – tafelige bis kurzprismatische Kristalle, säulige und radialstrahlige Aggregate, körnig; LU – orange.
Bildung und Fundorte: Metamorph hauptsächlich in kontaktmetamorphen Gesteinen, wie Marmor und Skarn, weniger häufig in Pyroxengneis und in Quarziten, Begleitmineralien sind Grossular, Diopsid und Vesuvian. Säulige und nadelförmige Aggregate mit einer Länge bis zu 18 cm treten in der Strickland-Grube, Connecticut, USA zutage. Weitere Vorkommen in Crestmore, California, USA; Ciclova, Rumänien und Žulová, Tschechien. Kurzprismatische Kristalle mit bis zu 30 cm Durchmesser kennt man aus der Santa-Fe-Mine, Chiapas, Mexiko.

Bustamit xx 20 mm, Broken Hill, Australien

Bustamit

$(Mn,Ca)_3Si_3O_9$

TRIKLIN ● ● ●

Eigenschaften: F – rosa bis rotbraun; ST – weiß; G – glasartig bis matt; T – durchsichtig bis durchscheinend; D – 3,4; H – 5,5–6,5; SP – gut; B – uneben bis muschelig; M – tafelige Kristalle, nadelförmige Aggregate, massig.
Bildung und Fundorte: Metamorph oder hydrothermal in Mn-reichen, metamorphen Gesteinen oder in Skarn. Begleitmineralien sind Rhodonit und andere Mn-Silikate. Fundorte sind Franklin, New Jersey, USA; Långban, Schweden und Broken Hill, New South Wales, Australien.

Pektolith

$Ca_2NaSi_3O_8(OH)$

TRIKLIN ● ● ●

Eigenschaften: F – weiß, rosafarbig; ST – weiß; G – glasartig bis matt; T – durchsichtig bis durchscheinend; D – 2,9; H – 4,5–5; SP – gut; B – uneben bis muschelig; M – nadelförmige und radialstrahlige Aggregate; LU – stellenweise gelb bis orange.
Bildung und Fundorte: Hydrothermal in Basalthohlräumen, weniger häufig auf Klüften im Marmor, Begleitmineralien sind Zeolithe. Klassische Fundorte sind West Paterson, New Jersey, USA, wo es nadelförmige und kugelige Aggregate mit bis zu 18 cm Durchmesser bildet; sowie Monte Baldo, Italien und Želechovské údolí, Tschechien. Prismatische, bis zu 5 cm lange Kristalle stammen aus Mont St.-Hilaire, Québec, Kanada.

Serandit

$Mn_2NaSi_3O_8(OH)$

TRIKLIN ●

Eigenschaften: F – rosa, rot; ST – weiß; G – glasartig bis matt; T – durchsichtig bis durchscheinend; D – 2,9; H – 4,5–5; SP – gut; B – uneben bis muschelig; M – tafelige und prismatische Kristalle, körnig.
Bildung und Fundorte: Hydrothermal in Hohlräumen von Vulkangesteinen (alkalischer Syenit, Karbonatit) zusammen mit Ägirin und Analcim. Vollkommene, rosafarbige Kristalle mit bis zu 20 cm Länge kommen aus Mont St.-Hilaire, Québec, Kanada; bis zu 6 cm

Pektolith 70 mm, Želechovské údolí, Tschechien

Serandit 25 mm, Mont St.-Hilaire, Kanada

lange Kristalle fand man im Yubileinaya-Gang am Berg Karnasurt im Lovozeromassiv, Kola-Halbinsel, Russische Föderation.

Charoit

$(K,Sr,Ba)(Ca,Na)_2(Si,Al)_4O_{10}(OH,F)$

TRIKLIN ● ●

Eigenschaften: F – violett; ST – weiß; G – glasartig bis matt; T – durchscheinend bis undurchsichtig; D – 2,6; H – 5–6; SP – gut; B – uneben; M – faserige Aggregate, massig.
Bildung und Fundorte: Hydrothermal in alkalischen Vulkangesteinen, Begleitmineralien sind Ägirin und Nephelin. Reichhaltige Aggregate treten in Sirenevyi Kamen im Flussgebiet der Chara, Murunmassiv, Jakutien, Russische Föderation zutage.
Verwendung: Wird als Schmuckstein abgebaut und verarbeitet.

Agrellit

$NaCa_2Si_4O_{10}F$

TRIKLIN ●

Eigenschaften: F – grauweiß bis grünlich; ST – weiß; G – glasartig, matt bis perlmuttartig; T – durchsichtig bis durchscheinend; D – 2,9; H – 5,5; SP – gut; B – uneben; M – langprismatische Kristalle, körnig.
Bildung und Fundorte: Metamorph in alkalischen Gneisen. Bis zu 10 cm lange, prismatische Kristalle treten im Flussgebiet des Kipawa, Québec, Kanada auf.

Okenit

$CaSi_2O_4(OH)_2 . H_2O$

TRIKLIN ● ●

Eigenschaften: F – weiß, gelblich; ST – weiß; G – glasartig bis matt; T – durchsichtig bis durchscheinend; D – 2,3; H – 4,5–5; SP – gut; B – uneben bis muschelig; M – blattförmige Kristalle, nadelförmige Kristalle und ihre kugeligen Aggregate.

Charoit 50 mm, Sirenevyi Kamen, Russische Föderation

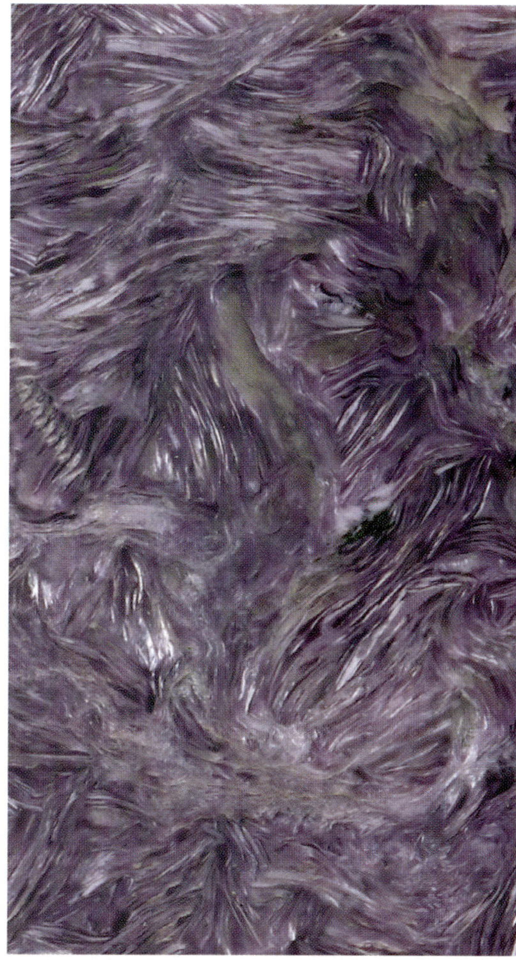

Bildung und Fundorte: Hydrothermal in Basalthohlräumen zusammen mit Zeolithen. Ergiebige nadelförmige, kugelige Aggregate mit bis zu 8 cm Durchmesser stammen aus den Basalthohlräumen in der Umgebung von Poona, Indien; Vorkommen auch auf den Färöern.

Agrellit 120 mm, Kipawa, Kanada

Okenit 125 mm, Mumbai, Indien

Xonotlit 20 mm, Staré Ransko, Tschechien

Xonotlit

$Ca_6Si_6O_{17}(OH)_2$

MONOKLIN ● ●

Eigenschaften: F – weiß, rötlich, grau; ST – weiß; G – glasartig, matt bis perlmuttartig; T – durchsichtig bis durchscheinend; D – 2,7; H – 6,5; SP – gut; B – uneben bis muschelig; M – nadelförmige bis faserige Aggregate, massig.
Bildung und Fundorte: Hydrothermal in Hohlräumen basischer und ultrabasischer Gesteine und auf alpinotypen Gängen, Begleitmineralien sind Calcit und Zeolithe; selten metamorph in Skarn und in kontaktmetamorphem Marmor. Vorkommen in Tetela de Xonotla, Puebla, Mexiko; Crestmore, California, USA und in der Mihara-Mine, Japan. Weitere Funde in Staré Ransko, Tschechien.

Elpidit

$Na_2ZrSi_6O_{15} . 3 H_20$

ORTHORHOMBISCH ● ●

Eigenschaften: B – farblos, gelblich, rot; ST – weiß; G – glasartig bis matt; T – durchsichtig bis durchscheinend; D – 2,6; H – 5,5–6,5; SP – gut; B – uneben bis muschelig; M – langprismatische Kristalle, faserige Aggregate.
Bildung und Fundorte: Hydrothermal in albitisierten Zonen alkalischer Pegmatite, Begleitmineralien sind Albit und Ägirin. Vollkommene, bis zu 30 cm lange Kristalle stammen aus Tarbagatay, Kasachstan. Bis zu 20 cm lange Kristalle fand man in Mont St.-Hilaire, Québec, Kanada. Vorkommen auch in Khan Bogdo, Wüste Gobi, Mongolei; und aus der Umbozero-Mine am Berg Alluaiv, Lovozeromassiv, Kola-Halbinsel, Russische Föderation.

Elpidit 128 mm, Mont St.-Hilaire, Kanada

Rhodonit x 35 mm, Broken Hill, Australien

Rhodonit 70 mm, Maloje Sidelnikovo, Ural, Russ. Föd.

Rhodonit

$CaMn_4Si_3O_9$

TRIKLIN ● ● ●

Eigenschaften: F – rosa, rot, rotbraun, grau; ST – weiß; G – glasartig bis matt; T – durchsichtig bis durchscheinend; D – 3,7; H – 5,5–6,5; SP – gut; B – uneben bis muschelig; M – tafelige Kristalle, körnig, massig.
Bildung und Fundorte: Metamorph in Mn-reichen Gesteinen, hydrothermal auf Erzgängen, Begleitmineralien sind Spessartin und Mn-Oxide. Vollkommene, bis zu 20 cm lange Kristalle kommen aus Franklin, New Jersey, USA und auch aus Broken Hill, New South Wales, Australien. Körnige und massige Aggregate treten in Långban, Schweden und in Maloye Sidelnikovo, Ural, Russische Föderation zutage.
Verwendung: Wird als Schmuckstein abgebaut und bearbeitet.

Babingtonit

$Ca_2Fe^{2+}Fe^{3+}Si_5O_{14}(OH)$

TRIKLIN ● ●

Eigenschaften: F – grünschwarz bis schwarzbraun; ST – grüngrau; G – glasartig bis matt; T – durchscheinend bis undurchsichtig; D – 3,3; H – 5,5–6; SP – gut; B – uneben bis muschelig; M – kurzprismatische Kristalle, körnig.
Bildung und Fundorte: Hydrothermal auf Gesteinsspalten, Begleitmineralien sind Prehnit, Adular und Epidot. Schön entwickelte Kristalle mit etwa 2 cm Durchmesser kennt man aus Arendal, Norwegen. Andere Fundorte sind Westfield, Massachusetts, USA und Baveno, Italien.

Babingtonit xx 5 mm, Mumbai, Indien

Kinoit

$Ca_2Cu_2Si_3O_8(OH)_4$

MONOKLIN ●

Eigenschaften: F – blau; ST – hellblau; G – glasartig bis matt; T – durchsichtig bis durchscheinend; D – 3,2; H – 5; SP – vollkommen; B – uneben bis muschelig; M – prismatische Kristalle, körnig.
Bildung und Fundorte: Hydrothermal auf Gesteinsspalten, Begleitmineralien sind Apophyllit und Kupfer. Kleine Kristalle fand man in der Christmas Mine, Santa Rita Mts., Arizona und auch im Kearsarge-Gang auf der Keweenaw-Halbinsel, Michigan, USA.

Inesit

$Ca_2Mn_7Si_{10}O_{28}(OH)_2 \cdot 5\ H_2O$

TRIKLIN ● ●

Eigenschaften: F – rosa, braun; ST – weiß; G – glasartig bis matt; T – durchscheinend; D – 3,0; H – 5,5; SP – gut; B – uneben bis muschelig; M – kurzprismatische und tafelige Kristalle, säulige und radialstrahlige Aggregate, körnig.
Bildung und Fundorte: Hydrothermal auf Erzgängen, Begleitmineralien sind Rhodochrosit, Rhodonit und Calcit. Reichhaltige Aggregate und schön ausgebildete Kristalle mit etwa 1 cm Durchmesser fand man in Långban, Schweden; auch in Hale Creek, California, USA und Broken Hill, New South Wales, Australien. Kugelige Aggregate mit bis zu 3 cm Durchmesser kennt man aus der Wessels Mine, Kuruman, Südafrika.

Neptunit

$KNa_2LiFe_2Ti_2Si_9O_{22}$

MONOKLIN ● ●

Eigenschaften: F – dunkelbraun bis schwarz; ST – rotbraun; G – glasartig bis metallartig; T – durchscheinend bis undurchsichtig; D – 3,2; H – 5–6; SP – gut; B – uneben bis muschelig; M – langprismatische Kristalle, körnig.
Bildung und Fundorte: Hydrothermal auf Gängen, Begleitmineralien sind Natrolith, Benitoit und Eudialyt. Schön entwickelte, prismatische und bis zu 8 cm lange Kristalle stammen aus der Benitoite Gem Mine, San Benito Co., California, USA. Man kennt es auch aus Mont St.-Hilaire, Québec, Kanada und Narssarssuk, Grönland.

Epididymit

$NaBe_2Si_3O_7(OH)$

ORTHORHOMBISCH ● ●

Eigenschaften: F – weiß, grau, gelblich; ST – weiß; G – glasartig bis matt; T – durchsichtig bis durchscheinend; D – 2,6; H – 6–7; SP – gut; B – uneben bis muschelig; M – tafelige Kristalle, blättrige Aggregate, körnig.

Kinoit 36 mm, Christmas, USA

Inesit 50 mm, Kuruman, Südafrika

Neptunit 28 mm, San Benito Co., USA

Bildung und Fundorte: Hydrothermal in Hohlräumen alkalischer Pegmatite, Begleitmineralien sind Zeolithe. Tafelige Kristalle mit bis zu 6 cm Durchmesser kommen aus Mt. Malosa, Malawi. Vorkommen auch in Langesundsfjord, Norwegen; Mont St.-Hilaire, Québec, Kanada und Narssarssuk, Grönland.

Bavenit 40 mm, Yermolajevskoye, Russische Föderation

Bavenit

$Ca_4Al_2Be_2Si_9O_{26}(OH)_2$

ORTHORHOMBISCH ● ● ●

Eigenschaften: F – weiß, gelblich, rosafarbig; ST – weiß; G – glasartig bis matt; T – durchsichtig bis durchscheinend; D – 2,8; H – 5,5; SP – gut; B – uneben bis muschelig; M – prismatische bis tafelige Kristalle, radialstrahlige und blättrige Aggregate.
Bildung und Fundorte: Hydrothermal in Pegmatit-Hohlräumen, zusammen mit Albit; ein typisches Produkt der Beryllsubstitution in Pegmatit oder der Helvitsubstitution in Skarn. Der klassische Fundort ist Baveno, Italien, wo Kristalle mit bis zu 2 cm Durchmesser auftreten. Man kennt es auch aus Strzegom, Polen. Kristalle mit bis zu 4 mm Durchmesser fand man in the Hewitt-Grube, Connecticut, USA.

Epididymit 70 mm, Apatity, Kola, Rusko

Prehnit 28 mm, Brandberg, Namibia

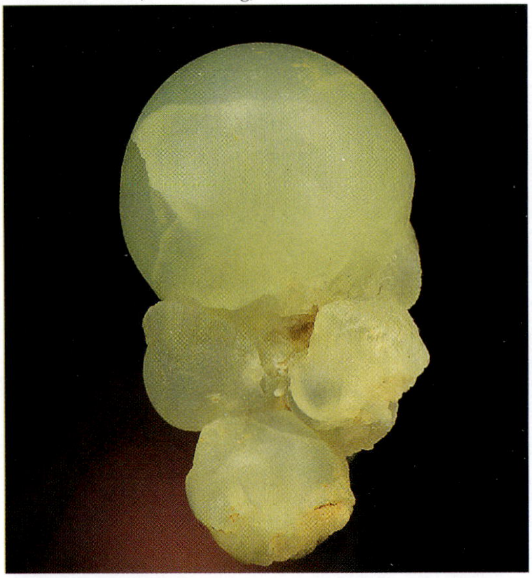

Fluorapophyllit 47 mm, Poona, Indien

Prehnit

$Ca_2Al_2Si_3O_{10}(OH)_2$

ORTHORHOMBISCH ● ● ● ●

Eigenschaften: F – weiß, grünlich bis grün, gelb, grau; ST – weiß; G – glasartig; T – durchsichtig bis durchscheinend; D – 2,9; H – 6–6,5; SP – gut; B – uneben bis muschelig; M – tafelige bis prismatische Kristalle, meist bildet es traubige oder kugelige Aggregate, körnig.
Bildung und Fundorte: Hydrothermal in Basalthohlräumen und auf alpinotypen Gängen, normalerweise in Verbindung mit Calcit, Albit, Epidot und Zeolithen. Ergiebige Aggregate kennt man aus West Paterson, New Jersey, USA; Val di Fassa, Italien und Poona, Indien. Kristalle mit bis zu 4,5 cm Durchmesser fand man im Copper Valley, Brandberg, Namibia, in Asbestos, Québec, Kanada und Talnakh, Sibirien, Russische Föderation.

Astrophyllit xx 30 mm, Khibinymassiv, Russische Föderation

Astrophyllit

$(K,Na)_3(Fe,Mn)_7Ti_2Si_8O_{24}(O,OH)_7$

TRIKLIN ● ●

Eigenschaften: F – verschiedene Gelbtöne; ST – weiß; G – glasartig bis matt; T – durchsichtig bis durchscheinend; D – 3,3; H – 3; SP – gut; B – uneben bis muschelig; M – langprismatische Kristalle, blättrige Aggregate.
Bildung und Fundorte: Magmatisch in alkalischem Pegmatit. Kristalle und ihre bis zu 10 cm großen radialstrahligen Aggregate stammen vom Berg Evesloghorr im Khibinymassiv, Kola-Halbinsel, Russische Föderation. Vorkommen auch in Mont St.-Hilaire, Québec, Kanada.

Fluorapophyllit

$KCa_4Si_8O_{20}(F,OH) . 8\ H_2O$

TETRAGONAL ● ● ●

Eigenschaften: F – weiß, grünlich gelblich, rötlich; ST – weiß; G – fettig bis perlmuttartig; T – durchsichtig bis durchscheinend; D – 2,4; H – 4,5–5; SP – vollkommen; B – uneben; M – prismatische und tafelige Kristalle, blättrige Aggregate, massig.
Bildung und Fundorte: Hydrothermal in Hohlräumen von Vulkangesteinen, auf den Klüften alpinotyper Gänge, auf Erzgängen und in Pegmatiten. Schön ausgebildete, bis zu 10 cm lange Kristalle kennt man

Pyrophyllit 37 mm, California, USA

Agalmatolith 70 mm, Indien

aus Jalgaon und Poona, Indien; Centreville und Fairfax, Virginia, USA. Andere Fundorte sind St. Andreasberg, Deutschland und Bento Gonçalves, Rio Grande do Sul, Brasilien.

Pyrophyllit

$Al_2Si_4O_{10}(OH)_2$

MONOKLIN ● ● ● ●

Varietäten: Agalmatolith.
Eigenschaften: F – weiß, grünlich, gelb, grau; ST – weiß; G – fettig bis perlmuttartig; T – durchscheinend bis durchsichtig; D – 2,8; H – 1–2; SP – vollkommen; B – uneben; M – blättrige Aggregate, massig (Agalmatolith), radialstrahlige bis nadelförmige Aggregate.
Bildung und Fundorte: Metamorph in Al-reichen Gesteinen, zusammen mit Andalusit und Kyanit; hydrothermal auf Gängen mit Quarz und Glimmer. Reichhaltige blättrige und radialstrahlige Aggregate sowie weniger ausgebildete Kristalle mit bis zu 1 cm Durchmesser kennt man aus Zermatt, Schweiz; Berezovsk, Ural, Russische Föderation und der Champion Mine, California, USA.
Verwendung: Hitzebeständiges Material, Agalmatolith als Schmuckstein.

Talk

$Mg_3Si_4O_{10}(OH)_2$

MONOKLIN ● ● ● ● ●

Eigenschaften: F – weiß, grünlich, gelb, rötlich, grau; ST – weiß; G – fettig bis perlmuttartig; T – durchsichtig bis durchscheinend; D – 2,8; H – 1; SP – vollkommen; B – uneben; M – tafelige Kristalle, blättrige Aggregate, massig.
Bildung und Fundorte: Metamorph in metamorphen basischen Gesteinen und in Dolomit, zusammen mit Aktinolith, Dolomitspat und Chlorit; hydrothermal auf Gängen. Tafelige Kristalle mit bis zu 2 cm Durchmesser kommen aus Brumado, Bahía, Brasilien und Chester, Massachusetts, USA. Ergiebige blättrige Aggregate kennt man aus dem Zillertal, Österreich. Pseudomorphosen nach Quarzkristallen stammen aus St. Gotthard, Schweiz. Große Lagerstätten von massigem Talk werden in China abgebaut.
Verwendung: Füllmasse für Papier, Seifenzusatz, Puder, chemische Industrie, hitzebeständiges Material.

Talk 61 mm, Rochester, USA

Muskovit
GLIMMERGRUPPE
$KAl_3Si_3O_{10}(OH,F)_2$

MONOKLIN ● ● ● ● ●

Varietäten: Fuchsit.
Eigenschaften: F – weiß, grünlich, gelblich, rötlich, grün (Fuchsit), grau; ST – weiß; G – glasartig bis perlmuttartig; T – durchsichtig bis durchscheinend; D – 2,8; H – 2,5–3; SP – vollkommen; B – uneben; M – tafelige Kristalle, blättrige und schuppige Aggregate, massig.
Bildung und Fundorte: Metamorph in unterschiedlichen Gesteinsarten, wie Glimmerschiefer, Gneise; magmatisch in Granit und Pegmatit; hydrothermal auf Gängen oder in der Nähe von Erzgängen (Fuchsit). Bedeutendes gesteinsbildendes Mineral, normalerweise mit den Begleitmineralien Quarz, K-Feldspat, Albit und Biotit. Muskovit-Schichten erreichten in der Inikurti-Mine, Nellore, Indien eine Größe von 5 x 3 m und wogen bis zu 85 Tonnen. Große Schichten kennt man aus Custer, South Dakota, USA. Schön entwickelte Kristalle mit bis zu 10 cm Durchmesser kommen aus Alabashka bei Murzinka, Ural, Russische Föderation. Weitere bekannte Fundorte sind u. a. Mamsk, Ural, Russische Föderation und die Cruzeiro-Mine, Minas Gerais, Brasilien, wo glänzende Kristalle gefunden wurden.
Verwendung: Isoliermaterial in elektrischen Geräten und im Bauwesen.

Muskovit 35 mm, Plumos, Kalifornien, USA

Seladonit
GLIMMERGRUPPE
$KFe^{3+}(Mg,Fe^{2+},Al)Si_4O_{10}(OH)_2$

MONOKLIN ● ● ● ●

Eigenschaften: F – hellgrün bis blaugrün; ST – weiß; G – matt; T – durchscheinend bis fast undurchsichtig; D – 3,0; H – 2; SP – vollkommen; B – uneben; M – erdige, bisweilen kleine schuppige Aggregate, massig.
Bildung und Fundorte: Hydrothermal als ein Substitutionsprodukt basischer Mineralien in Vulkangesteinen, Begleitmineralien sind Zeolithe, Prehnit und Calcit. Bekannte Fundorte sind Val di Fassa und Monte Balda, Italien sowie Bisbee, Arizona, USA.

Boromuskovit
GLIMMERGRUPPE
$KAl_2BSi_3O_{10}(OH)_2$

MONOKLIN ●

Eigenschaften: F – gelblich; ST – weiß; G – matt; T – durchsichtig bis durchscheinend; D – 2,8; H – 2,5; SP – vollkommen; B – uneben; M – kleine schuppige Aggregate, massig.
Bildung und Fundorte: Hydrothermal in Hohlräumen komplexer Pegmatite, Begleitmineralien sind

Fuchsit xx 4 mm, Pamir, Tadschikistan

Seladonit 60 mm, Unhošťany, Tschechien

Albit, Elbait und Lepidolith. Feinkörnige, schuppige Aggregate fand man in der Little Three Mine, Ramona, California, USA sowie in Řečice, Tschechien.

Paragonit

GLIMMERGRUPPE

$NaAl_3Si_3O_{10}(OH,F)_2$

MONOKLIN ● ● ●

Eigenschaften: F – weiß, grünlich, gelblich, rötlich; ST – weiß; G – glasartig bis perlmuttartig; T – durchsichtig bis durchscheinend; D – 2,8; H – 2,5; SP – vollkommen; B – uneben; M – tafelige Kristalle, schuppige Aggregate, massig.
Bildung und Fundorte: Metamorph in verschiedenen Gesteinsarten, wie Glimmerschiefer und Gneise. Feinkörnige, schuppige Aggregate kennt man aus Pizzo Forno, Schweiz und aus anderen Fundorten.

Boromuskovit 40 mm, Ramona, USA

Paragonit 80 mm, St. Gotthard, Schweiz

Glaukonit

GLIMMERGRUPPE

$K_{0,8}(Al,Fe^{2+},Fe^{3+},Mg)(Si,Al)_4O_{10}(OH)_2$

MONOKLIN ● ● ● ● ●

Eigenschaften: F – hellgrün, gelbgrün bis blaugrün; ST – hellgrün; G – matt; T – durchscheinend bis undurchsichtig; D – 2,9; H – 2; SP – vollkommen; B – uneben; M – erdige und plattige Aggregate, massig.
Bildung und Fundorte: Hydrothermal in sedimentären und vulkanischen Sedimentgesteinen, auch als ein Substitutionsprodukt basischer Mineralien in Vulkangesteinen. Häufig in Sand- und Kalkstein, stellenweise auch in Begleitung von Phosphoriten. Es tritt an vielen Fundorten in den Karpaten, Polen und im Elbegebiet, Tschechien zutage. Massige Aggregate kennt man aus der N'Chwaning No. 2 Mine, Kuruman, Südafrika.

Glaukonit 80 mm, Maloměčice, Tschechien

Annit 120 mm, Budeč, Tschechien

Annit

GLIMMERGRUPPE

$KFe_3AlSi_3O_{10}(OH,F)_2$

MONOKLIN ● ● ●

Eigenschaften: F – schwarz, stellenweise mit rötlicher oder grünlicher Färbung; ST – weiß; G – glasartig bis perlmuttartig; T – durchsichtig bis durchscheinend, stellenweise undurchsichtig; D – 2,8; H – 2,5–3; SP – vollkommen; B – uneben; M – tafelige Kristalle, blättrige Aggregate, massig.

Bildung und Fundorte: Metamorph in Skarn; magmatisch in einigen Pegmatiten und Graniten. Blättrige Aggregate kennt man aus Långban, Schweden und Cape Ann, Massachusetts, USA. Kristalle mit bis zu 15 cm Durchmesser kommen aus Mont St.-Hilaire, Québec, Kanada.

Phlogopit

GLIMMERGRUPPE

$KMg_3AlSi_3O_{10}(OH,F)_2$

MONOKLIN ● ● ● ● ●

Eigenschaften: F – hellbraun, grünlich, gelblich, farblos, grau; ST – weiß; G – glasartig bis perlmuttartig; T – durchsichtig bis durchscheinend; D – 2,8; H – 2,5–3; SP – vollkommen; B – uneben; M – tafelige Kristalle, plattige und schuppige Aggregate, massig.

Bildung und Fundorte: Metamorph in verschiedenen Gesteinsarten, wie Marmor und einigen ultrabasischen Gesteinen, in der Kontaktzone von Pegmatiten und Serpentiniten, magmatisch in einigen ultrabasischen Gesteinen und Pegmatiten, Begleitmineralien sind Dolomitspat, Diopsid und Anthophyllit. Reichhaltige schuppige Aggregate kommen aus vielen Fundorten, wie z. B. Pargas, Finnland. Kristalle mit einem Durchmesser bis zu 5 m fand man in Sludyanka, Sibirien, Russische Föderation. Kristalle mit bis zu 50 cm Durchmesser traten im Gardiner-Komplex, Grönland zutage. Die größten Kristalle mit einem Durchmesser von 10 x 5 m und einem Gewicht bis zu 90 Tonnen kommen aus der Lacy Mine, Ontario, Kanada.

Verwendung: Isoliermaterial in elektrischen Geräten.

Phlogopit 45 mm, Sludyanka, Russische Föderation

Biotit

GLIMMERGRUPPE

$K(Fe,Mg)_3AlSi_3O_{10}(OH,F)_2$

MONOKLIN ● ● ● ● ●

Eigenschaften: F – braun bis schwarz, meist mit roter oder grüner Tönung; ST – weiß; G – glasartig bis perlmuttartig; T – durchsichtig bis durchscheinend, stellenweise undurchsichtig; D – 2,8; H – 2,5–3; SP – vollkommen; B – uneben; M – tafelige Kristalle, schuppige Aggregate, massig.

Bildung und Fundorte: Metamorph in verschiedenen Gesteinsarten, wie Glimmerschiefer, Gneis, Migmatiten und unterschiedlichen metamorphen Schieferarten; magmatisch in Pegmatiten, Graniten, Syeniten und Dioriten, selten in Basalten und ultrabasischen Gesteinen. Typisches gesteinsbildendes Mineral, meist in Verbindung mit Quarz, Feldspäten und Muskovit. Reichhaltige schuppige Aggregate kennt man aus einem Pegmatit in Evje, Norwegen, wo die Kristalle bis zu mehreren m Durchmesser erreichen. Weitere bekannte Fundorte sind Bessnes, Frankreich; Uluguru Mts., Tansania; die Silver Crater Mine, Ontario, Kanada und der Laacher See, Deutschland.

Polylithionit

GLIMMERGRUPPE

$KLi_2AlSi_4O_{10}(F,OH)_2$

MONOKLIN ● ● ●

Eigenschaften: F – grau, farblos, gelblich, violett; ST – weiß; G – glasartig bis perlmuttartig; T – durchsichtig bis durchscheinend; D – 2,8; H – 2,5–3; SP – vollkommen; B – uneben; M – tafelige Kristalle, schuppige Aggregate, massig.

Bildung und Fundorte: Magmatisch und stellenweise auch hydrothermal in alkalischem Pegmatit, Granit und Karbonatit, selten in Li-haltigem, granitischem Pegmatit. Schön entwickelte Kristalle mit bis zu 4 cm Durchmesser kennt man aus Hohlräumen im alkalischen Pegmatit von Mont St.-Hilaire, Québec, Kanada. Vorkommen auch in Illímaussaq, Grönland und in Hohlräumen im granitischen Pegmatit von Řečice, Tschechien und anderen Orten. Eine große Lager-

Biotit x 30 mm, Ontario, Kanada

stätte mit wirtschaftlicher Bedeutung befindet sich am Blatchford Lake, Northwest Territories, Kanada.
Verwendung: Li- und Cs-Erz.

Trilithionit

GLIMMERGRUPPE

$KLi_{1,5}Al_{2,5}Si_3O_{10}\,(F,OH)_2$

MONOKLIN ● ● ● ●

Eigenschaften: F – violett, rosa, blau, farblos, grün; ST – weiß; G – glasartig bis perlmuttartig; T – durchsichtig bis durchscheinend; D – 2,8; H – 2,5–3; SP – vollkommen; B – uneben; M – tafelige Kristalle, schuppige Aggregate, massig.
Bildung und Fundorte: Magmatisch in Li-haltigen Pegmatiten und Graniten, meist in Verbindung mit Elbait, Spodumen, Petalit, Quarz und Albit; manchmal hydrothermal auf Quarzgängen und in Pegmatit. Schön entwickelte Kristalle aus Hohlräumen im Pegmatit kennt man aus Virgem da Lapa, Minas Gerais, Brasilien. Massige Aggregate kommen aus der Stewart Lithia Mine, Pala, California und der Braun Derby No. 1 Mine, Colorado, USA; aus Varuträsk, Schweden; Rožná, Tschechien und Meldon, England, GB.
Verwendung: Li- und Cs-Erz.

Polylithionit 30 mm, Lovozeromassiv, Russische Föderation

Zinnwaldit

GLIMMERGRUPPE

$KLiFeAl_2Si_3O_{10}\,(F,OH)_2$

MONOKLIN ● ● ●

Eigenschaften: F – grau, farblos, braun; ST – weiß; G – glasartig bis perlmuttartig; T – durchsichtig bis durchscheinend; D – 3,7; H – 2,5–3; SP – vollkommen; B – uneben; M – tafelige Kristalle, schuppige Aggregate, massig.
Bildung und Fundorte: Hydrothermal auf Quarzgängen und in Greisen; magmatisch in Pegmatit und Granit, Begleitmineralien sind Fluorit, Kassiterit und Wolframit. Reichhaltige Aggregate mit Schuppen bis zu 10 cm Durchmesser kennt man aus Quarzgängen in Cínovec, Tschechien. Kristalle mit bis zu 15 cm Durchmesser kommen aus Hohlräumen im Pegmatit von Virgem da Lapa, Minas Gerais, Brasilien. Vorkommen auch am Pikes Peak Batholith, Colorado, USA und in Baveno, Italien.
Verwendung: Li-Erz.

Trilithionit 70 mm, Tanco, Kanada

Zinnwaldit xx 10 mm, Cinovec, Tschechien

Margarit 73 mm, Chester, USA

Margarit

$CaAl_4Si_2O_{10}(OH)_2$

MONOKLIN ● ● ●

Eigenschaften: F – rötlich, farblos, gelblich; ST – weiß; G – glasartig bis perlmuttartig; T – durchsichtig bis durchscheinend; D – 3,1; H – 3,5–4,5; SP – vollkommen; B – uneben; M – tafelige Kristalle, plattige und schuppige Aggregate, massig.
Bildung und Fundorte: Metamorph, Begleitmineralien sind Korund, Diaspor, Turmalin und Staurolith in verschiedenen metamorphen Schieferarten. Grobplattige Aggregate kommen aus Chester, Massachusetts und Sterling Hill, New Jersey, USA.

Clintonit

$Ca(Mg,Al)_3(Al_3Si)O_{10}(OH)_2$

MONOKLIN ● ●

Eigenschaften: F – farblos, gelblich, rötlich, grünlich; ST – weiß; G – glasartig bis perlmuttartig; T – durchsichtig bis durchscheinend; D – 3,1; H – 3,5; SP – vollkommen; B – uneben; M – tafelige Kristalle, blättrige Aggregate, massig.
Bildung und Fundorte: Metamorph in kontaktmetamorphem Marmor, Begleitmineralien sind Vesuvian, Grossular, Diopsid und Spinell. Reichhaltige Aggregate mit Blättern bis zu 2 cm Durchmesser treten am Mt. Green Monster, Alaska; in Crestmore, California, USA und Monzoni, Italien zutage.

Clintonit xx 3 mm, Pomáz, Ungarn

Stilpnomelan 100 mm, Horní Údolí, Tschechien

Stilpnomelan

$K(Fe^{2+},Mg,Fe^{3+})_8(Si,Al)_{12}(O,OH)_{27}$

MONOKLIN ● ● ● ●

Eigenschaften: F – schwarz, schwarzbraun, schwarzgrün, gelbbraun; ST – weiß; G – glasartig bis matt; T – durchscheinend bis undurchsichtig; D – 2,8; H – 3; SP – vollkommen; B – uneben; M – tafelige Kristalle, blättrige, leistenförmige und nadelförmige Aggregate. *Bildung und Fundorte:* Metamorph in Fe-reichen Schiefern, meist mit den Begleitmineralien Chlorit, Magnetit und Albit. Kristalle mit bis zu 2 cm Durchmesser kommen aus Jim Pond Township, Maine, USA. Blättrige Aggregate kennt man aus Horní Údolí bei Zlaté Hory, Tschechien und der Mesabi Range, Minnesota, USA.

Montmorillonit

$(Ca,Na)_{0,33}(Al,Mg)_2Si_4O_{10}(OH)_2 \cdot n\ H_2O$

MONOKLIN ● ● ● ●

Eigenschaften: F – weiß, gelblich, grünlich, bläulich; ST – weiß; G – fettig; T – durchscheinend bis undurchsichtig; D – 2,3; H – 1–2; SP – vollkommen; feuchte, massige Aggregate sind verformbar; B – uneben; M – erdige Aggregate, massig.
Bildung und Fundorte: Hydrothermal als ein Substitutionsprodukt anderer Mineralien in Vulkangesteinen, granitischem Pegmatit und in Sedimenten. Es kommt an vielen Fundorten in großen Mengen vor. Lagerstätten von Montmorillonit kennt man aus Antrim, Northern Irland, GB; aus Ungarn; aus der Slowakei und vielen Orten in den USA.
Verwendung: keramische Erzeugnisse und chemische Industrie.

Saponit

$(Ca,Na)_{0,3}(Fe,Mg)_3(Si,Al)_4O_{10}(OH)_2 \cdot 4\ H_2O$

MONOKLIN ● ● ●

Eigenschaften: F – weiß, gelblich, graugrün, bläulich; ST – weiß; G – fettig; T – durchscheinend bis undurchsichtig; D – 2,1; H – 1–2; SP – vollkommen; massige Aggregate sind unter feuchten Bedingungen verformbar; B – uneben; M – erdig, knollig, massig.
Bildung und Fundorte: Hydrothermal als ein Substitutionsprodukt anderer Mineralien in Vulkangesteinen und Serpentiniten. Es tritt an vielen Stellen auf der Keweenaw-Halbinsel, Michigan, USA zusammen mit Kupfer auf. Blätter mit bis zu 1 cm Durchmesser kennt man aus Mont St.-Hilaire, Québec, Kanada.

Montmorillonit 70 mm, Kisthaas, Syrien

Saponit 2 mm, Erdöbénye, Ungarn

Vermiculit

$(Fe,Mg,Al)_3(Si,Al)_4O_{10}(OH)_2 \cdot 4\ H_2O$

MONOKLIN ● ● ●

Eigenschaften: F – gelbbraun, graugrün, grünlich braun; ST – weiß; G – fettig; T – durchscheinend bis undurchsichtig; D – 2,5; H – 1,5; SP – vollkommen; B – uneben; M – schuppige Aggregate, massig; A – dehnt sich bei Erwärmung aus.
Bildung und Fundorte: Hydrothermal als ein Substitutionsprodukt von Phlogopit und anderen mafischen Glimmern in verschiedenen Gesteinsarten. Vorkommen in Palbora, Südafrika; Milbury, Massachusetts, USA und im Kovdormassiv, Kola-Halbinsel, Russische Föderation.
Verwendung: Elektro- und Papierindustrie.

Vermiculit 50 mm, Drahonín, Tschechien

Cookeit 60 mm, Dobrá Voda, Tschechien

Klinochlor xx 5 mm, Sarany, Russische Föderation

Cookeit

CHLORITGRUPPE

$LiAl_4Si_3O_{10}(OH)_8$

MONOKLIN ● ●

Eigenschaften: F – weiß, gelblich, rötlich, braun; ST – weiß; G – glasartig bis perlmuttartig; T – durchsichtig bis durchscheinend; D – 2,6; H – 2,5–3,5; SP – vollkommen; B – uneben; M – schuppige, stellenweise radialstrahlige Aggregate, massig.
Bildung und Fundorte: Hydrothermal in Hohlräumen Li-haltiger Pegmatite, Begleitmineralien sind Elbait, Lepidolith, Fluorapatit und Albit, es verdrängt auch Spodumen; metamorph in Al-reichen Schiefern, zusammen mit Diaspor und Pyrophyllit. Massige, Spodumen verdrängende Aggregate treten in der Tanco Mine am Bernic Lake, Manitoba, Kanada zutage. Vorkommen auch in Hohlräumen im Pegmatit der Little Three Mine, Ramona und der Himalaya Mine, Mesa Grande, California. Man kennt es außerdem aus der Pulsifer-Grube, Maine, USA und aus Muiane, Mosambik.

Klinochlor

CHLORITGRUPPE

$(Mg,Fe)_5Al_2Si_3O_{10}(OH)_8$

MONOKLIN ● ● ● ● ●

Varietäten: Kämmererit.
Eigenschaften: F – grünlich, grau, weiß, gelblich, braun, rotviolett (Kämmererit); ST – weiß; G – glasartig bis perlmuttartig; T – durchsichtig bis durchscheinend; D – 2,7; H – 2–2,5; SP – vollkommen; B – uneben; M – schwach entwickelte, tafelige Kristalle, blättrige und radialstrahlige Aggregate, massig.
Bildung und Fundorte: Metamorph in verschiedenen Schieferarten und in Marmor; hydrothermal auf Quarzgängen und auf alpinotypen Gängen, ver-

Kämmererit xx 11 mm, Kop Daglari, Türkei

Chamosit 70 mm, Hajan, Ungarn

Dickit 100 mm, Nowa Ruda, Polen

drängt bisweilen einige andere Mineralien, z. B. Biotit. Kristalle mit bis zu 5 cm Durchmesser in Verbindung mit Chondrodit und Magnetit kennt man aus der Tilly Foster Mine, Brewster, New York und Chester, Pennsylvania, USA. Vorkommen auch im Val d'Ala, Italien und im Zillertal, Österreich. Blätter mit bis zu 40 cm Durchmesser kommen aus Beramy, Madagaskar. Kämmereritkristalle mit bis zu 2 cm Durchmesser fand man in Kop Dağlari, Erzerum, Türkei.

Chamosit

CHLORITGRUPPE

$(Fe,Mg)_5Al_2Si_3O_{10}(OH)_8$

MONOKLIN ● ● ● ●

Eigenschaften: F – grau, graugrün, braun; ST – graugrün; G – glasartig bis matt; T – durchscheinend bis undurchsichtig; D – 3,2; H – 2–2,5; SP – vollkommen; B – uneben; M – schuppige und oolithische Aggregate, massig.
Bildung und Fundorte: Metamorph bis hydrothermal in unterschiedlichen, Fe-reichen Sedimenten, normalerweise in Verbindung mit Siderit und Magnetit. Bekannte Vorkommen in Chamoson, Schweiz und Nučice, Tschechien. Kugelige Aggregate mit bis zu 15 mm Durchmesser fand man in Mont St.-Hilaire, Québec, Kanada.

Kaolinit

$Al_2Si_2O_5(OH)_4$

TRIKLIN ● ● ● ● ●

Eigenschaften: F – weiß, gelblich, grünlich, grau; C – weiß; G – erdig; T – durchscheinend bis undurchsichtig; D – 2,6; H – 1; SP – vollkommen; B – uneben; M – erdige und außergewöhnlich schuppige Aggregate, massig.
Bildung und Fundorte: Hydrothermal, als ein Produkt der Feldspatsubstitution in verschiedenen Gesteinsarten, wie Granit und Arkose. Es bildet große Lagerstätten in China, Frankreich, GB und Tschechien.
Verwendung: Rohmaterial für keramische Erzeugnisse.

Dickit

$Al_2Si_2O_5(OH)_4$

MONOKLIN ● ● ●

Eigenschaften: F – weiß, gelblich; ST – weiß; G – erdig bis perlmuttartig; T – durchscheinend bis undurchsichtig; D – 2,6; H – 1; SP – vollkommen; B – uneben; M – erdige und plattige Aggregate, massig.
Bildung und Fundorte: Hydrothermal in Hohlräumen hydrothermaler Gänge, zusammen mit Quarz, Karbonaten und Sulfiden. Vorkommen in Essen, Deutschland; Anglesey, England, GB und Kladno, Tschechien. Mikroskopische Kristalle kommen aus Mas d'Alary, Frankreich.

Kaolinit 50 mm, St. Austell, Großbritannien

Nakrit 70 mm, Rochlitz, Deutschland

Nakrit
$Al_2Si_2O_5(OH)_4$

MONOKLIN ● ● ●

Eigenschaften: F – weiß, gelblich, grauweiß; ST – weiß; G – erdig bis perlmuttartig; T – durchscheinend bis undurchsichtig; D – 2,6; H – 1; SP – vollkommen; B – uneben; M – erdige und schuppige Aggregate, massig.
Bildung und Fundorte: Hydrothermal in Hohlräumen hydrothermaler Gänge, Begleitmineralien sind Quarz, Fluorit und Topas. Vorkommen in Horní Slavkov, Tschechien und Freiberg, Deutschland. Pseudomorphosen nach Topas kommen aus Ouro Preto, Minas Gerais, Brasilien.

Antigorit
$Mg_3Si_2O_5(OH)_4$

MONOKLIN ● ● ● ● ●

Eigenschaften: F – weiß, gelblich, grünlich, grau; ST – weiß bis grau; G – glasartig, perlmuttartig, seiden, erdig; T – durchscheinend bis undurchsichtig; D – 2,6; H – 2,5–3,5; SP – vollkommen; B – uneben; M – blättrige und faserige Aggregate, massig.
Bildung und Fundorte: Metamorph in Serpentinit, Marmor und anderen Mg-reichen Gesteinen; hydrothermal in diese Gesteine kreuzenden Gängen. Es ist ein wichtiges gesteinsbildendes Mineral. Vorkommen in Kraubat, Österreich; Hrubšice, Tschechien; Antigorio, Italien und andernorts.

Amesit
$Mg_2Al(SiAl)O_5(OH)_4$

TRIKLIN ● ●

Eigenschaften: F – grünlich, grau; ST – weiß; G – glasartig bis perlmuttartig; T – durchscheinend; D – 2,8; H – 2,5–3; SP – vollkommen; B – uneben; M – blättrige bis radialstrahlige Aggregate, massig.
Bildung und Fundorte: Hydrothermal in Mg-reichen Gesteinen, Begleitmineralien sind Diaspor, Magnetit und Chromit. Vorkommen in Chester, Massachusetts, USA. Kristalle mit bis zu 4 cm Durchmesser fand man in Sarany, Ural, Russische Föderation.

Cronstedtit
$Fe^{2+}_2Fe^{3+}_2SiO_5(OH)_4$

MONOKLIN ● ●

Eigenschaften: F – schwarz, schwarzbraun, schwarzgrün; ST – dunkelolivgrün; G – glasartig bis metallartig; T – durchscheinend bis undurchsichtig; D – 3,6; H – 3,5; SP – vollkommen; B – uneben; M – prismatische Kristalle, Säulenaggregate.
Bildung und Fundorte: Hydrothermal auf Erzgängen. Fächerförmige Kristallaggregate kommen aus Příbram und Kutná Hora, Tschechien; Ouro Preto, Minas Gerais, Brasilien und der Salsigue-Mine, Auge, Frankreich.

Antigorit 110 mm, Felsöcsatár, Ungarn

Amesit 40 mm, Sarany, Ural, Russische Föderation

Cronstedtit 42 mm, Hunan, Bolivien

Chrysokoll 50 mm, Arizona, USA

Chrysokoll

$(Cu,Al)_2H_2Si_2O_5(OH)_4 \cdot n\ H_2O$

MONOKLIN ● ● ● ●

Eigenschaften: F – verschiedene Blaugrüntöne; ST – weiß; G – glasartig, fettig bis erdig; T – durchscheinend bis fast undurchsichtig; D – 2,0–2,4; H – 2–4; SP – keine; B – muschelig bis uneben; M – mikroskopische, nadelförmige Kristalle, traubige, stalaktitische und erdige Aggregate.
Bildung und Fundorte: Sekundär in Cu-Lagerstätten, Begleitmineralien sind Malachit und andere sekundäre Cu-Mineralien. Ergiebige Aggregate kommen aus vielen Orten in Arizona, USA, wie Bisbee und Morenci. Man kennt es auch aus Mednorudnyansk, Ural, Russische Föderation und Broken Hill, New South Wales, Australien.

Allophan

ungefähr $Al_2SiO_5 \cdot n\ H_2O$

AMORPH ● ● ●

Eigenschaften: F – weiß, grau, bläulich, grünlich, braun; ST – weiß; G – glasartig, fettig und erdig; T – durchsichtig, durchscheinend bis undurchsichtig; D – 1,9; H – 2–3; SP – keine; B – muschelig bis uneben; M – traubige, stalaktitische und erdige Aggregate.
Bildung und Fundorte: Hydrothermales Umwandlungsprodukt auf Klüften von Sedimentgesteinen in Kohlelagerstätten und in der Oxidationszone von Erzlagerstätten, Begleitmineralien sind andere sekundäre Mineralien. Reichhaltige traubige Aggregate treten in Dehr, Deutschland; Moldova Nuova, Rumänien; in der New Cornelia Mine, Arizona, USA und der El-Dragon-Mine, Potosí, Bolivien zutage.

Allophan 90 mm, Zlaté Hory, Tschechien

Palygorskit 120 mm, Burda, Ungarn

Palygorskit

$(Mg,Al)_2Si_4O_{10}(OH) . 4 H_2O$

MONOKLIN ● ● ● ●

Eigenschaften: F – weiß, grau; ST – weiß; G – matt; T – durchscheinend bis fast undurchsichtig; D – 2,2; H – 1; SP – gut; B – uneben, Aggregate sind unter feuchten Bedingungen verformbar; M – nadelförmige Kristalle, faserige Aggregate, massig.
Bildung und Fundorte: Hydrothermal als ein Umwandlungsprodukt unterschiedlicher Gesteinsarten, wie Serpentinit, Granit, Marmor und Grauwacken, auch auf Erzgängen und alpinotypen Gängen. Reichhaltige, lederähnliche Aggregate treten auf Marmorklüften in Hejná bei Horažďovice, Tschechien; in der Mammoth Mine, Tiger, Arizona, USA und in Palygorskaya, Russische Föderation zutage.

Sepiolith 70 mm, Eskişehir, Türkei

Sepiolith

$Mg_4Si_6O_{15}(OH)_2 . 6 H_2O$

ORTHORHOMBISCH ● ● ●

Eigenschaften: F – weiß, gelblich, grau; ST – weiß; G – matt; T – undurchsichtig; D – 2,0; H – 2–2,5; SP – unbestimmt; B – uneben; M – erdige Aggregate, massig.
Bildung und Fundorte: Hydrothermal als ein Umwandlungsprodukt von Serpentinit, normalerweise in Verbindung mit Magnesit. Der klassische Fundort ist Eskişehir, Türkei. Vorkommen auch in Biskoupky, Tschechien.

Zeophyllith

$Ca_4Si_3O_8(OH,F)_4 . 2 H_2O$

TRIKLIN ● ●

Eigenschaften: F – weiß; ST – weiß; G – perlmuttartig; T – durchsichtig bis durchscheinend; D – 2,6; H – 3; SP – vollkommen; B – uneben; M – plattige Kristalle, meist mit radialstrahliger Struktur.
Bildung und Fundorte: Hydrothermal in Hohlräumen von Vulkangesteinen, Vorkommen in Verbindung mit Zeolithen. Der bedeutendste Fundort ist Radejčín, Tschechien, wo es kugelige Aggregate mit bis zu 1 cm Durchmesser bildet. Man kennt es auch aus Schellkopf, Deutschland und Monte Somma, Italien.

Cavansit

$CaVOSi_4O_{10} . 4 H_2O$

ORTHORHOMBISCH ● ●

Eigenschaften: F – grünblau, blau; ST – hellblau; G – glasartig; T – durchsichtig; D – 2,2; H – 3–4; SP – gut; B – uneben; M – langprismatische bis nadelförmige Kristalle, radialstrahlige Aggregate.
Bildung und Fundorte: Hydrothermal in Hohlräumen von Vulkangesteinen, Begleitmineralien sind Calcit, Apophyllit und Zeolithe. Ergiebige radialstrahlige Aggregate mit bis zu 3 cm Durchmesser kommen aus der Wagholi-Grube, Poona, Indien.

Zeophyllith 60 mm, Radejčín, Tschechien

Cavansit 120 mm, Poona, Indien

Nephelin
(K,Na)$AlSiO_4$

HEXAGONAL ● ● ● ●

Eigenschaften: F – farblos, weiß, grünlich, gelblich, grau, grün, braun; ST – weiß; G – glasartig bis fettig; T – durchsichtig bis durchscheinend; D – 2,7; H – 5,5–6; SP – keine; B – uneben bis muschelig; M – prismatische Kristalle, körnig, massig.
Bildung und Fundorte: Magmatisch in vielen alkalischen Gesteinen, wie alkalischen Syeniten und ihren Pegmatiten, auch in manchen Basalten; selten metamorph in Gneis. Es ist ein typisches gesteinsbildendes Mineral, Begleitmineralien sind Leucit, Augit und Apatit. Schön entwickelte Kristalle fand man am Vesuv, Italien. Reichhaltige Aggregate kennt man aus vielen Fundorten im Khibinymassiv, Kola-Halbinsel, Russische Föderation. Bis zu 70 cm lange Kristalle treten in Davis Hill, Bancroft, Ontario zutage. Vollkommene, bis zu 3,5 cm lange Kristalle kommen aus Mont St.-Hilaire, Québec, Kanada.
Verwendung: Stellenweise als Al-Erz und in der keramischen Industrie.

Nephelin 43 mm, Aouli, Marokko

Petalit 23 mm, Paprok, Afghanistan

Petalit

$LiAlSi_4O_{10}$

MONOKLIN ● ● ●

Eigenschaften: F – farblos, weiß, grünlich, gelblich; ST – weiß; G – glasartig; T – durchsichtig bis durchscheinend; D – 2,5; H – 6–6,5; SP – gut; B – uneben bis muschelig; M – prismatische Kristalle, körnig.
Bildung und Fundorte: Magmatisch in Li-haltigem Pegmatit, Begleitmineralien sind Lepidolith, Elbait und Amblygonit, stellenweise wird es durch eine Mischung aus Quarz und Spodumen verdrängt. Riesige Kristalle mit mehreren m Länge kommen aus Bikita, Simbabwe und Varuträsk, Schweden. Durchsichtige, glänzende Kristalle mit bis zu 23 cm Durchmesser fand man in Pegmatithohlräumen in Paprok, Afghanistan. Weitere Funde in San Piero in Campo, Elba, Italien. Kristalle mit bis zu 10 cm Durchmesser treten in Araçuai, Minas Gerais, Brasilien zutage.
Verwendung: Keramische Industrie.

Chkalovit 70 mm, Umbozero, Russische Föderation

Chkalovit

$Na_2BeSi_2O_6$

ORTHORHOMBISCH ● ●

Eigenschaften: F – farblos, weiß; ST – weiß; G – glasartig; T – durchsichtig bis durchscheinend; D – 2,7; H – 6; SP – undeutlich; B – muschelig; M – prismatische Kristalle, körnig, massig.
Bildung und Fundorte: Hydrothermal in alkalischem Pegmatit, meist in Begleitung von Natrolith, Sodalith und Eudialyt. Kristalle mit bis zu 20 cm Durchmesser kommen aus der Umbozero-Mine am Berg Alluaiv, Lovozeromassiv, Kola-Halbinsel, Russische Föderation. Weitere Vorkommen in Julianhåb, Grönland und Mont St.-Hilaire, Québec, Kanada.

Sanidin x 30 mm, Drachenfels, Deutschland

Sanidin

FELDSPATGRUPPE

$KAlSi_3O_8$

MONOKLIN ● ● ● ●

Eigenschaften: F – farblos, weiß, gelblich, rötlich, grau; ST – weiß; G – glasartig; T – durchsichtig bis durchscheinend; D – 2,6; H – 6–6,5; SP – gut; B – uneben bis muschelig; M – prismatische Kristalle, körnig, massig.
Bildung und Fundorte: Magmatisch in sauren Vulkangesteinen, wie Rhyoliten und Trachyten, ein typisches gesteinsbildendes Mineral. Schön entwickelte Kristalle und ihre Kombinationen mit einer Größe bis zu 10 cm treten in Rhyoliten und Trachyten in Drachenfels und am Laacher See, Deutschland zutage. Es kommt auch aus Roc de Courlande, Frankreich; Beaverdell, British Columbia, Kanada und Kyustendil, Bulgarien.

Orthoklas

FELDSPATGRUPPE

$KAlSi_3O_8$

MONOKLIN ● ● ● ● ●

Varietäten: Adular, Mondstein (glänzende Varietät mit wogendem Lichtschein).

Eigenschaften: F – farblos, weiß, gelblich, rötlich, grau, braun, gelb; ST – weiß; G – glasartig bis perlmuttartig (Adular); T – durchsichtig bis durchscheinend; D – 2,5; H – 6–6,5; SP – gut; B – uneben bis muschelig; M – prismatische und tafelige Kristalle und ihre Kombinationen, körnig, massig.
Bildung und Fundorte: Magmatisch in Rhyoliten, Trachyten, Graniten, Syeniten und Pegmatiten; metamorph in verschiedenen Gesteinsarten, wie Orthogneisen und Migmatiten; hydrothermal auf alpinotypen Gängen, Erzgängen und in einigen Sedimenten, auch in Seifen, ein typisches gesteinsbildendes Mineral. Schön gewachsene Kristalle und Zwillinge mit bis zu 20 cm Durchmesser kommen aus dem Granit in Twentynine Palms, California, USA; Marina di Campo, Elba, Italien; Loket und Karlovy Vary, Tschechien; Vorkommen in Pegmatithohlräumen in Strzegom, Polen und San Piero in Campo, Elba, Italien. Gelb glänzende Kristalle mit bis zu 7 cm Durchmesser fand man in Itrongay, Madagaskar. Riesige Feldspatkristalle mit bis zu mehreren dutzend m Länge kennt man aus verschiedenen pegmatitischen Fundorten in Black Hills, South Dakota, USA; auch aus Hagendorf, Deutschland. Adular ist bekannt aus den alpinotypen Gängen von St. Gotthard, Schweiz; Mondsteinaggregate treten in edelsteinhaltigen Schottern von Ratnapura, Sri Lanka zutage.
Verwendung: Glas- und keramische Industrie, Mondstein wird als Edelstein verwendet.

Orthoklas x 32 mm, Oro Grande, USA

Adular 60 mm, Alpen, Schweiz

Mikroklin 110 mm, Lake George Teller Co., USA

Mikroklin

FELDSPATGRUPPE

$KAlSi_3O_8$

TRIKLIN ● ● ● ● ●

Varietäten: Amazonit.
Eigenschaften: F – farblos, weiß, gelblich, rötlich, grau, hell- bis dunkelgrün (Amazonit); ST – weiß; G – glasartig; T – durchsichtig bis durchscheinend; D – 2,6; H – 6–6,5; SP – gut; B – uneben bis muschelig; M – prismatische Kristalle, körnig, massig.
Bildung und Fundorte: Magmatisch in Granit, Syenit und Pegmatit; metamorph in verschiedenen Gesteinsarten, wie Orthogneise und Migmatite; hydrothermal auf alpinotypen Gängen und Erzgängen; ein typisches gesteinsbildendes Mineral. Schön entwickelte Amazonitkristalle mit bis zu 40 cm Durchmesser treten in den Hohlräumen der Pegmatite von Crystal Peak, Colorado, USA; Keivy, Kola-Halbinsel, Russische Föderation und der Morefield Mine, Virginia, USA zutage. Riesige Mikroklinkristalle mit bis zu 12 m Durchmesser kommen aus dem Pegmatit in Black Hills, South Dakota, USA und Kaatiala, Finnland.
Verwendung: Keramische Industrie, Amazonit wird als Schmuckstein verwendet.

Hyalophan

FELDSPATGRUPPE

$(K,Ba)Al(Si,Al)_3O_8$

MONOKLIN ● ● ●

Eigenschaften: F – farblos, weiß, gelblich; ST – weiß; G – glasartig; T – durchsichtig bis durchscheinend; D – 2,9; H – 6–6,5; SP – gut; B – uneben bis muschelig; M – prismatische Kristalle, körnig, massig.

Amazonit 60 mm, Keivy, Russische Föderation

Hyalophan 50 mm, Busovača, Bosnien-Herzegowina

Oligoklas 40 mm, Ural, Russische Föderation

Bildung und Fundorte: Magmatisch in Phonoliten; metamorph in verschiedenen Gesteinsarten, wie Marmor, Gneis und Mn-reichen Gesteinen; hydrothermal auf alpinotypen Gängen und Erzgängen. Kristalle mit bis zu 10 cm Durchmesser fand man auf alpinotypen Gängen bei Busovača, Bosnien-Herzegowina.

Albit

FELDSPATGRUPPE

$NaAlSi_3O_8$

TRIKLIN ● ● ● ● ●

Varietäten: Periklin, Cleavelandit.
Eigenschaften: F – farblos, weiß, gelblich, rötlich, grau, grünlich, bläulich; ST – weiß; G – glasartig; T – durchsichtig bis durchscheinend; D – 2,6; H – 6–6,5; SP – gut; B – uneben bis muschelig; M – tafelige Kristalle und ihre Zwillinge, plattige Aggregate, körnig, massig.
Bildung und Fundorte: Magmatisch in Graniten, Syeniten und ihren Pegmatiten; metamorph in verschiedenen Gesteinsarten, wie Orthogneisen, Migmatiten, Phylliten und metamorphen Schiefern; hydrothermal auf alpinotypen Gängen und Erzgängen, ein typisches gesteinsbildendes Mineral. Schön entwickelte tafelige bis plattige Cleavelanditkristalle mit bis zu 15 cm Durchmesser treten in Hohlräumen des Pegmatits im Amelia District, Virginia und im Pala District, California, USA zutage. Albitkristalle kommen auch aus Strzegom, Polen; San Piero in Campo, Elba, Italien; Murzinka, Ural, Russische Föderation sowie aus vielen Fundorten in Minas Gerais, Brasilien. Periklinkristalle kennt man aus den Klüften entlang alpinotyper Gänge in Grossgreiner, Österreich; St. Gotthard, Schweiz; auch aus Erzgängen in Rožňava, Slowakei.

Albit 85 mm, Governador Valadares, Brasilien

Oligoklas

FELDSPATGRUPPE

$(Na,Ca)Al(Si,Al)_3O_8$

TRIKLIN ● ● ● ● ●

Varietäten: Peristerit, Sonnenstein

Eigenschaften: F – weiß, gelblich, rötlich, grünlich, buntfarbig (Peristerit); ST – weiß; G – glasartig; T – durchsichtig bis durchscheinend; D – 2,6; H – 6–6,5; SP – gut; B – uneben bis muschelig; M – tafelige Kristalle, plattige Aggregate, körnig, massig.
Bildung und Fundorte: Magmatisch in Graniten, Syeniten, Andesiten und Pegmatiten; metamorph in Gneisen und Migmatiten; hydrothermal auf alpinotypen Gängen; typisches gesteinsbildendes Mineral. Große, mehrere dm lange Kristalle kennt man hauptsächlich aus Pegmatiten. Peristerit kommt aus Arendal, Norwegen; Miass, Ural, Russische Föderation; Quadeville, Ontario, Kanada und Tvedestrand, Norwegen. Weitere Vorkommen in Vežná, Tschechien. Sonnenstein wird in der Ponderosa Mine bei Lakeview, Oregon, USA abgebaut.
Verwendung: Peristerit und Sonnenstein werden als Edelsteine verwendet.

Andesin 50 mm, Bodenmais, Deutschland

Anorthit xx 10 mm, Pasmaada, Finnland

Andesin

FELDSPATGRUPPE

$(Na,Ca)Al(Si,Al)_3O_8$

TRIKLIN ● ● ● ●

Eigenschaften: F – gelblich, rötlich, grau, hellgrün; ST – weiß; G – glasartig; T – durchsichtig bis durchscheinend; D – 2,7; H – 6–6,5; SP – gut; B – uneben bis muschelig; M – plattige Aggregate, körnig, massig.

Bildung und Fundorte: Magmatisch in Andesiten, Dioriten; metamorph in Gneisen und Migmatiten; typisches gesteinsbildendes Mineral. Große Körner kennt man aus Migmatiten in Bodenmais, Deutschland und Adamello, Italien.

Labradorit 50 mm, Labrador, Kanada

Labradorit

FELDSPATGRUPPE

$(Ca,Na)Al(Si,Al)_3O_8$

TRIKLIN ● ● ● ●

Eigenschaften: F – weiß bis dunkelgrau, grünlich; ST – weiß; G – glasartig, perlmuttartig; T – durchsichtig bis durchscheinend; D – 2,7; H – 6–6,5; SP – gut; B – uneben bis muschelig; M – spaltbare Aggregate, körnig, massig.
Bildung und Fundorte: Magmatisch in Gabbros, Basalten, Anorthositen; metamorph in Amphiboliten. Große, schillernde Aggregate mit bis zu 1 m Durchmesser kommen aus Nain, Labrador, Québec, Kanada. Vorkommen auch im Korostenskiymassiv, Ukraine und in Ylämaa, Finnland.
Verwendung: Schmuckstein.

Anorthit

FELDSPATGRUPPE

$CaAl_2Si_2O_8$

TRIKLIN ● ● ●

Eigenschaften: F – grau, grünlich, rötlich; ST – weiß; G – glasartig, matt; T – durchsichtig bis durchscheinend; D – 2,8; H – 6–6,5; SP – gut; B – uneben bis muschelig; M – körnig, massig.
Bildung und Fundorte: Magmatisch in Gabbros, Basalten, Anorthositen; metamorph in kontaktmetamorphen Gesteinen. Rötliche Körner und schwach entwickelte Kristalle kommen aus Val di Fassa, Italien. Kristalle mit bis zu 5 cm Durchmesser kennt man von der Insel Miyake-Jima, Japan. Weitere Funde am Mt. Erebus, Antarktis und Monte Somma, Italien.

Danburit

$CaB_2Si_2O_8$

ORTHORHOMBISCH ● ● ●

Eigenschaften: F – farblos, weiß, grau, grünlich, rötlich, gelb, braun, rotbraun; ST – weiß; G – glasartig, matt; T – durchsichtig bis durchscheinend; D – 3,0; H – 7; SP – undeutlich; B – uneben bis muschelig; M – prismatische Kristalle, Säulenaggregate, körnig, massig.
Bildung und Fundorte: Hydrothermal in Pegmatit-Hohlräumen, auf Erzgängen und alpinotypen Gängen; metamorph in Skarn und kontaktmetamorphen Gesteinen. Schön ausgebildete, prismatische Kristalle mit einer Länge bis zu 25 cm kommen aus Russell, New York, USA; Toroku, Japan; Dalnegorsk, Russische Föderation und Charcas, San Luis Potosí, Mexiko.

Cancrinit

$Na_6CaAl_6Si_6O_{24}(CO_3) . 2 H_2O$

HEXAGONAL ● ● ●

Eigenschaften: F – farblos, weiß, gelb, orange, bläulich; ST – weiß; G – glasartig; T – durchsichtig bis durchscheinend; D – 2,4; H – 5–6; SP – gut; B – uneben bis muschelig; M – prismatische Kristalle, körnig, massig.
Bildung und Fundorte: Magmatisch in alkalischen Syeniten; hydrothermal als ein Substitutionsprodukt von Vulkangesteinen, Begleitmineralien sind Nephelin und Sodalith. Kristalle mit bis zu 2 cm Durchmesser kommen aus Mont St.-Hilaire, Québec, Kanada. Man fand es auch in Litchfield, Maine, USA; Cancrinite Hill, Bancroft, Ontario, Kanada und andernorts.

Danburit 109 mm, Charcas, Mexiko

Leifit

$Na_2(Si,Al,Be)_7 (O,OH,F)_{14}$

TRIGONAL ●

Eigenschaften: F – farblos; ST – weiß; G – glasartig; T – durchscheinend; D – 2,5; H – 6; SP – gut; B – uneben; M – nadelförmige Kristalle.
Bildung und Fundorte: Hydrothermal in Hohlräumen alkalischer Pegmatite, Begleitmineralien sind Mikroklin und Zinnwaldit. Kristalle mit bis zu 2 cm Durchmesser treten in Narssarssuk, Grönland zutage. Schöne Kristalle kennt man auch aus Mont St.-Hilaire, Québec, Kanada, wo sie zusammen mit Serandit auftreten.

Cancrinit 70 mm, Ditrau, Rumunsko

Leifit 100 mm, Mont St.-Hilaire, Kanada

Sodalith 50 mm, Bancroft, Kanada

Sodalith

$Na_8Al_6Si_6O_{24}Cl_2$

KUBISCH ● ● ●

Varietäten: Hackmanit.
Eigenschaften: F – farblos, weiß, blau, gelb, rosa (Hackmanit); ST – weiß; G – glasartig; T – durchsichtig bis durchscheinend; D – 2,3; H – 5,5–6; SP – undeutlich; B – uneben bis muschelig; M – isometrische Kristalle, körnig, massig; LU – orangerot.
Bildung und Fundorte: Magmatisch in alkalischen Syeniten und Phonoliten, Begleitmineralien sind Nephelin, Zirkon und Titanit; hydrothermal in Marmor. Körnige Aggregate kennt man aus der Princess Sodalith Mine, Bancroft, Ontario, Kanada und Ditrau, Rumänien. Kristalle mit bis zu 10 cm Durchmesser kommen aus Kangerdluarssuk, Grönland.
Verwendung: Wird als Edelstein abgebaut.

Nosean

$Na_8Al_6Si_6O_{24}(SO_4)$

KUBISCH ● ●

Eigenschaften: F – farblos, weiß, blau, grau, schwarz; ST – weiß; G – glasartig; T – durchsichtig bis durchscheinend; D – 2,3; H – 5–6; SP – gut; B – uneben bis muschelig; M – isometrische Kristalle, körnig, massig.
Bildung und Fundorte: Magmatisch in alkalischen Basalten und ähnlichen Ergussgesteinen, Begleitmineralien sind Nephelin und Hauyn. Körnige Aggregate kennt man vom Laacher See, Deutschland und Monte Somma, Italien.

Lapislazuli

$(Na,Ca)_8Al_6Si_6O_{24}(S,SO_4)$

KUBISCH ● ● ●

Eigenschaften: F – dunkelblau; ST – hellblau; G – glasartig; T – durchsichtig bis durchscheinend; D – 2,4; H – 5–5,5; SP – undeutlich; B – uneben bis muschelig; M – isometrische Kristalle, körnig, massig.
Bildung und Fundorte: Metamorph in kontaktmetamorphem Marmor, Begleitmineral ist Pyrit. Kristalle mit bis zu 5 cm Durchmesser kommen aus Sar-e-Sang, Provinz Badachschan, Afghanistan. Körnige Aggregate kennt man aus vielen Fundorten, wie der Lagerstätte Malobystrinskoye am Baikalsee, Russische Föderation oder Monte Somma, Italien.
Verwendung: Schmuck- und Edelstein.

Körniger Nosean 6 mm, Laacher See, Deutschland

Lapislazuli 60 mm, Afghanistan

Lapislazuli x 21 mm, Nuristan, Afghanistan

Tugtupit
$Na_8Be_2Al_2Si_8O_{24}Cl_2$

TETRAGONAL ● ●

Eigenschaften: F – weiß, rosa, rot, bläulich; ST – weiß; G – glasartig; T – durchsichtig bis durchscheinend; D – 2,3; H – 5; SP – gut; B – uneben bis muschelig; M – kleine Kristalle, körnig, massig.
Bildung und Fundorte: Hydrothermal in alkalischen Syeniten und ihren Pegmatiten, auch als ein Umwandlungsprodukt von Chkalovit. Aggregate mit bis zu 6 cm Durchmesser kommen aus der Umbozero Mine am Berg Alluaiv, Lovozeromassiv, Kola-Halbinsel, Russische Föderation und aus Illímaussaq,

Tugtupit 90 mm, Illímaussaq, Grönland

Lapislazuli 60 mm, Chile

Grönland. Kleine Kristalle treten in der Poudrette-Grube, Québec, Kanada zutage.

Danalith
$Fe_4Be_3Si_3O_{12}S$

KUBISCH ● ●

Eigenschaften: F – grau, gelb, rosa, red, braun; ST – weiß; G – glasartig; T – durchsichtig bis durchscheinend; D – 3,4; H – 5,5–6; SP – undeutlich; B – uneben bis muschelig; M – isometrische Kristalle, körnig, massig.
Bildung und Fundorte: Magmatisch in granitischem Pegmatit; hydrothermal in Greisen, Skarn und auf Erzgängen. Vorkommen in Cape Ann, Massachusetts, USA; Hortekollen, Norwegen und Coolgardie, Western Australia, Australien.

Danalith 70 mm, Yxjöberg, Schweden

Helvin xx 2 mm, Cavnic, Rumänien

Helvin

$Mn_4Be_3Si_3O_{12}S$

KUBISCH ● ● ●

Eigenschaften: F – braun, grau, gelb, gelbgrün; ST – weiß; G – glasartig; T – durchsichtig bis durchscheinend; D – 3,4; H – 6; SP – gut; B – uneben bis muschelig; M – isometrische Kristalle, körnig, massig.
Bildung und Fundorte: Magmatisch in granitischem Pegmatit und alkalischen Syeniten; hydrothermal in Greisen, Skarn und Erzlagerstätten. Kubische Kristalle mit bis zu 2,5 cm Durchmesser kennt man vom Sawtooth Batholith, Idaho, USA. Kristalle kommen auch aus Schwarzenberg, Deutschland; Cavnic, Rumänien und dem Oslofjord, Norwegen.
Verwendung: Be-Erz.

Marialith

SKAPOLITHGRUPPE

$Na_8(AlSi_3O_8)_6\ (Cl_2,SO_4)$

TETRAGONAL ● ● ●

Eigenschaften: F – farblos, weiß, grau, violett, gelb; ST – weiß; G – glasartig, stellenweise perlmuttartig; T – durchsichtig bis durchscheinend; D – 2,5; H – 5–6; SP – gut; B – uneben bis muschelig; M – prismatische Kristalle, Säulenaggregate, körnig, massig; LU – gelb bis orange.
Bildung und Fundorte: Hydrothermal auf Gängen, die alkalische, metamorphe Gesteine kreuzen, und in Pegmatiten, die ultrabasische Gesteine durchlaufen; metamorph in Marmor und Metaevaporiten. Vorkommen in Ankazobé, Madagaskar; Umba, Tansania und Crestmore, California, USA.

Mejonit

SKAPOLITHGRUPPE

$Ca_8(Al_2Si_2O_8)_6\ (CO_3,SO_4)$

TETRAGONAL ● ● ● ●

Eigenschaften: F – farblos, weiß, grau, violett, grün, blau; ST – weiß; G – glasartig; T – durchsichtig bis durchscheinend; D – 2,8; H – 5–6; SP – gut; B – uneben bis muschelig; M – langprismatische Kristalle, Säulenaggregate, körnig, massig; LU – gelb bis orange.
Bildung und Fundorte: Metamorph in Skarn, Marmor, Granuliten und in Kontaktzonen von Vulkan-

Skapolith x 44 mm, Leslie Lake, Quebéc, Kanada

Leucit 30 mm, Italien

Analcim 45 mm, Tunguska, Russische Föderation

gesteinen; hydrothermal auf Gängen, die Ca-reiches Gestein durchkreuzen. Schön ausgebildete Kristalle mit bis zu 40 cm Durchmesser stammen aus Lake Clear und Eganville, Ontario, Kanada. Kristalle kennt man auch aus Monte Somma, Italien; Sludyanka, Sibirien, Russische Föderation und Pargas, Finnland.

Leucit

ZEOLITHGRUPPE

$KAlSi_2O_6$

TETRAGONAL ● ● ● ●

Eigenschaften: F – farblos, weiß, grau; ST – weiß; G – glasartig; T – durchsichtig bis durchscheinend; D – 2,5; H – 5,5–6; SP – undeutlich; B – uneben bis muschelig; M – isometrische Kristalle, körnig, massig.
Bildung und Fundorte: Magmatisch in effusiven, K-reichen Basalten, Begleitmineralien sind Nephelin und Sanidin. Schön entwickelte, mehrere cm große Kristalle kommen vom Vesuv, Italien und dem Laacher See, Deutschland.
Verwendung: Keramische Industrie.

Analcim

ZEOLITHGRUPPE

$NaAlSi_2O_6 . H_2O$

KUBISCH ● ● ● ●

Eigenschaften: F – farblos, weiß, rötlich, gelblich; ST – weiß; G – glasartig; T – durchsichtig bis durchscheinend; D – 2,3; H – 5–5,5; SP – undeutlich; B – uneben bis muschelig; M – isometrische Kristalle, körnig, massig.
Bildung und Fundorte: Meist hydrothermal als ein Substitutionsprodukt von Nephelin oder Sodalith; selten magmatisch in Effusivgesteinen; auch in Sedimenten, Begleitmineralien sind Calcit und Zeolithe. Schön ausgebildete Kristalle mit bis zu 30 cm Durchmesser stammen aus Nidym, Sibirien, Russische Föderation; dem Lago Maggiore, Italien; Mont St.-Hilaire, Québec, Kanada; West Paterson, New Jersey, USA und aus anderen Fundorten.

Pollucit

ZEOLITHGRUPPE

$(Cs,Na)AlSi_2O_6 . H_2O$

KUBISCH ● ● ●

Eigenschaften: F – farblos, weiß, grau; ST – weiß; G – glasartig; T – durchsichtig bis durchscheinend; D – 2,9; H – 6,5–7; SP – keine; B – uneben bis muschelig; M – isometrische Kristalle, körnig, massig.
Bildung und Fundorte: Magmatisch und selten auch hydrothermal in Li-haltigen Pegmatiten, in Verbindung mit Lepidolith, Albit, Quarz und Petalit. Eine fast monomineralische, mehrere m mächtige Schicht von Pollucit fand man in der Tanco Mine, Bernic Lake, Manitoba, Kanada. Weiße und farblose Kristalle aus Pegmatit-Hohlräumen mit bis zu 60 cm Durchmesser kommen aus Paprok, Afghanistan. Man kennt es auch aus San Piero in Campo, Elba, Italien und Gilgit, Pakistan.
Verwendung: Keramische Industrie, Cs-Erz.

Pollucit x 22 mm, Gilgit, Pakistan

Natrolith 47 mm, Maricopa Co., Arizona, USA

Skolezit 165 mm, Nasik, Indien

Natrolith

ZEOLITHGRUPPE

$Na_2Al_2Si_3O_{10} . 2 H_2O$

ORTHORHOMBISCH ● ● ● ●

Eigenschaften: F – farblos, weiß, gelblich, rötlich; ST – weiß; G – glasartig bis seiden; T – durchsichtig bis durchscheinend; D – 2,2; H – 5–5,5; SP – vollkommen; B – uneben bis muschelig; M – langprismatische bis nadelförmige Kristalle, faserige und radialstrahlige Aggregate, körnig, massig.

Bildung und Fundorte: Hydrothermal in Hohlräumen von Vulkangesteinen, alkalischen Pegmatiten, entlang alpinotyper Klüfte, auch als Substitutionsprodukt von Plagioklas, meist in Begleitung von Calcit und Zeolithen. Farblose und weiße, nadelförmige Kristalle mit einer Länge bis zu 30 cm stammen aus Hohlräumen alkalischer Pegmatite am Berg Putelichorr im Khibinymassiv, Kola-Halbinsel, Russische Föderation. Kristalle fand man auch in Narssarssuk, Grönland und Mont St.-Hilaire, Québec, Kanada. Kristalle treten außerdem in Hohlräumen basaltischer Gesteine in Teigarhorn, Island; Zálezly und Soutěsky, Tschechien und auf den Färöern zutage.

Skolezit

ZEOLITHGRUPPE

$CaAl_2Si_3O_{10} \cdot 3\ H_2O$

MONOKLIN ●●●

Eigenschaften: F – farblos, weiß; ST – weiß; G – glasartig bis seiden; T – durchsichtig bis durchscheinend; D – 2,3; H – 5; SP – gut; B – uneben; M – langprismatische bis nadelförmige Kristalle, faserige und radialstrahlige Aggregate.
Bildung und Fundorte: Hydrothermal in Hohlräumen von Vulkangesteinen und entlang alpinotyper Spalten, Begleitmineralien sind Calcit und Zeolithe. Durchsichtige, prismatische und bis zu 20 cm lange Kristalle stammen aus Basalthohlräumen bei Nasik, Indien. Kristalle kommen auch aus Teigarhorn, Island und Suderoy, Färöer.

Mesolith 150 mm, Mahrashitra, Indien

Mesolith

ZEOLITHGRUPPE

$Na_{16}Ca_{16}Al_{48}Si_{72}O_{240} \cdot 64\ H_2O$

ORTHORHOMBISCH ●●●

Eigenschaften: F – farblos, weiß; ST – weiß; G – glasartig bis seiden; T – durchsichtig bis durchscheinend; D – 2,3; H – 5; SP – gut; B – uneben; M – nadelförmige Kristalle, faserige und radialstrahlige Aggregate, körnig, massig.
Bildung und Fundorte: Hydrothermal in Hohlräumen von Vulkangesteinen, Begleitmineralien sind andere Zeolithe. Farblose, bis zu 15 cm lange Nadeln stammen aus den Basalthohlräumen in Berufjord und Teigarhorn, Island. Radialstrahlige Aggregate mit bis zu 20 cm Durchmesser kennt man aus der Umgebung von Poona, Indien. Prismatische, bis zu 10 cm lange Kristalle fand man am Skookumchuck Dam, Washington, USA.

Thomsonit

ZEOLITHGRUPPE

$Ca_2NaAl_4(Al,Si)_2Si_4O_{20} \cdot 6\ H_2O$

ORTHORHOMBISCH ●●●

Eigenschaften: F – farblos, weiß, gelblich, braunrot; ST – weiß; G – glasartig bis perlmuttartig; T – durchsichtig bis durchscheinend; D – 2,3; H – 5–5,5; SP – gut; B – uneben bis muschelig; M – prismatische Kristalle in Büscheln mit radialstrahliger Struktur, traubige Aggregate, massig.
Bildung und Fundorte: Hydrothermal in Hohlräumen von Vulkangesteinen, auch als ein Substitutionsprodukt von hydrothermalem Feldspat. Farblose und weiße, nadelförmige Kristalle, die radialstrahlige Aggregate mit bis zu 5 cm Durchmesser bilden, kommen aus Old Kilpatrick, Schottland, GB und West Paterson, New Jersey, USA. Halbkugelige Aggregate mit bis zu 3 cm Durchmesser kennt man aus Vinařická hora bei Kladno, Tschechien.

Thomsonit 50 mm, Bazsi, Ungarn

Gonnardit xx 10 mm, Zalahaláp, Ungarn

Gonnardit

ZEOLITHGRUPPE

$(Na,Ca)_{6-8}(Al,Si)_{20}O_{40} . 12\ H_2O$

TETRAGONAL ●●●

Eigenschaften: F – farblos, weiß, gelblich; ST – weiß; G – glasartig bis perlmuttartig; T – durchsichtig bis durchscheinend; D – 2,3; H – 4,5–5; SP – gut; B – uneben bis muschelig; M – prismatische Kristalle, faserige und radialstrahlige Aggregate.
Bildung und Fundorte: Hydrothermal in Hohlräumen von Vulkangesteinen, Begleitmineralien sind Zeolithe, auch in der Kontaktzone von Marmor zusammen mit Wollastonit. Nadelförmige Kristalle und faserige Aggregate treten in Aci Castello, Sizilien, Italien; Weilberg, Deutschland und Bundoora, Victoria, Australien zutage.

Edingtonit

ZEOLITHGRUPPE

$BaAl_2Si_3O_{10} . 3\ H_2O$

TETRAGONAL ●●●

Eigenschaften: F – weiß, grau, rötlich; ST – weiß; G – glasartig; T – durchsichtig bis durchscheinend; D – 2,8; H – 4; SP – gut; B – uneben bis muschelig; M – prismatische Kristalle, körnig, massig.
Bildung und Fundorte: Hydrothermal in Hohlräumen und auf Klüften von Vulkangesteinen, Begleitmineralien sind Calcit und Harmotom. Farblose und weiße, prismatische Kristalle mit bis zu 4 cm Durchmesser stammen aus Old Kilpatrick, Schottland, GB;

Edingtonit 100 mm, Staré Ransko, Tschechien

Staré Ransko, Tschechien und Mont St.-Hilaire, Québec, Kanada.

D'Achiardit-Ca

ZEOLITHGRUPPE

$(Ca_{0,5},Na,K)_5Al_5Si_{19}O_{48} \cdot 13\ H_2O$

MONOKLIN ● ●

Eigenschaften: F – farblos, weiß, gelblich; ST – weiß; G – glasartig bis perlmuttartig; T – durchsichtig bis durchscheinend; D – 2,1; H – 4–4,5; SP – gut; B – uneben bis muschelig; M – prismatische Kristalle und komplex durchdrungene Zwillinge.
Bildung und Fundorte: Hydrothermal in Hohlräumen granitischer Pegmatite, Begleitmineralien sind Albit, Petalit und Elbait, auch als Pseudomorphosen nach Petalit. Vorkommen in San Piero in Campo, Elba, Italien und in der Opal-Hill-Grube, Riverside, California, USA.

Ferrierit-Ca

ZEOLITHGRUPPE

$(Ca,Na,K,Mg)_6Al_6Si_{30}O_{72} \cdot 18\ H_2O$

ORTHORHOMBISCH ● ●

Eigenschaften: F – farblos, weiß, grünlich, rosa, bräunlich; ST – weiß; G – glasartig; T – durchsichtig bis durchscheinend; D – 2,1; H – 3–3,5; SP – gut; B – uneben bis muschelig; M – tafelige Kristalle, plattige und Säulenaggregate, massig.
Bildung und Fundorte: Hydrothermal in Hohlräumen von Vulkangesteinen, entlang von Spalten auf alpinotypen Gängen und in vulkanischen Tuffgesteinen, Begleitmineralien sind Calcit und Zeolithe. Plattige Aggregate treten in Svojanov, Tschechien; Albero Bosso und Monastir, Sardinien, Italien sowie

D'Achiardit-Ca xx 2 mm, Regéc, Ungarn

am Kamploops Lake, British Columbia, Kanada zutage.

Laumontit

ZEOLITHGRUPPE

$Ca_4Al_8Si_{16}O_{48} \cdot 18\ H_2O$

MONOKLIN ● ● ● ●

Eigenschaften: F – farblos, weiß, gelblich, rötlich; ST – weiß; G – glasartig; T – durchsichtig bis durchscheinend, verwittert fast undurchsichtig; D – 2,4; H – 3–4; SP – gut; B – uneben bis muschelig; M – prismatische Kristalle, faserige und radialstrahlige Aggregate.
Bildung und Fundorte: Hydrothermal in Hohlräumen von Vulkangesteinen, auf Klüften alpinotyper Gänge, auf Erzgängen und in Sedimenten, Begleitmineralien sind Calcit und andere Zeolithe. Farblose und weiße, nadelförmige Kristalle mit einer Länge bis zu 38 cm kommen aus den Gruben von Pandulena Hill, Indien. Bis zu 15 cm lange Kristalle kennt man aus Pine Creek, Bishop, California, USA. Vorkommen auch in Dillenburg, Deutschland.

Ferrierit-Ca-Aggregate 2 mm, Regéc, Ungarn

Laumontit 120 mm, Markovice, Tschechien

Heulandit-Ca xx 8 mm, Paraná, Brasilien

Heulandit-Ca

ZEOLITHGRUPPE

$(Ca_{0,5},Sr_{0,5},Na,K)_{4,5}Al_9Si_{27}O_{72} \cdot 24\,H_2O$

MONOKLIN ● ● ● ●

Eigenschaften: F – farblos, weiß, gelblich, rötlich, rot, braun; ST – weiß; G – glasartig bis perlmuttartig; T – durchsichtig bis durchscheinend; D – 2,1; H – 3,5–4; SP – vollkommen; B – uneben bis muschelig; M – prismatische bis tafelige Kristalle, körnig, massig.
Bildung und Fundorte: Hydrothermal in Hohlräumen von Vulkangesteinen, in alpinotypen Spalten, auf Erzgängen und in Sedimentgesteinen, meist in Verbindung mit Calcit und anderen Zeolithen. Farblose und weiße, tafelige Kristalle mit bis zu 10 cm Durchmesser kommen aus Nasik, Indien; West Paterson, New Jersey, USA und Teigarhorn, Island. Roter Heulandit wurde im Val di Fassa, Italien gefunden.

Klinoptilolit-Ca xx 2 mm, Hončova Hůrka, Tschechien

Klinoptilolit-Ca

ZEOLITHGRUPPE

$(Ca_{0,5},Na,K)_{4,5}Al_9Si_{27}O_{72} . 24\ H_2O$

MONOKLIN ● ● ● ●

Eigenschaften: F – farblos, weiß, gelblich, rötlich, rot, grünlich; ST – weiß; G – glasartig; T – durchsichtig bis durchscheinend; D – 2,2; H – 3,5–4; SP – vollkommen; B – uneben bis muschelig; M – plattige Kristalle, massig.
Bildung und Fundorte: Hydrothermal in vulkanischen Sedimentgesteinen. Große industrielle Lagerstätten gibt es in Neuseeland, Japan und Australien. Kristalle stammen aus Achat Beach, Oregon, USA.
Verwendung: Bauwirtschaft, chemische Industrie und Landwirtschaft.

Epistilbit x 15 mm, Nasik, Indien

Epistilbit

ZEOLITHGRUPPE

$(Ca,Na_2)Al_2Si_4O_{12} . 4\ H_2O$

MONOKLIN ● ● ●

Eigenschaften: F – farblos, weiß, gelblich, rötlich, hellbraun; ST – weiß; G – glasartig; T – durchsichtig bis durchscheinend; D – 2,2; H – 4; SP – gut; B – uneben bis muschelig; M – prismatische Kristalle, radialstrahlige Aggregate.
Bildung und Fundorte: Hydrothermal in Hohlräumen von Vulkangesteinen; in Begleitung von anderen Zeolithen. Durchsichtige und weiße, tafelige Kristalle und ihre Zwillinge mit bis zu 3 cm Durchmesser stammen aus Jalgaon, Indien; Vorkommen auch in Teigarhorn, Island und auf den Färöern.

Stilbit-Ca

ZEOLITHGRUPPE

$(Ca_{0,5},Na,K)_9Al_9Si_{27}O_{72} . 28\ H_2O$

MONOKLIN ● ● ● ●

Eigenschaften: F – farblos, weiß, gelblich, rötlich, braun; ST – weiß; G – glasartig, stellenweise perlmuttartig; T – durchsichtig bis durchscheinend; D – 2,2; H – 3,5–4; SP – gut; B – uneben bis muschelig; M – prismatische und tafelige Kristalle, meist komplex durchwachsene Zwillinge und garbenförmige Aggregate, körnig, massig.
Bildung und Fundorte: Hydrothermal in Hohlräumen von Vulkangesteinen, entlang alpinotyper Spalten, auf Erzgängen, auch in Sedimentgesteinen und Thermalquellen, normalerweise in Verbindung mit Calcit und anderen Zeolithen. Farblose und weiße, tafelige Kristalle und ihre Kombinationen mit bis zu 20 cm Durchmesser stammen aus den Gruben von Pandulena Hill, Indien. Kristalle kennt man auch aus Teigarhorn, Island; den Färöern; West Paterson, New Jersey, USA und aus anderen Fundorten.

Stilbit-Ca 83 mm, Nasik, Indien

Gismondin xx 2 mm, Tapolca-Diszel, Ungarn

Phillipsit-K xx 3 mm, Limberg, Deutschland

Gismondin

ZEOLITHGRUPPE

$CaAl_2Si_2O_8 \cdot 4,5\ H_2O$

MONOKLIN ● ●

Eigenschaften: F – farblos, weiß, bläulich, rötlich; ST – weiß; G – glasartig; T – durchsichtig bis durchscheinend; D – 2,3; H – 4,5; SP – gut; B – uneben; M – komplexe Kristallzwillinge, plattige Aggregate.

Bildung und Fundorte: Hydrothermal in Hohlräumen von Vulkangesteinen, in hydrothermalen Umwandlungsgesteinen. Vorkommen in Capo di Bove, Italien; Schiffenberg, Deutschland und Dobrná, Tschechien.

Harmotom 79 mm, Strontian, Großbritannien

Phillipsit-K

ZEOLITHGRUPPE

$(K,Na,Ca_{0,5})Al_5Si_{11}O_{32} \cdot 12\ H_2O$

MONOKLIN ● ● ●

Eigenschaften: F – farblos, weiß, rötlich; ST – weiß; G – glasartig; T – durchsichtig bis durchscheinend; D – 2,2; H – 4–4,5; SP – gut; B – uneben; M – prismatische Kristalle und komplex verwachsene Zwillinge, körnig, massig.

Bildung und Fundorte: Hydrothermal in Hohlräumen von Vulkangesteinen, in Sedimentgesteinen und Thermalquellen; zusammen mit Calcit und anderen Zeolithen. Farblose und weiße, verwachsene Zwillinge mit bis zu 2 cm Durchmesser stammen aus Capo di Bove, Italien; Doughboys, Tasmanien, Australien; Sovinec bei Litoměřice, Tschechien und aus anderen Fundorten.

Harmotom

ZEOLITHGRUPPE

$(Ba_{0,5},Ca_{0,5},K,Na)_5Al_5Si_{11}O_{32} \cdot 12\ H_2O$

MONOKLIN ● ● ●

Eigenschaften: F – farblos, weiß, grau, rötlich, gelb, braun; ST – weiß; G – glasartig; T – durchsichtig bis durchscheinend; D – 2,4; H – 4,5; SP – gut; B – uneben; M – prismatische Kristalle, meist komplex verwachsene Zwillinge, körnig massig.

Bildung und Fundorte: Hydrothermal in Hohlräumen von Vulkangesteinen, auf alpinotypen Gängen, Erzgängen und in Pegmatit. Prismatische Kristalle und ihre Zwillinge mit bis zu 2 cm Durchmesser kennt man aus Strontian, Schottland, GB. Kristalle kommen auch aus St. Andreasberg und Oberstein, Deutschland; Kozákov, Tschechien und Kongsberg, Norwegen.

Goosecreekit

ZEOLITHGRUPPE

$CaAl_2Si_3O_{10} \cdot 5\ H_2O$

MONOKLIN ●

Eigenschaften: F – weiß, farblos; ST – weiß; G – glasartig; T – durchsichtig bis durchscheinend; D – 2,2; H – 4,5; SP – vollkommen; B – uneben bis muschelig; M – prismatische Kristalle, körnig.
Bildung und Fundorte: Hydrothermal in Hohlräumen von Vulkangesteinen. Man kennt es aus Goose Creek, Virginia, USA. Kristalle mit bis zu 3 cm Durchmesser fand man auch in den Gruben von Pandulena Hill, Indien.

Goosecreekit xx 25 mm, Maharashtra, Indien

Chabasit-Ca

ZEOLITHGRUPPE

$(Ca_{0,5},Na,K)Al_4Si_8O_{24} \cdot 12\ H_2O$

TRIGONAL ● ● ●

Eigenschaften: F – farblos, weiß, gelblich, rötlich, grünlich; ST – weiß; G – glasartig bis matt; T – durchsichtig bis durchscheinend; D – 2,2; H – 4–4,5; SP – undeutlich; B – uneben bis muschelig; M – rhomboedrische Kristalle und ihre Zwillinge, körnig, massig.
Bildung und Fundorte: Hydrothermal in Hohlräumen von Vulkangesteinen und Pegmatiten, auf alpinotypen Klüften und in Thermalquellen, meist in Begleitung von Calcit und anderen Zeolithen. Farblose und weiße Durchdringungszwillinge mit bis zu 6 cm Durchmesser stammen von den Färöern. Kristalle kennt man auch aus Řepčice, Tschechien; Berufjord, Island; Panvil, Indien; Maglovec, Slowakei und aus anderen Fundorten.

Chabasit-Ca, Nova Scotia, Kanada

10. Organische Mineralien

Whewellit

$CaC_2O_4 . H_2O$

MONOKLIN ● ● ●

Eigenschaften: F – farblos, weiß, grau; ST – weiß; G – glasartig; T – durchsichtig bis durchscheinend; D – 2,2; H – 2,5; SP – gut; B – muschelig; M – prismatische Kristalle, meist verzwillingt.
Bildung und Fundorte: Selten hydrothermal, hauptsächlich sedimentär in Kohlebecken, Begleitmineralien sind Baryt, Ankerit und andere Mineralien. Hydrothermale, bis zu 7 cm lange Kristalle kommen aus U-haltigen Gängen in Příbram, Tschechien. Ähnliche, bis zu 7 cm lange Kristalle traten in Cavnic, Rumänien zutage. Bis zu 10 cm große, herzförmige Zwillinge und Schwalbenschwanzzwillinge fand man in Konkretionen bei Kladno, Tschechien. Ähnliche Exemplare kennt man aus Burgk bei Dresden, Deutschland. Interessante flache und radialstrahlige Aggregate entdeckte man auf Klüften von Tonen in der Umgebung von Most, Tschechien.

links: Bernstein 40 mm, Baltikum
Whewellit x 27 mm, Burgk, Deutschland

Mellit 170 mm, Bicske-Csordakút, Ungarn

Mellit
$Al_2[C_6(COO)_6] . 18 H_2O$

TETRAGONAL ● ●

Eigenschaften: F – honiggelb; ST – weiß; G – harzig bis glasartig; T – durchsichtig bis durchscheinend; D – 1,7; H – 2; SP – undeutlich; B – muschelig; M – bipyramidale Kristalle, körnig; LU – blau.
Bildung und Fundorte: Sekundär in Spalten von Braunkohle und Lignit. Die besten Exemplare mit bis zu 4 cm großen Kristallen stammen aus Csordakút bei Tatabánya, Ungarn. Kristalle mit bis zu 1 cm Durchmesser fand man in Artern, Deutschland. Körnige Aggregate kennt man aus Valchov, Tschechien.

Evenkit
$C_{24}H_{50}$

MONOKLIN ●

Eigenschaften: F – farblos bis hellgelb; ST – weiß; G – wachsartig; T – durchscheinend; D – 0,9; H – 1; SP – gut; M – pseudohexagonale, tafelige Kristalle; A – schmilzt bei 50 °C.
Bildung und Fundorte: Vermutlich sekundär. Vorkommen in Geoden bei Evenki, Sibirien, Russische Föderation. Man kennt es auch aus Klüften in metamorphem Andesit aus Dubník, Slowakei.

Fichtelit
$C_{19}H_{34}$

MONOKLIN ● ● ●

Eigenschaften: F – farblos bis gelblich; ST – weiß; G – glasartig; T – durchsichtig bis durchscheinend; D – 1; H – 1; M – dünntafelige Kristalle, Schuppen, kristalline Krusten.

Evenkit 50 mm, Dubník, Slowakei

Bildung und Fundorte: Sekundär, typisches Mineral von Torfmooren. Kristalle kennt man aus Borkovice bei Soběslav, Tschechien und auch aus Marktredwitz, Deutschland.

Bernstein

ein Gemisch aus Kohlenwasserstoffen

AMORPH ● ● ●

Eigenschaften: F – honiggelb, gelbbraun, braun, rotbraun, blau, grün, schwarz; ST – weiß; G – harzig, matt; T – durchsichtig bis durchscheinend, selten undurchsichtig; D – 1,0–1,1; H – 2–2,5; SP – keine; B – muschelig; M – massige, unregelmäßige oder tropfenförmige Aggregate, Knollen und Fragmente; LU – hellblau, gelb.
Bildung und Fundorte: Bernstein ist versteinerter Harz von Nadelbäumen aus dem Tertiär und dem Mesozoikum und tritt selten in Sedimenten auf. Manchmal sind Pflanzen- oder Insektenreste im Bernstein eingeschlossen. Die bekanntesten Fundorte befinden sich an der Südküste der Ostsee in Polen, Deutschland, Litauen, Estland, Lettland und der Russischen Föderation. Die größten gefundenen Massen waren bis zu 10 kg schwer. Blauen Bernstein kennt man aus der Dominikanischen Republik. Weitere Fundorte von Bernstein gibt es in Syrien, Libanon, Thailand, Vietnam, Kanada und den USA.
Verwendung: Edelstein.

Fichtelit 80 mm, Mažice, Tschechien

Bernstein 95 mm, Madagaskar

11. Gesteine, Meteorite, Tektite

Gesteine bestehen aus Mineralien, manchmal auch aus Fragmenten anderer Gesteine und organischer Materialien. Da Gesteine immer ein Gemisch darstellen, sind gewisse physikalische und chemische Angaben nicht so bestimmbar (chemische Formel, Kristallsystem, Härte usw.), wie es bei den Mineralien der Fall ist. Anders als Mineralien bilden manche Gesteine in der Natur gewaltige Körper, die sich über mehrere Tausend km² erstrecken, daher lassen sich oft auch keine genauen Fundorte angeben. Gesteine werden meist als Baumaterial und für dekorative Zwecke verwendet oder als Rohstoffe für die chemische, die keramische und metallurgische Industrie oder in der Landwirtschaft eingesetzt.
Nach ihrer Entstehung werden Gesteine meist in drei Hauptgruppen unterteilt:
1. Erstarrungsgesteine
2. Sedimentgesteine
3. Metamorphe Gesteine

Granit 65 mm, Norwegen

1. Erstarrungsgesteine

Eigenschaften: F – hellgrau, grau, weiß, braun, schwarz, graugrün, rötlich, rotbraun; T – undurchsichtig, selten durchsichtig bis durchscheinend; G – matt, selten glasartig; D – variiert von 2,6 bis etwa 3,8; B – uneben, selten muschelig; M – grob- bis feinkörnig, meist massige Aggregate, bestehend aus mikroskopischen oder größeren Körnern oder Kristallen verschiedener Mineralien, bis zu mehreren dm Durchmesser, selten ist auch Glas enthalten. Mineralien weisen in Gesteinen normalerweise eine charakteristische Textur auf, wie z. B. Schriftgranit oder andere.
Bildung und Klassifizierung: Erstarrungsgesteine entstehen unter hohen Temperaturen und meist auch unter hohem Druck während des Erstarrungsprozesses primärer silikatischer Magmen, die sehr unterschiedlich zusammengesetzt sind. Ihre mineralische Zusammensetzung spiegelt die chemische Zusammensetzung des Magmas wider. Typische gesteinsbildende Mineralien sind Quarz, Orthoklas, Mikroklin, Plagioklas, Biotit, Muskovit, Amphibole, Pyroxene, Olivin und Nephelin. Die Gesteine verfestigen sich in unterschiedlichen Tiefen und je nach dieser Tiefe lassen sie sich in Intrusivgestein, Ganggestein und Effusivgestein einteilen. Nach ihrer chemischen Zusammensetzung (SiO_2-Gehalt) kann man mehrere Gruppen unterscheiden:
felsisch – Granit, Syenit, Pegmatit, Rhyolit, Obsidian
intermediär – Diorit, Andesit
basisch – Gabbro, Basalt
ultrabasisch – Peridotit, Ophiolit

links: Granit 150 mm, Schweden
Pegmatit 65 mm, Dolní Bory, Tschechien

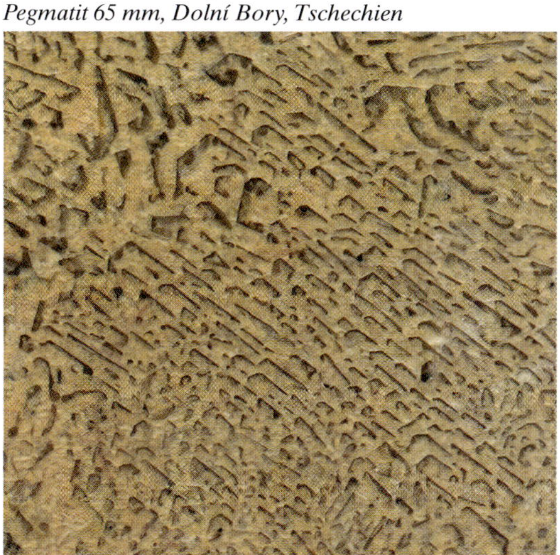

Diabas 65 mm, Rožany, Tschechien

Sandstein 65 mm, Buffalo Gap, South Dakota, USA

Konglomerat 65 mm, St. Alban, Großbritannien

2. Sedimentgesteine

Eigenschaften: F – grau, braun, rotbraun, schwarz, grüngrau, rötlich, weiß, gelb, oft selbst innerhalb eines Gesteins sehr unterschiedlich, Bänderungen sind typisch; T – undurchsichtig, selten durchscheinend; G – matt, manchmal glasartig, fettig oder erdig; D – variiert von 1,0 bis etwa 2,8; B – uneben, bisweilen muschelig; M – grob- bis feinkörnige und massige Aggregate, bestehend aus Körnern oder Kristallen, die von mikroskopisch klein bis hin zu mehreren dm groß sein können, aus Gesteinsfragmenten und organischem Material, typisch sind gebänderte Texturen; viele Sedimentgesteine sind auch fossilführend.
Bildung und Klassifizierung: Sedimentgesteine entstehen bei Oberflächentemperaturen und -drucken infolge der Ablagerung von Mineral- und Gesteinsfragmenten und organischem Material unterschiedlicher Größe unter Beihilfe von Wasser und Wind oder auch durch Ausfällung wässriger Lösungen. Typische gesteinsbildende Mineralien sind Quarz, Calcit, Dolomit, Halit, Tonmineralien und andere. Nach ihrer Entstehungsart lassen sich mehrere Gruppen von Sedimentgesteinen unterscheiden:
klastisch (aus Gesteinsfragmenten entstanden) – Sandstein, Konglomerat, Quarzit, Siltstein
organogen (aus Resten abgestorbener Organismen entstanden) – Korallenkalk, Kohle
chemisch (durch Ausfällung wässriger Lösungen entstanden) – Evaporite, Travertin

Kalk 65 mm, Italien

Evaporit 40 mm, Walkenried, Deutschland

Serpentinit 65 mm, Hrubšice, Tschechien

Gneis 65 mm, Doubravčany, Tschechien

3. Metamorphe Gesteine

Eigenschaften: F – hellgrau, grau, braun, grün, rotbraun, schwarz, grüngrau, rötlich, weiß, manchmal innerhalb eines Gesteins sehr unterschiedlich, Bänderung ist ziemlich weit verbreitet; T – undurchsichtig; G – matt, selten glasartig; D – variiert von 2,5 bis 4,8; B – uneben, selten muschelig; M – grob- bis feinkörnig, plattige, nadelförmige und manchmal massige Aggregate, bestehend aus Körnern und Kristallen, die von mikroskopisch klein bis zu mehreren dm groß sein können. Typisch sind gerade Texturen und die Schieferung mancher Mineralien.
Bildung und Klassifizierung: Metamorphe Gesteine entstehen unter höheren Temperaturen und Drucken bei der Metamorphose (Umwandlung) von Erstarrungs- oder Sedimentgesteinen. Die Quelle der Wärmeenergie kann Magma sein, in diesem Fall spricht man von Kontaktmetamorphose; liegt die Wärmequelle jedoch in der Tiefe der Erdkruste und wirkt sich auf größere Flächen aus, so spricht man von Regionalmetamorphose. Während der Metamorphose entstehen neue Mineralien. Typische gesteinsbildende metamorphe Mineralien sind Quarz, Orthoklas, Plagioklase, Biotit, Muskovit, Amphibole, Pyroxene, Calcit, Dolomit, Sillimanit, Kyanit, Almandin, Staurolith und Serpentin:
regionalmetamorphe Gesteine: Serpentinit, Glimmerschiefer, Gneis, Marmor
kontaktmetamorphe Gesteine: Hornfels, Skarn

Marmor 100 mm, Griechenland

Skarn 65 mm, Lišná, Tschechien

Eisenmeteorit 50 mm, Sichote-Alin, Russische Föderation

Eisenmeteorit 40 mm (Vergrößerung), Gibeon, Namibia

Meteoriten

Eigenschaften: F – hellgrau, grau, graugrün, schwarz; T – undurchsichtig; G – matt, metallisch, selten glasartig; D – variiert von 3,0 bis 7,3; B – uneben; M – grob- bis feinkörnige, manchmal massige Aggregate, bestehend aus unregelmäßigen Körnern unterschiedlicher Mineralien, die von mikroskopisch klein bis zu mehreren cm reichen.
Bildung und Klassifizierung: Meteoriten sind, einfach gesagt, Erstarrungsgesteine, die außerhalb der Erde entstanden sind; die meisten von ihnen im Asteroidengürtel zwischen den Umlaufbahnen von Mars und Jupiter. Sie bestehen aus verschiedenen Mineralien und auch ihre chemische Zusammensetzung ist sehr unterschiedlich. Typische gesteinsbildende Mineralien in Meteoriten sind Olivin, Pyroxene, Plagioklase, Fe- und Ni-Legierungen sowie Sulfide, selten auch organisches Material. Meteorite werden in vier Hauptgruppen unterteilt, je nach dem Verhältnis zwischen metallischem Eisen und dem Silikatgehalt: Eisenmeteoriten, Siderolithen, Chondriten, Achondriten.
Vorkommen: Meteoriteneinschläge treten auf der ganzen Erde auf. Der größte bekannte Eisenmeteorit mit einem Gewicht von ungefähr 60 Tonnen liegt in der Nähe der Hoba Farm, Namibia. Der größte bekannte Chrondrit mit einem Gewicht von etwa 1 Tonne fiel 1948 im Norton County, Nebraska, USA nieder. Die meisten Meteoritenfunde der jüngeren Zeit erfolgten in großen Gletschern wie in der Antarktis und in der namibischen Wüste.

Moldavit 35 mm, Südböhmen, Tschechien

Tektit 55 mm, Dalat, Vietnam

Tektite

Eigenschaften: F – hell- bis dunkelgrün, gelbgrün, braungrün, braun, grüngrau, schwarz; T – durchsichtig, durchscheinend bis undurchsichtig; G – glasartig; D – variiert von 2,3 bis 2,6; H – 6–7; B – muschelig bis uneben; M – massige, unregelmäßige, tropfenförmige oder scheibenförmige Aggregate, unregelmäßige Fragmente, bisweilen mit typisch skulpturierter Oberfläche.

Bildung, Klassifizierung und Vorkommen: Natürliche, SiO_2-reiche glasähnliche Massen, die infolge rascher Schmelzvorgänge von Oberflächengesteinen beim Aufprall großer Meteoriten oder Kometen entstanden sind. Sie werden je nach ihrem Alter und der Erscheinung eingeteilt (Abfolge von alt nach jung):

Bediasite und Georgianite – USA, Mexiko, Barbados, Kuba

Urengoite – Novyi Urengoi, Russische Föderation

Moldavite – Südböhmen und Westmähren, Tschechien

Ivorite – Côte d'Ivoire

Irghisite – Zhamanshin, Russische Föderation

Indochinite, Phillipinite, Javanite, Bilitonite – Südostasien

Australite – Australien

Verwendung: Einige Tektite, vor allem Moldavite, werden als Edelsteine verarbeitet.

Moldavite 40 mm, Südböhmen, Tschechien

Literatur

Anthony, J. W. et al. (1990, 1995, 1997): Handbook of Mineralogy I.,II.,III. – Mineral Data Publishing, Tucson (in Englisch).

Bernard, J. H., Rost, R. et al. (1992): Encyklopedický přehled minerálů. – Academia, Praha (in Tschechisch).

Clark, A. M. (1993): Hey's Mineral Index, 3. Auflage. – Chapman & Hall, London (in Englisch).

Ďuďa, R., Rejl, L. (1986): Minerals of the World. – Hamlyn, Twickenham (in Englisch).

Fleischer, M., Mandarino, J. A. (1995): Glossary of Mineral Species. – Mineralogical Record, Tucson (in Englisch).

Roberts, W. L. et al. (1990): Encyclopedia of Minerals. – Van Nostrand Reinhold, New York (in Englisch).

Schumann, W. (1997): Der neue BLV Steine- und Mineralienführer, 5. Auflage. – BLV, München.

Strunz, H. (1977): Mineralogische Tabellen, 6. Auflage. – Geest & Portig, Leipzig.

links: Porzellanit 85 mm, Komňa, Tschechien
Achat 50 mm, Železnice, Tschechien

Register

D

E

F

G

H

I

J

Zur Bedeutung der koordinativen Fähigkeiten

Das heranwachsende (Klein-)Kind muss sich immer wieder bewähren, vieles ist ihm neu, manches macht es unsicher. Das Kind erkundet seine Umwelt, indem es rasch und situationsgemäß je nach seinem Entwicklungsstand und seinen bisher erworbenen Fähigkeiten handelt. Die koordinativen Fähigkeiten befähigen das Kind, motorische Aktionen in vorhersehbaren und unvorhersehbaren Situationen sicher und ökonomisch zu beherrschen und sportliche Bewegungen schnell zu erlernen.

Unter Koordination – ein Synonym dafür ist „Gewandtheit" – versteht man das Zusammenspiel von Muskelbewegungen bei der Ausführung eines gezielten Bewegungsablaufes. Dieses Zusammenspiel wird durch das Zusammenwirken des Zentralnervensystems und der Skelettmuskulatur ermöglicht. Die koordinativen Fähigkeiten basieren auf den konditionellen Leistungsfaktoren (Kraft, Ausdauer und Schnelligkeit), dem bisher erworbenen Bewegungsschatz (Bewegungserfahrung) sowie den analysatorischen Fähigkeiten (Wahrnehmungsfähigkeit) und äußern sich in der Beherrschung motorischer Aktionen und einer erhöhten motorischen Lernfähigkeit.

Die frühzeitige und vor allem rechzeitige Schulung der koordinativen Fähigkeiten ist für die Bewegungsentwicklung, aber auch für die Persönlichkeitsentwicklung des Kindes von enormer Bedeutung. Grundlagen, die im Sport gelegt werden, können auch auf andere Lebensbereiche übertragen werden. Durch Bewegung wird nicht nur das Muskelsystem, sondern auch die Wahrnehmungs- und Konzentrationsfähigkeit geschult und gesteigert.

Mit der Entwicklung und Schulung der koordinativen Fähigkeiten kann eigentlich nicht zu früh begonnen werden, Kleinkinderturnen ist daher eine wichtige Unterstützung der Entwicklung. Das beste Lernalter liegt allerdings zwischen dem 6. und 12. Lebensjahr, da in dieser Phase eine schnellere Reifung des Zentralnervensystems zu beobachten ist.

Das vielfache und variantenreiche Üben wirkt sich in vielfacher Weise positiv auf die Bewegungsentwicklung aus. Im Mittelpunkt der Schulung der koordinativen Fähigkeiten sollte demnach das Erlernen und Beherrschen neuer, vielfältiger Bewegungsfertigkeiten und ihrer Komponenten stehen. Spiele sind deshalb besonders gut zur Schulung geeignet, da bei ihnen ein stetiger Wechsel der einzelnen Spielsituationen eintritt und daher die Wahrnehmungsfähigkeit (analysatorische Fähigkeit) ständig gereizt wird. Mangelnde koordinative Fähigkeiten sind also zumeist nicht auf schlechte Anlagen, sondern auf unzureichende Förderung in den frühen Lebensjahren zurückzuführen.

Die koordinativen Fähigkeiten gliedern sich nach Hirtz[1] in fünf fundamentale koordinative Fähigkeiten:

Gleichgewichtsfähigkeit
Reaktionsfähigkeit
Orientierungsfähigkeit
Rhythmusfähigkeit
Differenzierungsfähigkeit

Gleichgewichtsfähigkeit

Darunter versteht man die Fähigkeit, den eigenen Körper oder Gegenstände gegen den Einfluss der Schwerkraft auf Flächen im Gleichgewicht zu halten. Man unterscheidet dabei statisches Gleichgewicht (z. B. auf einem Bein stehen), dynamisches Gleichgewicht (z. B. über ein Seil balancieren) oder Objektgleichgewicht (z. B. Balancieren eines Stabes auf einer Handfläche). In unserer natürlichen Umgebung gibt es unzählige Möglichkeiten zur Gleichgewichtsschulung; das Spiel in der freien Natur bietet dazu verschiedenste Reize. Das Klettern auf Bäume, das Balancieren über umgefallene Bäume, Gleichgewichthalten im aufrechten Stand auf Baumstümpfen mit offenen bzw. geschlossenen Augen oder auf wackeligen Unterstützungsflächen schult in spielerischer Weise das Gleichgewichtsvermögen der Kinder. Da diese natürlichen Spielbereiche meist nur eingeschränkt zur Verfügung stehen, setzen eine Reihe von Spielen dazu besondere Akzente. Der Spaß an der Bewegung sollte aber grundsätzlich immer im Vordergrund des Sporttreibens stehen.

Reaktionsfähigkeit

Reaktion ist die Fähigkeit auf verschiedene Signale möglichst schnell eine motorische Aktion zu setzen. Eine Differenzierung der Reaktionsfähigkeit erfolgt einerseits nach Art des Reizes (z. B. optisches, akustisches oder taktiles Signal), andererseits nach der Reizantwort (z. B. einfache motorische Aktion – Start bei Laufübungen bzw. komplexe motorische Aktion – bei Ballspielen). Zur Schulung der Reaktionsfähigkeit eignen sich Lauf- oder Fangspiele sehr gut, da dort ein stetiger Bewegungswechsel gegeben ist.

[1] Peter Hirtz u. a.: Gleichgewicht. Hofmann Verlag, Schorndorf 2000.

Orientierungsfähigkeit

Das ist die Fähigkeit, die Lage des eigenen Körpers im Raum, in der Umgebung zu erkennen und zielgenau zu verändern. Sie ist stark von der Informationsaufnahme abhängig (z. B. orientieren im Raum mit offenen bzw. geschlossenen Augen). Zur Schulung der Orientierungsfähigkeit eignet sich das Bewegen in unterschiedlich großen Räumen, wobei das Wahrnehmen von Hindernissen und Begrenzungen entscheidend ist.

Rhythmusfähigkeit

Hier ist die Fähigkeit gemeint, einen Bewegungsrhythmus aufzunehmen bzw. die eigene Bewegung an einen bestimmten vorgegebenen Rhythmus anzupassen. Unter Rhythmus wird dabei ein ökonomischer Wechsel von Spannung und Entspannung im Bewegungsverlauf verstanden. Musik ist ein ideales Medium zur Trainierbarkeit der Rhythmusfähigkeit. Aber auch der Einsatz von akustischen Signalen (z. B. Klatschen oder Trommeln) sowie die Vorgabe optischer Signale (z. B. Schrittkombinationen nachahmen beim Tanzen) oder räumliche Vorgaben (z. B. Reifenbahnen unterschiedlicher Farbe zum „Durchspringen") bieten sich zur Schulung der Rhythmusfähigkeit an.

Differenzierungsfähigkeit

Darunter wird die Fähigkeit verstanden, einen Bewegungsablauf genau, sicher und ökonomisch durchzuführen, wobei der Krafteinsatz eine wichtige Rolle spielt. Die Differenzierungsfähigkeit wird bei fast jeder Bewegung (z. B. laufen, springen, werfen) benötigt und ist daher kaum isoliert zu trainieren. Kriterien zur Schulung sind die Verwendung unterschiedlicher Materialien (z. B. Tücher, Bälle, Seile) oder Materialien in verschiedenen Größen bzw. Gewichten (z. B. Bälle) sowie unterschiedliche Bewegungsformen (z. B. über Gegenstände schwingen, springen bzw. klettern).

Die Übungen in diesem Buch legen den Schwerpunkt auf die Schulung der koordinativen Fähigkeiten. Unter „Ziele" ist daher jeweils vermerkt, welche der fünf koordinativen Fähigkeiten besonders geschult wird/werden.

1. BÄLLE

ZIELE:
- Koordinationsfähigkeit: Reaktion, Differenzierung, Orientierung
- Balleigenschaften genau erkennen, erfahren und benennen
- Erlebniserfahrung
- Kreativität
- Feinmotorik
- Spiel allein, zu zweit und in der Gruppe

MATERIAL:
- Verschiedene kleine Bälle mit unterschiedlicher Oberfläche (rau, glatt, stachelig ...).
- Verschiedene Bälle mit deutlichem Gewichtsunterschied (Hartgummiball, Massageball, Hartplastikkugel, Knatterball, Schleuderball, Tennisball ...).
- Bälle mit verschiedenen Spieleigenschaften (zum Werfen, Rollen, Prellen, Schleudern, Massieren ...).
- Ein Leintuch oder Baumwolltuch (90 x 90 cm).
- Drei Tücher.
- Ein Korb oder Stoffsack (zum Aufbewahren der Bälle).

TIPP: Verwenden Sie bei 4- bis 7-Jährigen jeweils zwei gleiche Bälle (dadurch kommt es kaum zu Streitigkeiten um eine bestimmte Ballart).

1.1. TASTSPIEL

Bei diesem Kennenlern-Spiel befinden sich alle im Sitzkreis. Die/Der ÜbungsleiterIn bereitet eine Auswahl verschiedener Bälle vor und reicht einen Ball nach dem anderen dem nebenan sitzenden Kind, das den Ball weitergibt. Dazu kann der Spruch „Bällchen, Bällchen, du musst wandern" (siehe Seite 85, eine Abwandlung des bekannten Kinderliedes „Ringlein, Ringlein, du musst wandern") rhythmisch gesprochen oder das adaptierte Kinderlied gesungen werden.
Die MitspielerInnen sollen die unterschiedlichen Balleigenschaften erspüren. Das letzte Kind legt die Bälle auf ein Tuch oder in den Korb.

1.2. „GREIFLOCH"

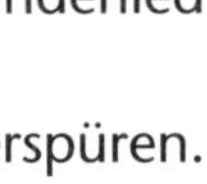

Die verschiedenen Bälle liegen in einem Baumwolltuch, das die/der ÜbungsleiterIn an den vier Ecken zusammenhält. Sie/Er stellt den MitspielerInnen Fragen,

z. B.: „Wer findet einen stacheligen Ball?“ Vier Kinder greifen in das Tuch und versuchen dien beschriebenen Ball zu ertasten. Dieser wird herausgenommen und einem „Kontroll-Kind“, das den Sammelsack bzw. -korb hält, gereicht.

1.3. „HART UND WEICH“

Drei Tücher sind aufgebreitet; auf einem liegen unterschiedliche Bälle, die anderen zwei Tücher sind leer. Die Kinder sortieren die Bälle nach Gegensätzen (z. B. hart – weich, stachelig – glatt) und teilen sie auf die zwei Tücher auf.

VARIATION FÜR ÄLTERE KINDER:

Werden vier Tücher verwendet, bekommt das Spiel Wettbewerbscharakter. In der Mitte liegen die Bälle (von jeder Art zwei Stück) bunt gemischt auf einem Tuch. Links und rechts davon befinden sich jeweils zwei Tücher, auf die die Kinder der zwei Gruppen die Bälle nach den Gegensätzen zuordnen. Wichtig dabei ist, dass jede Gruppe jeweils nur einen Ball einer Art nehmen darf. Gewonnen hat die Gruppe, die zuerst alle unterschiedlichen Bälle auf ihren beiden Tüchern richtig platziert hat.

1.4. MUSIKSPIEL

CD Nr. 3

Alle Bälle liegen in der Mitte des Raumes auf einem Tuch. Jedes Kind sucht sich einen Ball, mit dem es gerne spielen möchte. Folgende Spielmöglichkeiten mit den verschiedenen Ballarten bieten sich an, die/der ÜbungsleiterIn und die Kinder können aber natürlich weitere Varianten kreieren. Wichtig ist, dass die Kinder die Möglichkeiten kennen.

- Zu Tanz- oder Jongliermusik spielen die Kinder frei Ball.
- Einen Hartgummiball lässt das Kind auf dem Boden aufprallen.
- Eine Hartplatzkugel wird gerollt.
- Einen Weichball kann das Kind werfen und fangen.
- Mit einem Noppenball kann sich das Kind massieren.
- Ein Knatterball bleibt dort kleben, wohin er geworfen wird. Dadurch trainiert das Kind auch das Ablösen des Balles.
- Mit einem Schleuderball können Würfe über eine größere Distanz geübt werden.

Wenn die Musik gestoppt wird, bedeutet das: „Alle Bälle aufs Tuch!“ Jedes Kind wählt nun einen anderen Ball und das Spiel beginnt von vorne.

VARIATION:

Zwei Kinder führen gemeinsam die oben angegebenen Spielarten durch.

2. BAMBUSSTAB UND LUFTBALLON

ZIELE:

- Koordinationsfähigkeit: Reaktion, Gleichgewicht, Orientierung
- Feinmotorik
- Geschicklichkeit
- Akzeptieren des anderen
- Einzel- und Gruppenspiele

MATERIAL:

- Pro Person ein Bambusstab: Länge 1 m, Durchmesser ca. 1 cm.
- Farbige Isolierbänder.
- Eine Schere.
- Luftballons (mit Luft gefüllt), je ein Stück für zwei Kinder.

HINWEIS:

„**Sicherung**" des Bambusstabes: Die Enden des Bambusstabes werden jeweils mit einem farbigen Isolierband umwickelt, damit sich die Kinder beim Spielen nicht verletzen.

2.1. KENNENLERNEN DES BAMBUSSTABES

CD Nr. 4

Die Stäbe liegen verteilt am Boden, die MitspielerInnen laufen zu beschwingter Musik im Raum. Die/Der SpielleiterIn stoppt die Musik in unterschiedlichen Intervallen und sagt verschiedene Übungen an:

- Stab in der Mitte halten (waagrecht, über dem Kopf ...).
- Stab an beiden Enden halten (waagrecht, über dem Kopf ...).
- Stab mit zwei Fingern halten.
- Stab zwischen zwei Fingern halten.
- Stab mit offenen Händen transportieren (auf dem Handrücken, auf der Handfläche).

2.2. BAMBUSSTAB UND LUFTBALLON

CD Nr. 3

Bei dieser Partnerübung stehen die beiden MitspielerInnen mit Blickrichtung zueinander und halten die zwei Bambusstäbe. Jedes Paar erhält einen Luftballon und versucht nach Ansage die folgenden Übungen:

- Sie klemmen den Luftballon zwischen den Stäben ein und lassen ihn dann fallen.
- Sie heben den Luftballon vom Boden auf, und zwar mit den Stäben wie mit einer Zange.
- Sie klemmen den Luftballon mit den Stäben ein und gehen im Raum umher; die Stäbe können in verschiedenen Höhen gehalten werden, z. B. über dem Kopf.
- Sie legen den Luftballon auf die Stäbe und rollen ihn durch Anheben bzw. Senken der Stäbe von einer Seite (von einer/m MitspielerIn) zur anderen.

- Sie werfen den Luftballon mit den Stäben in die Höhe und fangen ihn – ebenfalls mit den Stäben – wieder auf.

VARIATIONEN FÜR KINDER AB FÜNF JAHREN:

- **Spiel zu viert:** Je zwei MitspielerInnen spielen sich einen Luftballon mit Hilfe der Stäbe zu (im Sitzen, Stehen, Gehen ...).
- **Spiel in der Gruppe:** Die/Der ÜbungsleiterIn gibt den Impuls: „Alle Luftballons fliegen." Berührt dann der Luftballon eines Paares den Boden, müssen die zwei SpielerInnen ausscheiden.

2.3. FARBENSPIEL

Die Stäbe liegen verteilt im Raum. Die SpielerInnen laufen frei umher, bis die/der SpielleiterIn eine Farbe ruft (es muss natürlich eine Farbe sein, die durch die Isolierbänder der Stäbe vorhanden ist). Die SpielerInnen berühren die Stäbe dieser Farbe mit einem Körperteil (mit der Zehenspitze, mit dem Finger ...), je nachdem, was die/der ÜbungsleiterIn vorgibt.

TIPP: Je nach Gruppengröße ist darauf zu achten, ob genügend Platz vorhanden ist, dass alle Kinder dieses Berühren gleichzeitig durchführen können. Ist genügend Platz, bleiben die Kinder beim Stab stehen. Reicht der Platz nicht aus, kann die Anweisung entsprechend adaptiert werden: Jedes Kind berührt nur kurz den Stab und weicht dann ein, zwei Schritte zurück.

2.4. STAFFELSPIELE

- Zwei (oder mehr) Gruppen: Ein Luftballon und zwei Paar Stäbe sind pro Gruppe notwendig. Ein Kind jeder Gruppe klemmt den Luftballon zwischen zwei Stäben ein, geht mit „Riesenschritten" bis zu einer Markierung und bringt dann den Luftballon retour zu seiner Gruppe. Das nächste Kind übernimmt mit dem zweiten Paar Stäbe und Luftballon und darf starten. Das Kind, das gerade zur Gruppe zurückgekommen ist, gibt seine Stäbe an das nächstfolgende Kind weiter.
- Zwei (oder mehr) Gruppen: Ein Luftballon und zwei Paar Stäbe sind pro Gruppe notwendig. Zwei Kinder klemmen einen Luftballon zwischen zwei Stäben ein, laufen bis zu einer Markierung und bringen mit ihren beiden Stäben den Luftballon zur Gruppe zurück. Sie übergeben den Luftballon an das nächste Paar, das sofort startet. Das erste Paar übergibt seine Stäbe den nächstfolgenden Kindern.

TIPP: Jedes Kind, das die Übung durchgeführt hat, setzt sich nieder. Dadurch wird ein übersichtlicher Ordnungsrahmen geschaffen und es ist gut zu beobachten, welche Gruppe die Staffel gewonnen hat.

TIPP: Bei jüngeren Kindern können die Staffelspiele beim Zirkel eingebaut werden.

3. CHIFFONTUCH UND JONGLIEREN

ZIELE:

- Koordinationsfähigkeit: Reaktion, Orientierung
- Geschicklichkeit
- Konzentration
- Feinmotorik
- Wahrnehmung
- Vertrauen
- Erlernen von Geschicklichkeitsübungen mit Kleingeräten, die später ins Jonglieren übergehen

MATERIAL:

- Chiffontücher in bunten Farben (mindestens ein Tuch pro MitspielerIn).
- Einige Weichbälle, Jonglierbälle.

3.1. „SCHMETTERLINGSTANZ" (AUFWÄRMSPIEL)

CD Nr. 2

Jedes Kind trägt ein Tuch in jeder Hand und bewegt sich zur Musik im Raum umher („fliegende Schmetterlinge"). Sind nicht genügend Tücher vorhanden, kann man ein Tuch von einer Hand in die andere schweben lassen.

VARIATION FÜR ELTERN-KIND-GRUPPEN:

Jedes Kind trägt ein Tuch in jeder Hand und bewegt sich zur Musik im Raum umher; die Erwachsenen haben je ein Tuch, das von einer Hand in die andere gegeben wird („fliegende Schmetterlinge").

3.2. LAUFSPIELE MIT DEM CHIFFONTUCH

CD Nr. 1

Zur Musik laufen die Kinder im Raum umher und winken dabei mit dem Tuch. Dabei sind folgende Varianten möglich:

- Das Tuch wird – langsam oder schnell – von einer Hand in die andere gegeben.
- Das Tuch liegt über dem Unterarm; die Kinder gehen oder laufen schnell.
- Die MitspielerInnen laufen mit dem Tuch über dem Kopf (Geist).
- Die Kinder halten das Tuch vor den Bauch und laufen dann so schnell, dass es nicht zu Boden fällt.

3.3. GESCHICKLICHKEITSSPIELE ZU ZWEIT

Das Tuch wird einmal verknotet. Zwei SpielerInnen stehen sich gegenüber und werfen einander das Tuch zu. Zuerst wird zur linken oder rechten Körperseite der/des MitspielerIn geworfen, dann werfen die Kinder einander das Tuch in verschiedenen Höhen zu.

Daraufhin nehmen die Kinder ein zweites Tuch dazu. Eines der Tücher wirft ein Kind dem anderen zu; die/der Fangende soll in der Zwischenzeit einen Körperteil von sich berühren (Handfläche, Mund, Haare, Knie, Zehe). Welcher Körperteil das ist, wird vorher von der/dem SpielleiterIn angesagt oder kann frei gewählt werden.

Anschließend werfen einander die Kinder zwei Tücher gleichzeitig zu; das zweite Kind fängt sie.

3.4. GESCHICKLICHKEITSÜBUNGEN MIT ZWEI TÜCHERN

- Jede/r MitspielerIn soll
  - beide Tücher zur selben Zeit auslassen und ihnen beim Hinunterflattern zuschauen.
  - zwei Tücher gegengleich hoch- und niederschwingen.
  - zwei Tücher gegengleich hochwerfen und wieder fangen.
- Jedes Kind soll ein Tuch mit einer Hand über seinen Kopf hochschwingen, es auslassen und dann mit der anderen Hand fangen. Anschließend wird mit der anderen Hand begonnen. In einem weiteren Schritt probiert das Kind die Übung gleichzeitig mit zwei Tüchern.

- Ein Spiel zu zweit: Ein Kind klettert mit zwei Tüchern auf einen Sessel (einen Kasten, eine Bank) und lässt die Tücher fallen. Das zweite Kind fängt sie auf, bevor sie den Boden berühren. Jüngere Kinder versuchen es zuerst mit einem Tuch.

TIPP: Beherrschen die Kinder das Jonglieren mit den Tüchern schon gut, kann ihre Geschicklichkeit mit anderen Materialien erprobt werden.

3.5. PARTNERSPIELE

Zwei MitspielerInnen (A, B) stehen sich gegenüber und jede/jeder hat einen Weich- bzw. Jonglierball in der rechten Hand.

Zuerst wirft A seinen Ball B in die linke Hand zu. B fängt den Ball und wirft den Ball aus seiner rechten Hand zu A. Beide SpielerInnen geben den Ball aus der linken in ihre rechte Hand und beginnen das Zuwerfen von neuem. Sie werfen einander die Bälle so lange zu, bis ein gleichmäßiger Rhythmus entsteht.

- Als Variation kann das Zuwerfen auf ein gemeinsames Zeichen (z. B. „Hopp!") hin erfolgen.
- Zur Steigerung der Schwierigkeit wird ein dritter Ball dazugenommen, den die PartnerInnen zwischen sich „kreisen" lassen. Der Ablauf gestaltet sich dann so, wie es in Übung 3.7 mit den Tüchern angegeben ist.

3.6. Jongliervorübungen für 6- bis 10-jährige Kinder

Beim Jonglieren mit drei Geräten, sollte man immer mit zwei Geräten in der „besseren" Hand beginnen. Wichtig ist es, dass man die Geräte eher hoch und möglichst gleichmäßig wirft, und zwar aus dem Handgelenk. Die Hände sollen ungefähr in Hüfthöhe sein und die Arme nicht zu stark auf und ab bewegt werden.

Zum Erlernen des Jonglierens ist besonders wichtig, schrittweise vorzugehen:

- Immer zuerst mit einem Gerät (am besten Chiffontuch) beginnen: von einer Hand in die andere werfen.
- Dann zwei Geräte verwenden, die sich in der Luft kreuzen.
- Drei Geräte in die Hand nehmen, aber immer nur ein Gerät nach dem anderen werfen. Beispiel: Das Kind hat ein rotes, ein blaues und ein gelbes Tuch; das rote und blaue in der linken, das gelbe in der rechten Hand. Begonnen wird mit dem roten Tuch; dieses schwebt, ihm folgt das gelbe. Das rote Tuch wird gefangen, das blaue schwebt, das gelbe wird gefangen, das rote schwebt, das blaue Tuch wird gefangen ...
- In der Folge zwei Geräte, dann drei Geräte werfen.
- Am Schluss steht das fortlaufende Jonglieren.

3.7. JONGLIEREN MIT CHIFFONTÜCHERN

Die Handflächen zeigen nach unten; die Bewegung erfolgt wie beim „Winken".

- AnfängerInnen üben mit zwei Tüchern: Eines wird hochgeworfen. Wenn dieses Tuch am höchsten Punkt ist, wirft das Kind ein zweites Tuch. Dann fängt es das erste und dann das zweite wieder. Die Übung soll so lange wiederholt werden, bis das Kind darin Sicherheit erlangt hat.
- Übung mit drei Tüchern: Der Ablauf, die Kaskade, ergibt sich folgendermaßen: Tuch 1 werfen, Tuch 2 werfen, Tuch 1 fangen, Tuch 3 werfen, Tuch 2 fangen, Tuch 3 fangen. Beim fortlaufenden Jonglieren mit drei Tüchern sind also jeweils zwei in der Luft und eines ist in einer Hand.

VARIATION:

Die gleiche Übung kann mit Weich- oder Jonglierbällen ausprobiert werden. Begonnen wird mit zwei Bällen, später wird ein dritter Ball dazugenommen.

TIPP: Diese Spiele lassen sich gut als Themen bei einem „Jahrmarkt" oder „Zirkus" einbauen. Lassen Sie ältere Kinder andere Wurfarten erfinden. Sie werden staunen!

4. DRACHEN UND LUFTBALLON

ZIELE:

- Koordinationsfähigkeit: Gleichgewicht, Reaktion, Orientierung, Rhythmus, Differenzierung
- Feinmotorik
- Geschicklichkeit
- Einzel- und Gruppenspiele

MATERIAL:

- Eine Strumpfhose pro Drachen.
- Ein Drahtkleiderbügel (wie er in Kleiderreinigungen verwendet wird) pro Drachen.
- Ca. 15 cm Isolierband pro Drachen.
- Eine Schere.
- Eine Flachzange.
- Evtl. Wasserfarben.
- Ein Luftballon pro Drachen.

HERSTELLUNG DES DRACHEN:

Den Kleiderbügel zu einer Drachenform biegen; den Kleiderbügelhaken mit einer Flachzange zusammenbiegen und das Ende mit dem Isolierbad umwickeln, damit sich die Kinder nicht verletzen können. Die Strumpfhose über den Drachen ziehen, verknoten und – wenn möglich – bemalen.

4.1. SPIELANREGUNGEN FÜR 4-JÄHRIGE

Im Hintergrund ist beschwingte Musik zu hören. Um das Material kennen zu lernen, spielen die Kinder mit dem Drachen und dem Luftballon.

- Mit Wischbewegungen mit dem Drachen wird der Luftballon im Raum fortbewegt oder zu einer/einem PartnerIn gespielt.
- Der Drachen wird waagrecht gehalten und der Luftballon wird darauf balanciert. Von Zeit zu Zeit soll der Luftballon fallen gelassen werden.
- Der Drachen wird wieder waagrecht gehalten und der Luftballon wird damit in die Höhe geschubst und wieder gefangen.

Das Spiel wird zu zweit oder in der Kleingruppe weitergeführt. Kinder können auch eigene Übungen ausprobieren.

VARIATIONEN FÜR 6- BIS 10-JÄHRIGE:

- Größere Kinder führen die oben angegebenen Vorschläge mit zwei Drachen und einem Luftballon durch bzw. spielen zwei Kindern zu. Außerdem soll der Luftballon den Boden nicht berühren.
- Auch Vor- und Rückhand (wie beim Tennis) kann mit dem Drachen geübt werden. Das Kind spielt sich den Luftballon selbst von einer Hand in die andere zu.
- Zwei Kinder spielen sich einen Luftballon zu, wobei jedes Kind in jeder Hand einen Drachen hat.

4.2. SPIELE IN DER GRUPPE

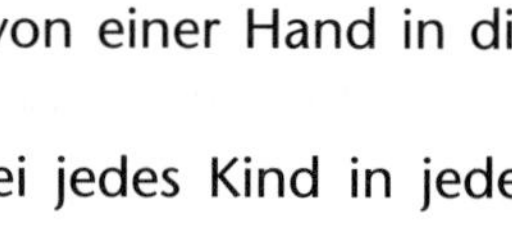

- Alle Kinder versuchen ihren Luftballon mit Hilfe des Drachen in der Luft zu halten.
- Alle Kinder lassen ihren Luftballon mit Wischbewegungen durch den Raum tanzen.
- **Begrüßungsspiel:** Jedes Kind balanciert einen Luftballon waagrecht auf dem Drachen und geht herum. Wenn sich zwei MitspielerInnen begegnen, werden die Luftballons leicht in die Höhe geschubst und ausgetauscht. Möglichst jede/jeder MitspielerIn sollte so begrüßt werden.

- **Variation:** Pro MitspielerIn gibt es zwei Drachen und einen Luftballon. Der Luftballon wird zwischen den Drachen eingeklemmt und vor dem Körper mit ausgestreckten Armen gehalten. So gehen die MitspielerInnen wieder durcheinander im Bewegungsraum spazieren. Wenn sich zwei Kinder begegnen, nehmen sie Augenkontakt auf, werfen beide gleichzeitig den Luftballon mit beiden Drachen hoch und fangen den Luftballon der/des PartnerIn mit beiden Drachen wieder ein.

TIPP: Die Übungen können auch mit einem Drachen in jeder Hand durchgeführt werden.

4.3. STAFFELSPIELE

- Zu dieser Staffel benötigt man pro Gruppe zwei Drachen und einen Luftballon. Ein Kind balanciert mit dem Drachen den Luftballon um eine Markierung herum und bringt den Luftballon retour zur Gruppe. Das zweite Kind übernimmt mit seinem Drachen den Luftballon und begibt sich auf den Weg. Das zu Beginn gestartete Kind gibt seinen Drachen an das dritte Kind weiter.

- Auch zu dieser Staffel benötigt man pro Gruppe zwei Drachen und einen Luftballon. Ein Kind balanciert mit dem Drachen den Luftballon bis zu einem Reifen, legt den Luftballon dort hinein und läuft ohne Luftballon zur Gruppe zurück. Das nächste Kind läuft (ohne Luftballon) zum Reifen, nimmt den Luftballon heraus und balanciert mit dem Drachen den Luftballon zurück zur Gruppe. Das nächste Kind startet mit Drachen und Luftballon.
- Für diesen Bewerb sind vier Drachen und ein Luftballon pro Staffel notwendig. Ein Kind klemmt den Luftballon zwischen zwei Drachen ein, läuft bis zu einer Markierung und bringt den Luftballon retour zur Gruppe. Das nächste Kind übernimmt den Luftballon mit zwei Drachen und startet. Das eben zurückgekommene Kind gibt seine beiden Drachen an das nächstfolgende Kind weiter.
- Zwei Kinder spielen sich mit ihren Drachen einen Luftballon immer hin und her zu. Während dieses Zuspiels laufen sie bis zu einer Markierung und retour zur Gruppe. Die nächsten zwei Kinder (die bereits Drachen in der Hand halten) dürfen starten. Je nach Geschicklichkeit kann bei diesem Spiel jedes Kind einen oder zwei Drachen verwenden.

5. HOSENEINZIEHGUMMI („SPRINGGINKERL“)

ZIELE:

- Koordinationsfähigkeit: Reaktion, Differenzierung
- Beweglichkeit
- Geschicklichkeit
- Rückenschulung
- Einzel- und Gruppenspiele

MATERIAL:

- Ein Hoseneinziehgummi pro Person: Länge zweimal die Körpergröße; Enden verknotet.
- Für das Schlussspiel: ein langer Hosengummi (ca. sechs Meter).

5.1. „WILDPFERDE“

Die MitspielerInnen laufen zur schnellen Musik wie Pferdchen im Raum umher. Der Hosengummi wird dabei wie ein „Zügel“ auf Höhe des Bauches mit beiden Händen nach hinten gehalten.

5.2. „FIGUREN LEGEN“ (AUFWÄRMSPIEL)

CD Nr. 6

Die Kinder laufen zur Musik umher, halten den Hosengummi in einer Hand und ziehen ihn hinter sich her. Wenn die Musik stoppt, wird der Hosengummi auf den Boden gelegt, und zwar bei jedem Stopp in einer anderen vorgegebenen Figur (Sonne, Schlange, Baum ...).

VARIATIONEN:

- Alle MitspielerInnen formen zusammen eine vorgegebene Figur, d. h., die Hosengummis stoßen aneinander (lange Straße, großer Kreis, Auto ...).
- Die MitspielerInnen gehen/laufen um die aufgelegten Figuren herum, ohne diese zu berühren bzw. springen darüber.

5.3. „FENSTERGUCKER“

CD Nr. 8

Die Kinder laufen zur schnellen Musik mit dem Hosengummi in der Hand im Raum umher. Wenn die Musik stoppt, versucht jedes Kind ein „Fenster“ mit Hilfe des Hosengummis zu formen: Es stellt sich im Grätschstand auf den Hosengummi und hält ihn mit ausgestreckten Armen nach oben. In dieser Position versucht sich der „Fenstergucker“ in verschiedenen Gangarten fortzubewegen (vorwärts, rückwärts, seitwärts, hüpfen, trampeln ...).

5.4. „GROSSE UHREN“

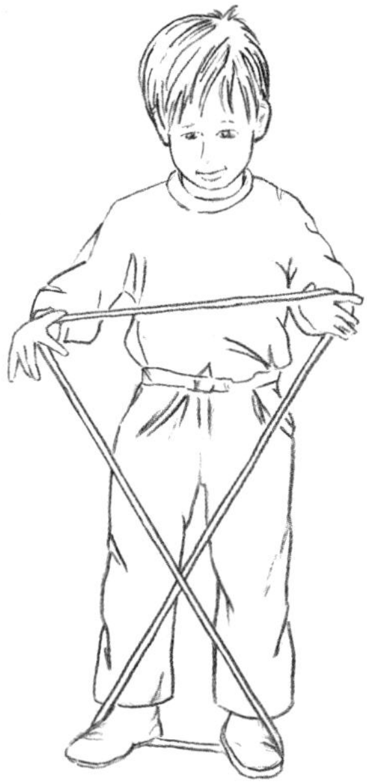

Die Kinder bewegen sich in der „Fensterguckerposition“ pendelnd zum Spruch „Große Uhren“ (siehe Seite 85).

Bei der Textpassage „große Glocken“ stehen die Kinder auf dem Hosengummi, halten ihn mit beiden Händen fest und gehen abwechselnd vom Hockstand in die Streckposition.

Bei der Textpassage „große Scheren“ stehen die Kinder auf dem Hosengummi, den sie überkreuzt vor dem Körper halten. Zur Textpassage „große Scheren machen schnipp-schnapp“ strecken die Kinder die Arme seitlich auseinander und dann wieder zusammen und imitieren so die Scherenbewegung.

5.5. „ZIEHHARMONIKA“

- Der Hosengummi wird doppelt zusammengelegt, mit den Händen in Brusthöhe gehalten und wie eine Ziehharmonika auseinander und zusammengezogen. Dazu kann der Spruch „Wir haben eine Ziehharmonika“ (siehe Seite 85) rhythmisch gesprochen werden.
- Bei der Textpassage „... sie spielt auch heute wieder ...“ schwingen die Kinder im Rhythmus den Hosengummi seitlich neben ihrem Körper.
- Nach jeder Strophe wird der Hosengummi einmal mehr zusammengelegt.
- Zur Textzeile „... sie spielt auch heute wieder ...“ lassen sie den Hosengummi schwingend vor dem Körper kreisen.

5.6. „GESCHICKTE BEINE“

Zwei Kinder – oder mehrere Kinder paarweise in einer Reihe – halten den Hosengummi ganz niedrig über den Boden oder direkt auf den Boden. Die restlichen MitspielerInnen gehen, laufen, springen, schlüpfen durch oder steigen auf den in der Luft gehaltenen Hosengummi.

TIPP: Das Spiel sollte immer in derselben Laufrichtung durchgeführt werden, da so eine bessere Raumorientierung erzielt wird und die Kinder lernen Zusammenstöße zu vermeiden.

5.7. „SCHWÄNZCHENSTEHLEN“

Die Kinder stecken sich den Hosengummi in den Hosenbund („Schwänzchen“) und laufen umher. Wenn die/der SpielleiterIn das Kommando „Schwänzchenstehlen“ gibt, versucht jedes Kind die Schwänzchen der anderen zu erbeuten. Wer erwischt die meisten?

5.8. „MEIN BALL IST NICHT RUND UND HAT FRANSEN“

Jede/Jeder legt den Hosengummi zusammen und verknotet ihn. Zur gemütlichen Musik gehen die Kinder im Raum umher und geben dabei den Hosengummi von einer Hand in die andere.

VARIATIONEN:

- Der Hosengummi-Ball wird von einer Hand in die andere geworfen.
- Der Hosengummi wird hoch geworfen und auf den Boden fallen gelassen. Dadurch wird richtiges Bücken und Aufheben geübt (richtige Ausführung: mit geradem Rücken in die Hocke gehen). Dies ist vor allem für ältere Kinder und Erwachsene von Bedeutung.
- Den Hosengummi hochwerfen und fangen (mit einem niedrigen Wurf beginnen).
- Den Hosengummi-Ball auf den Kopf legen, nicken und den Gummi mit den aufgehaltenen Händen fangen.

VARIATIONEN ZU ZWEIT:

- Der Hosengummi-Ball liegt in den zusammengehaltenen, offenen Handflächen und wird zur/zum PartnerIn „hinübergeschubst“. Der Abstand zwischen den beiden Kindern wird kontinuierlich vergrößert.

- Ein Kind legt sich den Hosengummi auf den Kopf, nickt und das Partner-Kind fängt den Hosengummi-Ball auf.
- Ein Kind steht mit dem Rücken zum anderen (im Abstand von zirka einem Meter) und wirft in dieser Position den Hosengummi über den Kopf zurück zur/zum PartnerIn.
- Ein Kind steht mit dem Rücken zum anderen (im Abstand von zirka einem Meter) und wirft den Hosengummi durch die gegrätschten Beine zur/zum PartnerIn.

Diese Übungen ergaben sich aus der Tatsache, dass Fangen für die Kleinsten (zirka drei bis vier Jahre) nicht selbstverständlich oder einfach ist. Durch die „Greifschlingen" des Hosengummi-Balles ist es einfacher, zumindest einen Teil des Balles zu fangen.

5.9. „LUFTBALLON AUFBLASEN" (ABSCHLUSSSPIEL)

Die MitspielerInnen stehen eng im Kreis und halten den sechs Meter langen Hosengummi (Enden zusammengebunden) in Bauchhöhe. Mit den Lauten „puh" wird der „Luftballon" gemeinsam aufgeblasen (das heißt, die Kinder gehen rückwärts, der Kreis wird größer). Mit „bsss bsss" wird die „Luft" wieder ausgelassen und alle kommen zur Mitte zusammen. Das Aufblasen und Auslassen der Luft wird öfter wiederholt, zum Schluss platzt der „Luftballon" – alle lassen sich zu Boden fallen.

6. KLANGHÖLZER ODER BALANCIERSTÄBE

ZIELE:

- Koordinationsfähigkeit: Rhythmus
- Konzentrationsfähigkeit
- Fantasie und Kreativität
- Geschicklichkeit
- Spiel allein, zu zweit und in der Gruppe
- Gehörsinn schulen
- Vertrauen lernen
- Einhalten einfacher Regeln

MATERIAL:

- Jedes Kind hat zwei Klanghölzer, bei Partnerspielen eines.
- Statt Klanghölzer kann man auch Holzvorhangstangen oder alte Besenstiele zu je 18 cm absägen.
- Zwei Schellenbänder pro Person.

HERSTELLEN DES SCHELLENBANDES:

- **Material:** Eine Häkelnadel ab Nr. 2; Köperband (ein Meter lang und ein Zentimeter breit); fünf Schellen aus dem Musikgeschäft (guter Klang) oder Schellen von einem „Osterlamm" oder dgl. (Bäckerei).
- Das Kind fädelt fünf Schellen auf ein Band und häkelt die Schellen mit Luftmaschen ein. Am Anfang und am Ende des Bandes zirka zehn Zentimeter für die Masche frei lassen!

MATERIAL FÜR DAS SPIEL „KEGELN" (6.6.):

- Zwei Langbänke oder ein Langtau.
- Drei Gymnastikbälle.
- Neun Klanghölzer.

6.1. KENNENLERNEN DES MATERIALS

Die MitspielerInnen sitzen im Kreis und die/der ÜbungsleiterIn führt verschiedene „Klopfvarianten" mit den Klanghölzern vor. Bei kleineren Kindern kann dazu der Spruch „Ich kann was" (siehe Seite 85) rhythmisch gesprochen werden. Die MitspielerInnen machen die Bewegungen mit den eigenen Klanghölzern nach. Folgende Klopfvarianten können versucht werden:

- Mit zwei Klanghölzern über Kreuz klopfen.
- Die Klanghölzer werden nebeneinander aufgestellt gehalten; dazu wird zum Lied, zum Spruch, zur Musik geklopft.
- Mit den jeweils abgeschnittenen Enden der Klanghölzer zusammenklopfen.
- Ein Klangholz wird senkrecht auf den Boden gestellt und mit dem zweiten Klangholz wird darauf geklopft („Hammer und Nagel").
- Die Klanghölzer werden über dem Kopf gehalten und zusammengeklopft.

- Die Klanghölzer werden hinter dem Rücken gehalten und zusammengeklopft.
- Das Klangholz wird gerollt: zwischen den Händen (einmal senkrecht, einmal waagrecht halten); auf dem Handrücken (Seitenwechsel!); auf dem Oberschenkel, dem Bauch, der Stirn u. a. Größere Kinder führen die Übung mit zwei Klanghölzern aus.

VARIATION:

Versuchen Sie diese Spiele zu zweit mit je einem Klangholz; Rücksichtnahme und Vertrauen werden dabei gefordert. Die Übung des „Über-Kopf-Klopfens" wird dabei abgeändert: Die Klanghölzer werden seitlich hochgehalten.

6.2. „MUSIKANTEN GEHEN DURCHS LAND“ (ABSCHLUSSSPIEL)

Zu Marschmusik mit vielen Wiederholungen gehen die MitspielerInnen in Kreisrichtung im Raum; nach jedem Musikabschnitt werden die verschiedenen „Klopfvarianten“ vorgegeben.

TIPP: Dieses Spiel ermöglicht auch das Herausarbeiten der Begriffe laut – leise, d. h., je nach Haltung der Klanghölzer wird das Geräusch verändert.

VARIATIONEN:

Die „Musikanten“ können natürlich auch mit anderen, unterschiedlichen Klanginstrumenten durchs Land ziehen. Jedes Kind soll mit einem Instrument spielen, wobei immer wieder die Position des Instruments gewechselt wird, z. B. Triangel vor dem Körper, seitlich neben dem Körper oder über dem Kopf halten.

- Zum Beispiel Triangel: Das Spiel bleibt gleich, aber es werden verschiedene Gangarten verwendet – Sidesteps rechts bzw. links, rückwärts gehen, Kniehebelgang (= Knie beim Gehen zur Brust hochziehen); Tempo variieren (gehen bis langsam laufen).
- Zum Beispiel Schellenband: Um jeden Fuß wird ein Schellenband gewickelt. Dann können Schrittarten geübt werden – gehen, schnell gehen, stampfen, Kniehebelgang, ein Bein nachziehen.

6.3. „MEIN BAUCH HAT MUSKELN“

Mehrere Matten liegen in Kreisform verteilt. Die MitspielerInnen gehen mit einem Klangholz zur Musik in Schlangenlinien um die Matten herum.

Wenn die Musik stoppt, wird das Klangholz auf den Boden vor die Matte gestellt. Die Kinder setzen sich dahinter auf die Matte und führen verschiedene Übungen zur Stärkung der Bauchmuskulatur aus:

- Die Beine werden in Scherenbewegungen über dem Klangholz gekreuzt.
- Das Klangholz wird mit den Füßen hochgehoben und gehalten.
- Das Kind legt sich das Klangholz bei geschlossenen Beinen auf die Vorderfüße. Dann hebt es die Beine hoch, sodass das Klangholz Richtung Bauch rollt. Bei jüngeren Kindern ist dazu Hilfestellung notwendig.
- Über dem Klangholz wird mit den Beinen „Rad gefahren".

6.4. „Der Wald"

Die Kinder stellen die Klanghölzer locker verteilt im Raum auf. Zur langsamen Musik gehen sie nun durch den „Wald". Wenn die Musik stoppt, gibt die/der ÜbungsleiterIn verschiedene Bewegungsaufgaben vor:

- Den Baum (Klangholz) vorsichtig berühren, z. B. mit der Hand, dem Finger, dem Fuß.
- Über den kleinen Baum steigen, hüpfen u. a.
- Zum Abschluss werden alle Bäume umgesägt („Es ist Weihnachtszeit!"), das heißt, die Klanghölzer werden mit dem Fuß angetippt und umgestoßen.
- Schlussvariation: Zum rhythmisch gesprochenen „Säge, säge, Holz entzwei" (siehe Seite 86) führen jeweils zwei Kinder Sägebewegungen aus, das Klangholz dient als Säge.

6.5. „Domino"

Jedes Kind geht im Raum umher und schwingt dabei mit zwei Klanghölzern. Bei Musikstopp ruft die/der SpielleiterIn: „Domino" und die MitspielerInnen halten ihre Klanghölzer gleich zusammen, z. B. Seite zu Seite oder Ende zu Ende, in verschiedenen Höhen.

Je nach Ansage können jeweils zwei oder vier Kinder ein Domino bilden oder auch die ganze Gruppe.

6.6. „Kegeln"

Die umgedrehten Langbänke werden parallel im Abstand von zwei Gymnastikbällen aufgestellt. Als Alternative kann man ein Langtau in diese Form legen.

An jedem Bankende befindet sich ein Kind. Die Aufgabe des einen ist es, die neun Klanghölzer aufzustellen, das andere hat drei Bälle zu Verfügung, um möglichst viele Klanghölzer umzurollen.

TIPP: In Eltern-Kind-Gruppen unterstützen die Eltern das Kind bei der Aufgabenstellung.

6.7. SPIEL ZUR ENTSPANNUNG

CD Nr. 7

Die MitspielerInnen gehen paarweise mit einem Klangholz zusammen. Zur Entspannungsmusik oder zum rhythmischen Spruch „Die Rolle rollt vorwärts und wieder zurück" (siehe Seite 86) wird das Partner-Kind, das auf dem Bauch oder auf dem Rücken liegt, massiert, das heißt, das Klangholz wird über verschiedene Körperteile gerollt (z. B. den Rücken entlang). Nach einer Weile werden die Rollen getauscht.

7. LAUFSPIELE AUF LINIEN

ZIELE:

- Koordinationsfähigkeit: Reaktion, Orientierung, Gleichgewicht
- Beweglichkeit
- Ausdauer
- Konzentration
- Sinnes- und Körpererfahrung
- Vorgegebene Laufrichtungen einhalten

MATERIAL:

Sind keine Turnsaalmarkierungen am Boden vorhanden, verwenden Sie Klebebänder oder Malerabdeckbänder zur Markierung der Linien.

7.1. ÜBUNGSFORMEN

- Aufwärmen: Auf den weitflächig vorgeklebten Linien laufen die Kinder zur Musik; jedes in seinem Tempo. Zum Ausweichen sind Kreuzungen oder ein „Kreisverkehr“ vorhanden.
- Die freie Übungsform geht in eine „Ordnungsübung“ über: Die MitspielerInnen laufen hintereinander in der gleichen Richtung. Auf Zuruf der/des ÜbungsleiterIn wird ein Richtungswechsel vorgenommen, und zwar möglichst schnell! Auch wenn das Spiel lustig ist, soll keine/kein MitspielerIn darauf vergessen, auf Langsamere, Schwächere Rücksicht zu nehmen.

7.2. „WIE BEWEGE ICH MICH FORT?“

Im Gehen führen die MitspielerInnen nach Ansage der/des ÜbungsleiterIn Fortbewegungs-Variationen durch:

- langsam,
- schnell,
- steif (wie ein Roboter),
- wippend,
- schleichend wie eine Katze,
- kleine Schritte,
- große Schritte,
- vorwärts,
- rückwärts,
- seitlich im Nachstellschritt überkreuzend (vorne, hinten),

• laut (trampeln),
• leise.

Größere Kinder führen diese Varianten im Laufschritt durch.

TIPP: Für die Sinnes- und Wahrnehmungsschulung können die Kinder die Übungen auch barfuß machen. So kann zusätzlich Fußgymnastik durchgeführt werden.

7.3. ÜBUNGSVARIATIONEN ZUR FUSSGYMNASTIK

CD Nr. 5

Für eine gezielte Fußgymnastik werden die folgenden Übungen – je nach Ansage der/des ÜbungsleiterIn – eingesetzt (nach Möglichkeit barfuß):

• auf den Zehen gehen (trippeln),
• auf der Ferse gehen,
• das Gewicht auf die große Zehe verlagern,
• den Fuß von der Ferse zur Zehe abrollen lassen,
• den Fuß von der Zehe zur Ferse abrollen lassen,
• auf den Linien mit den Zehen kratzen (wie eine Katze).

7.4. „WIR SPRINGEN ÜBER DIE LINIEN!"

CD Nr. 4

Die/Der ÜbungsleiterIn gibt an, wie über die Linien am Boden gesprungen werden soll:

• mit geschlossenen Beinen,
• mit leicht abgewinkelten Beinen,
• aus dem Stand,
• aus dem Hockstand,
• mit steifen Beinen,
• mit Anlauf,
• rückwärts,
• seitwärts,
• von einem Bein zum anderen,
• über Hindernisse, die auf den Linien liegen (Sandsäckchen, Tücher, Seile u. a.).

7.5. „TIERPARADE"

CD Nr. 3

Alle MitspielerInnen bewegen sich jeweils wie die Tiere, die die/der SpielleiterIn vorgibt, auf den Linien. Tiervarianten: Tiger, Elefant, Ente, Krokodil, Schlange, Hase, Frosch, Affe …

7.6. Spiel mit verschiedenfärbigen Linien

CD Nr. 4

Wenn farbige Bodenmarkierungen oder geklebte Linien vorhanden sind, gibt die/der SpielleiterIn verschiedene Anweisungen, z. B.: „Alle laufen auf den roten Linien!" „Alle laufen schreiend (sprechend, lachend, weinend, summend) auf den grünen Linien."

Variiert werden kann dieses Spiel, indem möglichst genaue Aufträge gegeben werden:

- Die Füße sind beim Laufen links und rechts von der Linie. Die Linie darf nicht berührt werden.
- Alle laufen entlang einer Seite (rechts, links) der grünen Linie!
- Auf den Zuruf „Richtungswechsel!" drehen sich alle um 180 Grad und setzen das entsprechende Gehen/Laufen fort.

Tipp: Die Genauigkeit der Übung hängt vom Entwicklungsstand der Kinder ab. Kleine Kinder sollen vor allem Spaß haben und vieles erproben dürfen. Bei größeren Kindern (oder Erwachsenen) sollen die Übungen genau angesagt und von den MitspielerInnen exakt durchgeführt werden. – Ein gutes Training für das Einhalten von Regeln!

8. LUFTROLLE („GAUDIWURM", „LUFTWURST")

ZIELE:

- Koordinationsfähigkeit: Gleichgewicht, Reaktion, Orientierung, Rhythmus, Differenzierung
- Geschicklichkeit
- Vertrauen
- Konzentrationsfähigkeit
- Entspannung
- Einzel- und Gruppenspiel

MATERIAL:

Der „Gaudiwurm" ist eine aufblasbare Luftrolle; sie ist in verschiedenen Längen (z. B. 200 x 40 cm bis 500 x 60 cm) und Durchmessern im Sporthandel erhältlich. Je nach Übung wird eine Luftrolle oder mehrere benötigt.

8.1. KENNENLERNEN DER LUFTROLLE

CD Nr. 4

Zu einer „Laufmusik" gibt die/der ÜbungsleiterIn verschiedene Bewegungsaufgaben vor:

- Um die Rolle herumlaufen.
- Die Rolle gemeinsam von einer Raumseite zur anderen rollen, darüber steigen und wieder zurückrollen. (Bei kleineren Kindern ist die Hilfestellung eines Erwachsenen nötig, da sonst das Rollen zu schnell werden kann.)
- Die Rolle rückwärts rollen: Entweder die Kinder stehen mit dem Gesicht zur Rolle, gehen im Rückwärtsgang und rollen dabei den Gaudiwurm mit den

Händen im Retourgang. Oder die Kinder stehen mit dem Rücken zur Luftrolle und bewegen sie durch Zurückgehen in die entsprechende Richtung.

8.2. SPIELVORSCHLÄGE

CD Nr. 4

Zur Musik laufen die MitspielerInnen frei im Raum umher. Wenn die Musik gestoppt wird, führen sie – nach Ansage der/des SpielleiterIn – folgende Übungen durch. Die Kinder sitzen dabei im Reitersitz auf der Luftrolle, die Füße sind seitlich auf dem Boden.

- Auf den Gaudiwurm setzen und hopsen.
- Im Sitzen auf dem ruhenden Gaudiwurm Arm- und Handübungen durchführen, z. B. Arme seitlich wegstrecken, hochhalten.
- Im Sitzen auf dem Gaudiwurm Fuß- und Beinübungen durchführen, z. B. Vorfuß anziehen, Ferse anheben, Knie anwinkeln, Beine vorstrecken.
- Eine/Ein MitspielerIn (evtl. Erwachsener) wackelt den Gaudiwurm leicht. Die MitspielerInnen führen wiederum Übungen aus, z. B. in die Hände oder auf die Oberschenkel klatschen, zu einem Fuß greifen.
- Geübte Kinder können Koordinationsübungen mit den Armen und Beinen gleichzeitig ausprobieren.

8.3. GLEICHGEWICHTSÜBUNGEN AUF DER ROLLE

- Die Kinder krabbeln auf allen vieren von einer Seite des Gaudiwurms zur anderen (wie ein Käfer).
- Die Kinder ziehen sich in der Bauchlage von einer Seite des Gaudiwurms zur anderen (wie eine Schlange).
- Im Sitzen (im Reitersitz) hopsen sie auf dem Gaudiwurm und strecken dabei die Beine weg.
- Sie gehen über den Gaudiwurm, der festgehalten wird, und zwar zuerst mit Hilfestellung (beidseitige Handhaltung). Fühlt sich das Kind sicher, wird nur mehr mit einer Hand geführt bzw. keine Hilfestellung mehr gegeben.

TIPP: Der Gaudiwurm kann gut als Station bei einem Geschicklichkeitszirkel eingebaut werden.

8.4. „ALLE AUFS BOOT!"

CD Nr. 4

Die MitspielerInnen laufen zu beschwingter Musik frei im Raum. Ruft die/der ÜbungsleiterIn: „Alle aufs Boot"!, sollen sich die Kinder so schnell wie möglich auf einen Gaudiwurm setzen. Für ältere Kinder ist das auch als Wettspiel geeignet (welches Boot ist zuerst besetzt?).

8.5. „AYE, AYE, KAPITÄN"

Es gibt mindestens zwei Gruppen (jede mit einer Luftrolle), die Kinder sitzen im Reitersitz auf der Rolle, die Füße stehen rechts und links am Boden. Die/Der ÜbungsleiterIn gibt folgende Anweisung: „Wir alle sind Seefahrerinnen und Seefahrer, sitzen auf unserem Boot und blicken in eine Richtung. Vor und hinter jedem von euch ist genug Platz, damit ihr beim Hopsen auf den Booten (= Rollen) nicht mit den Köpfen zusammenstößt. Ihr seid die Seeleute und ich bin die/der KapitänIn."

Wenn die/der ÜbungsleiterIn „Achtung, die/der KapitänIn spricht" ruft, antworten die Kinder mit: „Aye, aye, KapitänIn", strecken die Arme seitlich vom Körper weg und sitzen bewegungslos. Dann spielen sie (nach Ansage) verschiedene Seefahrt-Situationen durch (alle im Reitersitz). Zwischen die einzelnen Übungen wird jeweils wieder das bewegungslose Sitzen mit gestreckten Armen eingefügt.

- „Die Meereswellen gehen ruhig auf und nieder." – Die Kinder hopsen leicht auf der Luftrolle.
- „Die Wellen werden höher und immer höher." – Die Kinder springen im Sitzen auf dem Gaudiwurm auf und ab.
- „Wir lehnen uns auf eine Seite." – Die Kinder strecken im Sitzen beide Arme seitlich weit über das Boot hinaus.

- „Wer kann beide Füße vom Wasser hochheben und dabei das Gleichgewicht halten?"
- „Es ist schon spät am Abend, wir legen uns nieder und schlafen ein." – Jedes Kind lehnt sich mit dem Bauch an den Rücken des vorderen Kindes und schließt die Augen. Das erste Kind legt sich mit dem Bauch auf die Rolle.
- „Ein alter Seefahrertrick: Stellt beide Füße auf das Boot und haltet das Gleichgewicht. Nicht vom Boot fallen!" Die Kinder heben im Sitzen die Füße vom Boden und stellen sie vor sich auf die Luftrolle.

TIPP: Vor dem Aufsteigen auf die Boote sollten mit den Kindern auf dem Boden die Kommandos geübt werden.

8.6. ABSCHLUSS

CD Nr. 2

Zum Ausklang der Stunde sitzen die MitspielerInnen auf den Gaudiwürmern und schaukeln zu einem ruhigen Lied im Rhythmus.

9. Pezziball oder Sitzball

Ziele:

- Koordinationsfähigkeit: Gleichgewicht, Reaktion, Rhythmus
- Spiel allein, zu zweit und in der Gruppe
- Auf- und Abbau von Spannungen: festhalten und loslassen
- Vertrauen lernen
- Ordnung lernen
- Fantasie fördern
- Einhalten einfacher Regeln
- Eigene Ideen einbringen

Material:

Ein Pezziball pro Person (Kinderball 45 cm Durchmesser; für größere Kinder bzw. Erwachsene gibt es auch Bälle mit größerem Durchmesser).

Für Koordinationsübungen:

Nach Möglichkeit alte, aufgeblasene Lkw-Reifenschläuche.

Für Konzentrationsspiel (9.5.):

Noch zwei weitere Ballarten, z. B. Overball (aufblasbarer Ball aus Vinyl), Wasserball, Noppenball, Softball.

9.1. Kennenlernen des Balles

Kennenlernen des Balls durch freies Ballspiel (rollen, tragen ...) oder im Kreis. Zur Absicherung könnten Matten darunter gelegt werden.

9.2. Begrüssungsspiel

Dabei handelt es sich vornehmlich um Gleichgewichtsübungen, die ein Kennenlernen des Sitzballs ermöglichen. Die Kinder sitzen im Kreis und führen Bewegungen durch, die zum gewählten Lied (oder zum rhythmischen Spruch) passen.

Liedvorschläge für 4- bis 7-Jährige: Große Uhren; Zeigt her eure Füße; Schwesterchen, komm tanz mit mir; Hänschen klein; Wer will fleißige Handwerker sehen; Ich kann was; Hopp, hopp, hopp, Pferdchen lauf Galopp.

Spruchvorschlag siehe Seite 86.

9.3. „Bimmel, Bammel, Bommel"

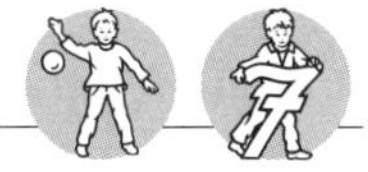

Jedes Kind kniet hinter dem Pezziball und trommelt zum Text „Bimmel, bammel, bommel ..." (siehe Seite 86) im Rhythmus des Spruchs mit den Händen auf den Pezziball.

Bei der Textstelle „vier Mäuse gehen in der Reih ..." legen sich die MitspielerInnen mit dem Bauch auf den Ball und bewegen sich mit den Händen am Boden vorwärts, bis sie mit den Oberschenkeln auf dem Ball aufliegen.

In dieser Position wird kurz das Gleichgewicht gehalten und danach rollen sich die Kinder schnell wieder zurück in die kniende Position.

Zur Textstelle „die ganze Erde dröhnt dabei!" klopfen die MitspielerInnen mit den Händen fest und laut auf den Pezziball.

9.4. „Auf unser Kommando!"

Zwei Personen (KommandantInnen) sitzen an einem Raumende und die restlichen MitspielerInnen am gegenüberliegenden. Die KommandantInnen werden gefragt: „Wie dürfen wir zu euch kommen?" Daraufhin geben diese verschiedene Bewegungsübungen mit dem Pezziball vor, z. B.:

- den Ball fest zum Körper drücken und gehen,
- den Ball über den Kopf heben,
- den Ball unter einem Arm einklemmen,
- den Ball mit der Handfläche vorwärts rollen (mit den Fingern, der Faust ...),
- den Ball zur anderen Seite prellen,
- den Ball mit dem Fuß rollen.

Die Kinder bewegen sich nun auf die vorgegebene Übungsart zu den KommandantInnen. Diese bestimmen die KommandantInnen für die nächste Runde.

9.5. „Bälle in Bewegung"

Die MitspielerInnen stehen in Kreisform, jedes dritte Kind hat einen Pezziball. Auf Vorgabe der/des ÜbungsleiterIn werden die Bälle auf unterschiedliche Weise zum Nächsten weitergegeben:

- Rollen (mit den offenen Handflächen, den Fäusten, den Handrücken u. a.).
- Übergeben in verschiedenen Höhen.
- Ältere Kinder: prellen oder werfen.
- Als Konzentrationsübung können noch zwei andere Ballarten verwendet werden. Das kann zum Beispiel so aussehen: Der Pezziball wird gerollt, der Wasserball geworfen und gefangen, der Noppenball wird durch die gegrätschten Beine zum nächsten Kind geworfen. Diese Übung gelingt ab sechs TeilnehmerInnen.

9.6. „KLANGORCHESTER"

Die Pezzibälle (in der Anzahl der MitspielerInnen) liegen frei im Raum. Die MitspielerInnen laufen zur Musik dazwischen herum, dürfen die Bälle dabei aber nicht berühren.

Wenn die Musik unterbrochen wird, sucht sich jedes Kind einen Pezziball und erzeugt mit Hilfe des Balles ein Geräusch (z. B. trommeln, kratzen, klopfen, wetzen, tippeln). Welches Geräusch das ist, gibt die/der ÜbungsleiterIn oder ein Kind vor. Während einer Übungssequenz darf keine Geräuschart wiederholt werden.

9.7. PARTNERSPIELE

Die MitspielerInnen stehen einander zu zweit gegenüber und führen – nach Ansage der/des ÜbungsleiterIn – die folgenden Übungen durch:

- Die beiden Kinder rollen den Ball hin und her und vergrößern dabei den Abstand zwischen sich.
- Der Pezziball wird hin und her geprellt.
- Die Kinder übergeben den Ball mit beiden Händen.
- Die Kinder schubsen einander den Ball mit einem Fuß zu.
- Sie grätschen die Beine und rollen den Ball rückwärts zum Partnerkind.
- Ältere Kinder können den Ball hin und her werfen.

9.8. KOORDINATIONSÜBUNGEN

TIPP: Bei kleineren Kindern müssen für diese Übungen mehrere Erwachsene anwesend und immer zur Hilfestellung bereit sein.

Ein bis drei Pezzibälle, die auf Matten liegen, werden von mindestens zwei Erwachsenen (nicht von Kindern!) zusammengehalten, sodass eine „Pezziball-Reihe" entsteht.

Falls alte Lkw-Autoschläuche vorhanden sind, werden die Pezzibälle in die Reifenöffnung gelegt (Ventile müssen nach unten zeigen) und damit unstabile Gleichgewichtstationen gebildet.

Übungsbeispiele zur Schulung des Gleichgewichts:

- Auf allen vieren über die Bälle krabbeln.
- Über die Pezziball-Reihe gehen (unbedingt mit Hilfestellung!).
- Auf einem Pezziball knien und leicht hopsen (mit Hilfestellung!).
- Auf einem Pezziball stehen und mit den Füßen trippeln (mit Hilfestellung).
- Auf einem Pezziball stehen und abwechselnd ein Auge, danach beide Augen schließen (unbedingt mit Hilfestellung).
- Ruhig mit ausgebreiteten Armen („Schmetterlingsarmen“) auf dem Ball stehen bzw. Hüfte hin und her bewegen.

9.9. ABSCHLUSSSPIEL

Die MitspielerInnen gehen paarweise zusammen; jedes Paar hat einen Pezziball und eine Matte.
Die MitspielerInnen sitzen Rücken an Rücken, dazwischen liegt der Pezziball. Zu ruhiger Musik wiegen sich die Kinder mit leichten Rollbewegungen hin und her und entspannen sich dabei.

10. REIFEN

ZIELE:

- Koordinationsfähigkeit: Reaktion, Orientierung
- Geschicklichkeit
- Regeln akzeptieren
- Einzel- und Gruppenspiele

MATERIAL:

- Ein Reifen für jede/n MitspielerIn.
- Einige Tischtennisbälle.

FÜR DAS SPIEL IN VIERERGRUPPEN (10.7.):

- Evtl. Softbälle.

10.1. AUSTEILEN DER REIFEN

CD Nr. 3

Die/Der ÜbungsleiterIn nimmt alle Reifen und rollt sie in die Richtung der MitspielerInnen, die im Raum verteilt stehen. Jedes Kind holt sich einen rollenden Reifen und bewegt sich im freien Spiel zur Musik. Auf diese Art lernen die MitspielerInnen die Eigenschaften des Reifens kennen.

Folgende Übungsvariationen können noch eingebaut werden:

- Das Kind rollt den Reifen mit Hilfestellung der zweiten Hand.
- Es zwirbelt den Reifen (dreht den aufgestellten Reifen mit den Händen im Kreis).
- Das Kind kann neben dem Reifen herlaufen.

- Ein Kind nimmt beide Reifen (linke und rechte Hand) und lässt beide gleichzeitig zum Partnerkind rollen. Dieses fängt die Reifen und rollt sie zurück.

TIPP: Erwachsene können beim freien Spiel ihre „Hula-Hoop"-Kenntnisse auffrischen. Die Kinder werden es ihnen bestimmt nachmachen (Imitationslernen).

10.2. REIFENSPIELE

CD Nr. 3

Während die Musik läuft, können die Kinder frei mit den Reifen spielen. Wenn die Musik stoppt, lassen sie den Reifen los und warten, bis er am

Boden liegt. Nach Angabe der/des ÜbungsleiterIn werden dann verschiedene Übungen durchgeführt:

- Den Reifen auf den Boden legen und darauf balancieren.
- Seitlich auf den Fußballen bzw. der Ferse dem Reifen entlanggehen.
- Den Reifen mit Hilfe der Füße etwas hochheben.
- In den Reifen hinein- und wieder heraushüpfen.
- Den Reifen zwirbeln; wenn er sich gegen den Boden senkt, in den rotierenden Reifen hüpfen.

- Den Reifen mit beiden Händen halten und nach oben strecken.
- Durch den eigenen, aufgestellten Reifen steigen.
- Die Reifen in einer Reihe zusammenstoßend auflegen. Von einem Reifen zum anderen gehen (hüpfen). Der Abstand zwischen den Reifen kann sukzessive vergrößert werden.

10.3. „SCHLAFENDE REIFEN"

CD Nr. 3

Die MitspielerInnen laufen im Raum durcheinander und rollen die Reifen umher. Auf Impuls der/des ÜbungsleiterIn werden die Reifen gezwirbelt. Auf einen weiteren Impuls hin lassen die Kinder die Reifen auspendeln, bis sie am Boden liegen.

Die Kinder ahmen dabei die Bewegung nach, machen sich kleiner und kleiner, bis sie ganz ruhig auf dem Boden neben den „schlafenden" Reifen liegen.

10.4. „Reifentunnel“

CD Nr. 3

Ein Teil der Kinder (bzw. die Erwachsenen) bilden mit den Reifen einen „Reifentunnel“. Die anderen Kinder gehen gebückt in einer Richtung durch diesen Tunnel. Dann wird zwischen den Kindern, die die Reifen halten, und den gehenden Kindern gewechselt.

Variation:

Die Reifen werden höher gehalten und die Kinder steigen durch die Reifenreihe. Sie sind jetzt „Löwen im Zirkus“.

Tipp: Falls sich in Gruppen mit kleinen Kindern (z. B. Eltern-Kind-Gruppen) eines nicht allein getraut durchzugehen, steigt ein Erwachsener mit durch die Reifen.

10.5. „Figurenlegen“

CD Nr. 3

Die Kinder laufen zur Musik mit den Reifen durch den Raum. Wenn die Musik stoppt, legen sie mit den Reifen verschiedene Figuren (z. B. eine Raupe oder eine Blume). Die Art der Figur kann die/der ÜbungsleiterIn oder ein Kind vorgeben. Der Kreativität der Kinder soll dabei freier Lauf gelassen werden, wird aber eine zu schwierige Form vorgeschlagen, gilt es zu improvisieren.

10.6. „Schieb den Ball“

CD Nr. 6

Der Reifen wird schräg auf der Kante gehalten. Das Kind soll vorsichtig einen Tischtennisball nahe dem Reifen vorwärts schieben.

VARIATION:

Die Kinder bewegen sich im Rückwärtsgang und ziehen dabei den Tischtennisball im Reifen nach.

Jedes der zwei Kinder hat einen Reifen; damit rollen sich die beiden im Stehen den Tischtennisball zu.

Die MitspielerInnen stellen sich in Kreisform auf und rollen einander mit Hilfe des Reifens mehrere Tischtennisbälle zu. Das Durcheinander der Tischtennisbälle macht den Kindern meist großen Spaß.

10.7. SPIEL IN VIERERGRUPPEN

Ein Reifen und drei Tischtennisbälle (es eignen sich auch Softbälle) sind pro Vierergruppe nötig.

Ein Kind (bzw. Erwachsener) hält den Reifen waagrecht in verschiedenen Höhen. Nach einigen Versuchen kann der Reifen leicht hin und her bewegt werden. Die drei Mitspieler haben jeweils drei Versuche für ihre „Zielwürfe". Ein Kind wirft, die beiden anderen sammeln die Bälle ein bzw. reichen sie dem werfenden Kind.

VARIATION:

Die Zielwürfe können im Sitzen oder Liegen (Bauch- bzw. Rückenlage) ausgeführt werden.

10.8. „AUTORENNBAHN"

CD Nr. 7

Je zwei Reifen werden übereinander auf dem Boden aufgelegt. Die/Der ÜbungsleiterIn teilt zuerst einen, später mehrere Tischtennisbälle pro Reifenpaar aus. Die MitspielerInnen lassen mit den Händen die Tischtennisbälle im Kreis „flitzen" – wie Autos auf einer Autorennbahn.

10.9. „PENDELN"

Ein Kind (bzw. Erwachsener) hält zwei Reifen senkrecht im Abstand von ca. 2 cm zueinander. Ein Kind legt einen Tischtennisball auf die so entstandene „Rinne" und versucht den Ball hin und her zu pendeln.

10.10. ABSCHLUSSSPIEL

CD Nr. 10

Ein Kind (Lokomotive) geht mit seinem Reifen im Raum spazieren. Nach freier Wahl hängen sich die restlichen MitspielerInnen jeweils mit Hilfe ihres Reifens an. Sind alle MitspielerInnen „angekoppelt", geht es Richtung Geräteraum. Dort löst sich der Zug wieder auf.

11. ROLLBRETT ODER BOGENROLLER

ZIELE:

- Koordinationsfähigkeit: Gleichgewicht, Orientierung, Reaktion
- Geschicklichkeit
- Kreativität
- Kraft
- Einzel- und Gruppenspiele

MATERIAL:

- Ein Rollbrett oder Bogenroller.
- Seil, Ball, Reifen.
- Markierungshütchen, Klebeband.

TIPP: Für kleinere Kinder eignet sich der Bogenroller gut, da die Kinder einen festeren Halt haben.

In Eltern-Kind-Gruppen wird mit zwei Geräten gearbeitet, eines für den Erwachsenen und eines für das Kind (Vorbildwirkung). Das Kind soll den Bogenroller (das Rollbrett) in seiner eigenen „Geschwindigkeit" erkunden, bevor gezielte Spielvorschläge gegeben werden.

11.1. SPIELVORSCHLÄGE

CD Nr. 10

Bis auf die angegebenen Ausnahmen sind die folgenden Übungen mit dem Rollbrett durchführbar. Es ist günstig, wenn in der Gruppe mindestens zwei Rollbretter zur Verfügung stehen. Diese Übungen können im Zirkel oder frei durchgeführt werden.

- Das Kind fährt mit dem Rollbrett/Bogenroller zu einer vorgegebenen Markierung. Ist das Ziel erreicht, wird das Gerät „ohne Last" zurückgeschubst und das nächste Kind darf fahren.
- Zwei Kinder fahren mit den Rollbrettern/Bogenrollern nebeneinander zu einer bestimmten Markierung. Das kann auch als Schnelligkeitswettbewerb durchgeführt werden.
- Das Kind fährt mit dem Rollbrett/Bogenroller durch einen vorgegebenen Slalom (Markierungshütchen bzw. Klebeband).
- Das Kind liegt am Bauch auf dem Rollbrett/Bogenroller und bewegt sich fort, indem es sich mit den Handflächen am Boden weiterschiebt bzw. -zieht.

• Das Kind sitzt auf dem Rollbrett/Bogenroller oder liegt in Bauchlage darauf. An der Sprossenwand ist ein Seil befestigt, an dem sich das Kind mit den Händen zur Sprossenwand zieht.

• Das Kind fährt mit dem Rollbrett/Bogenroller in unterschiedlichen Lagen (sitzend, in Bauchlage) durch einen Tunnel. So ein Tunnel lässt sich beispielsweise einfach aus zwei Kästen und einer darüber gelegten Matte bauen.

• Zwei MitspielerInnen sitzen auf je einem Rollbrett/Bogenroller und spielen sich einen Ball zu (rollen, prellen). Jüngere Kinder können sich den Ball zuwerfen und ihn fangen.
• Ein Kind sitzt auf dem Rollbrett/Bogenroller bzw. liegt darauf und lässt sich von einem anderen Kind mit Hilfe eines Reifens oder Seiles ziehen. Das ziehende Kind geht rückwärts, also mit Blick auf das gezogene Kind.

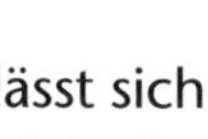

• Drei Kinder einer Vierergruppe hocken in einem Abstand von zirka zwei Metern voneinander in einem Dreieck und schubsen das vierte Kind, das am Rollbrett/Bogenroller sitzt, weiter. Vorsicht: Die Hände dürfen nicht in die Nähe der Räder kommen!

12. SANDSÄCKCHEN

ZIELE:

- Koordinationsfähigkeit: Gleichgewicht, Orientierung, Reaktion
- Kräftigung der Hand- und Armmuskulatur
- Übungen mit den nackten Füßen zur Stärkung der Fußmuskulatur
- Feinmotorik
- Spiel allein, zu zweit und in der Gruppe

MATERIAL:

- Weicher Stoff oder ein Frotteewaschlappen (möglichst einfärbig).
- Schere, Nadel und Faden, Nähmaschine.
- Füllmaterial: Sand, Reis, Getreidekörner, Linsen, Kirschkerne, Plastikgranulat (dieses kann auch gewaschen werden).

HERSTELLUNG DES SÄCKCHENS:

Schneiden Sie zwei Rechtecke zu (Maß des fertigen Säckchens 15 x 20 cm; geben Sie etwas für den Saum zu). Mit der Nähmaschine sind die Teile schnell zusammengenäht.

Lassen Sie ein kurzes Stück offen, damit der Stoff auf rechts gewendet und die Füllung vom Kind mit Hilfe eines Trichters eingefüllt werden kann. Anschließend wird das Säckchen mit der Hand zugenäht.

ZUSÄTZLICHES MATERIAL FÜR DAS „SÄCKCHENWERFEN" (12.5.):

Für eine Übungsvariante werden mehrere Reifen benötigt.

ZUSÄTZLICHES MATERIAL FÜR DAS „SANDSACKHOCKEY" (12.6.):

Pro Kind wird ein Stab (Länge wie Hockeyschläger) benötigt.

12.1. KENNENLERN-SPIELE IM SITZKREIS

Zu dem Lied „Ich kann was" (siehe Seite 85) probieren die MitspielerInnen verschiedene Greifarten aus (z. B. mit der Handfläche von oben das Säckchen ergreifen, von unten, mit der gestreckten Hand, über den Kopf, von einer Hand in die andere fallen lassen etc.).

Größere Kinder können das Säckchen hochwerfen und mit verschiedenen Greifarten fangen.

Das Säckchen kann auch mit den Füßen gegriffen, und hochgeworfen werden. Es kann auch an den Sitznachbar weitergeben werden etc.

12.2. „ZEIGT HER EURE FÜSSE“

Alle MitspielerInnen sitzen im Kreis und schieben das Säckchen mit den Füßen zur/zum NachbarIn. Achten Sie darauf, dass zirka nach jeden dritten Kind wieder ein Säckchen eingespielt wird, damit die Kinder nicht lange warten müssen.

TIPP: Wenn barfuß gespielt wird, zeigt die Fußgymnastik eine bessere Wirkung.

VARIATIONEN ZUM WEITERGEBEN:

- Das Säckchen wird mit den Zehen ergriffen, hochgehoben und vor dem nebenan sitzenden Kind zu Boden fallen gelassen. Dieses Kind nimmt das Säckchen auf und reicht es auf die gleiche Weise zum nächsten weiter.
- Das Säckchen wird vom zweiten Kind in der Luft ergriffen und wiederum weitergegeben.

WEITERE VARIATION:

Alle Kinder stehen. Einem Kind wird das Säckchen auf den Fußrücken gelegt und es muss das Säckchen langsam an ein anderes Kind weitergeben. Dabei sollte das Säckchen von einem Fußrücken auf den anderen gleiten. Nun geht dieses Kind auf ein nächstes zu.

12.3. „Über bunte Hügel“

CD Nr. 1

Alle Kinder tragen ein farbiges Kissen auf einem Körperteil, der von der/dem SpielleiterIn vorgegeben wird (z. B. gestreckte Handfläche, auf der Schulter, auf dem Kopf). Auf das Kommando: „Alle gelben Kinder hierher!“, laufen die Kinder, die ein gelbes Kissen tragen, zu einer Raumecke und schütteln das Kissen ab. So entsteht ein – in diesem Fall gelber – Hügel.

Zum Abschluss laufen die MitspielerInnen im Raum umher und springen dabei über die Hügel.

Zum Abschluss laufen die MitspielerInnen zum Spruch „Der Floh, der Floh …“ (siehe Seite 86) im Raum umher und springen dabei über die Hügel.

12.4. Übungen mit Sandsäckchen und Langbank

Eine Langbank wird vom Kind auf verschiedene Weise mit dem Säckchen überquert:

- Das Säckchen wird mit dem Fuß über die Bank geschoben.
- Auf der Bank liegt ein Säckchen (evtl. auch mehrere Säckchen); das Kind steigt beim Überqueren der Langbank darüber.
- Das Kind liegt auf dem Bauch auf der Langbank, trägt das Säckchen auf dem Rücken und zieht sich so über die Bank.
- Das Säckchen wird auf dem Kopf über die Bank getragen (evtl. mit Hilfestellung – eine Hand).
- Das Kind hält das Säckchen mit ganz hoch gestreckten Armen und geht so über die Bank.
- Das Kind trägt mit ausgestreckten Händen je ein Säckchen über die Bank.

12.5. „Säckchenwerfen“

CD Nr. 4

Zur Musik laufen die Kinder mit den Säckchen umher. Wenn die Musik stoppt, sollen folgende Wurfübungen ausprobiert werden:

- Säckchen hochwerfen (einhändig, beidhändig).
- Säckchen zur Seite werfen.
- Säckchen über den Kopf zurückwerfen (für jüngere Kinder ist das eine schwierige Übung, die nicht immer gelingt!).
- Säckchen zwischen den gegrätschten Beinen zurückwerfen.
- Säckchen durch einen Reifen werfen. Eine Variation ergibt sich durch die Reifenhöhe bzw. wenn der Reifen bewegt wird.

- Das Kind liegt am Rücken auf dem Boden. Es legt sich das Sandsäckchen auf die Füße und versucht das Säckchen mit einem kräftigen Ruck so weit wie möglich wegzuwerfen.

TIPP: Bei kleineren Kindern legt ein Erwachsener das Säckchen auf die Füße.

12.6. „SANDSACKHOCKEY"

Jedes Kind benötigt einen Stab in der passenden Länge eines Hockeyschlägers und ein Säckchen.

- Kleine Kinder schießen ihren Sandsack in ein mit Klebeband vorgegebenes Tor.
- Ältere Kinder bilden zwei Mannschaften (pro Mannschaft ein Tor), die möglichst viele Tore mit dem Sandsack schießen. Auf Disziplin muss hier besonders geachtet werden; der Stock darf nur in Richtung Boden zeigen!
- Variation des Mannschaftsspiels: Jedes Kind hat einen Sandsack. Gewonnen hat die Mannschaft, deren SpielerInnen zuerst alle ihre Sandsäckchen im Tor der anderen Mannschaft platziert haben.

13. SCHLEGEL

ZIELE:

- Koordinationsfähigkeit: Rhythmus, Orientierung
- Körperwahrnehmung
- Feinmotorik
- Sinnesschulung
- Spiel allein und in der Gruppe

MATERIAL:

- Einen oder zwei Schlegel pro MitspielerIn.
- Schraubverschlussdeckel.
- Holzscheibe, Wurfscheibe, Ball, Trommel.
- Gegenstände aus dem Bewegungsraum wie Matten, Reckstange, Langbank u. a.

MATERIAL ZUR HERSTELLUNG DES SCHLEGELS:

- Unterlage, um den Tisch zu schonen.
- Ast mit einer Länge von 18 cm, ohne Astgabelung.
- Baumschere.
- Ein Bogen Seidenpapier bzw. Seidenpapierreste.
- Schere.
- Becher mit Kleister.
- Leeres Glas.
- Stoffreste in der Größe 15 x 15 cm.
- Garn zum Abbinden des Schlegels.

Die Äste werden mit der Baumschere zurechtgeschnitten. Das Seidenpapier wird mit Kleister bestrichen und um das eine Ende des Stabes gewickelt. Zum Trocknen werden die Schlegel in ein leeres Glas gestellt. Die Stoffreste werden über das Seidenpapier gelegt und fest zusammengebunden.

13.1. KENNENLERNEN DES SCHLEGELS

Die MitspielerInnen sitzen im Kreis und berühren mit dem Schlegel – nach Vorgabe der/des ÜbungsleiterIn – verschiedene Körperteile (z. B. Handfläche, Handrücken, Schulter, Oberschenkel, Fußsohle).

Im Sitzen werden die Körperteile zu folgendem Spruch passend berührt:

„Komm trommle, komm trommle, komm trommle schon ...
Auf den Po, das geht so ...
Auf die Hand , das geht so ...
Auf die Zehen, das geht so ..." usw.

13.2. Laufspiel zur Orientierung

Im Raum liegen die Schlegel verteilt. Zur Laufmusik bewegen sich die MitspielerInnen frei im Raum, wobei kein Schlegel berührt werden darf. Einige Matten liegen verteilt im Raum.

Wenn die Musik gestoppt wird, ruft die/der ÜbungsleiterIn „Matte". Alle Kinder laufen schnell zu den Schlegeln, jedes nimmt einen, läuft zu einer Matte und klopft darauf.

Die Schlegel bleiben auf den Matten liegen und die MitspielerInnen laufen wieder zur Musik.

Beim nächsten Musikstopp ruft die/der ÜbungsleiterIn „Holz", worauf sich jedes Kind einen Schlegel von der Matte holt, sich einen Holzgegenstand im Raum (z. B. Bank, Sprossenwand) aussucht und darauf klopft.

Variation für ältere Kinder:

Die Anzahl der Schlegel ist um einen geringer, als MitspielerInnen sind. Wer keinen Schlegel erreicht, scheidet aus und feuert die anderen mit Trommeln an. Pro Spielrunde nimmt die/der ÜbungsleiterIn einen Schlegel weg.

13.3. „WER WEISS, WORAUF DIE INDIANER TROMMELN?“

Ein Kind – es ist der „Medizinmann"/die „Medizinfrau" – befindet sich abseits der Gruppe und hat verschiedene Gegenstände (die die anderen Kinder nicht sehen können) als Trommel zur Auswahl. Das Kind trommelt abwechselnd auf diese Gegenstände aus Plastik, Holz, Metall ...

Die restlichen Mitspieler („Indianer") haben die gleichen Materialien. Sie klopfen gemeinsam immer auf den Gegenstand, dessen Klang sie gehört haben. Übungsbeispiele:

- Medizinmann/-frau klopft auf Metall – Indianer klopfen auf den Schraubverschlussdeckel, auf den metallenen Heizkörper, die Reckstange ...
- Medizinmann/-frau klopft auf die Bank – Indianer klopfen auf eine Holzscheibe, auf die Stäbe der Sprossenwand ...

13.4. SPIELREIM

Der Text des Gedichtes (siehe Seite 86) wird in Bewegungen mit dem Schlegel umgesetzt (jedes Kind hat zwei Schlegel):

„Regentropfen, Regentropfen, wie sie an mein Fenster klopfen" – Die MitspielerInnen klopfen sich mit den Schlegeln abwechselnd auf den angewinkelten linken bzw. rechten Oberschenkel.

„Machen alles pitschenass" – Sie klopfen alle gleichzeitig mit den Schlegeln auf den Boden.

„Häuser, Bäume und das Gras" – Bei „Häuser" bilden sie mit den Schlegeln über dem Kopf ein Dach, bei „Bäume" halten sie die Schlegel parallel hoch und bei „Gras" tippen sie mit den Schlegeln abwechselnd leicht auf den Boden.

13.5. „ICH HABE GUTE OHREN“

Ein Kind bewegt sich mit einem Schlegel und einer Trommel im Raum. Die anderen sitzen mit geschlossenen Augen (Hände vor die Augen halten) in der Raummitte im Kreis und lauschen, wo sich das „Trommelkind" im Raum befindet. Wer die Richtung weiß, zeigt mit der Hand dort hin. Dann übernimmt ein anderes Kind die Trommel.

13.6. „DER FLIEGENDE LUFTBALLON"

CD Nr. 2

Jedes Kind hat zwei Schlegel und einen aufgeblasenen Luftballon. Zur beschwingten Musik spielt es frei mit den „verlängerten Händen" und dem Luftballon.

VARIATION:

- Zwei MitspielerInnen spielen gemeinsam mit einem Luftballon.

- Es werden Kreisgruppen gebildet, in denen die Kinder gemeinsam mit Schlegeln und Luftballon spielen.

13.7. „REGENTROPFEN"

Vier Kinder halten ein Leintuch gespannt, unter dem die Hälfte der restlichen Kinder sitzen. Die übrigen Kinder klopfen mit je zwei Schlegeln auf das Leintuch. Die/Der ÜbungsleiterIn gibt vor, wie sich die Wetterlage entwickelt:

- Es tröpfelt – sachtes Trommeln.
- Es regnet – leichtes schnelles Klopfen.
- Es gießt – schnelleres Klopfen.
- Es hagelt – sehr festes schnelles Klopfen.
- Es blitzt – die Schlegel in schnellen Zickzackbewegungen über das Leintuch bewegen.
- Es donnert – einmal fest mit den Schlegeln auf das Leintuch klopfen.

Dann wechseln die Gruppen bzw. die Kinder, die das Leintuch halten.

14. SCHLEUDERBALL

ZIELE:

- Koordinationsfähigkeit: Reaktion, Orientierung
- Geschicklichkeit
- Loslassen können
- Einzel- und Gruppenspiele

MATERIAL:

- Im Sporthandel zu kaufen.

Oder:

- 1 bunter Nylonstrumpf.
- 1 kleiner Weichball (Durchmesser 12 cm).

HERSTELLUNG DES SCHLEUDERBALLS:

Der Weichball wird in einen Strumpffuß gesteckt und dieser verknotet.

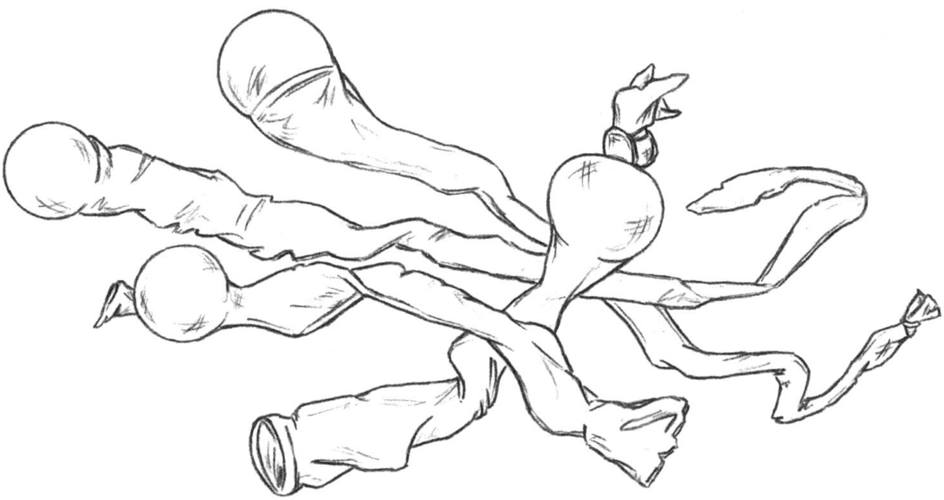

14.1. SPIELFORMEN

Zum Kennenlernen des Spielgerätes halten die Kinder den Schleuderball am Ende und spielen zur beschwingten Musik. Folgende Übungen können – nach Angabe der/des SpielleiterIn – eingebaut werden:

- Schleuderball schwingen, loslassen und versuchen ihn wieder zu fangen (jeder für sich, zu zweit oder in der Gruppe).

- Schleuderball in die Hände legen und „überkopf werfen".
- Schleuderball in den Händen halten und zwischen den gegrätschten Beinen nach hinten durchwerfen.
- Schleuderball mit beiden Händen hochwerfen und möglichst wieder fangen.
- Die Kinder bilden einen großen Kreis. Ein Kind geht in die Mitte, hält in jeder Hand einen Schleuderball, dreht sich im Kreis und lässt den Schleuderball auf Impuls der/des SpielleiterIn hin los.
- Schleuderball in ein vorgegebenes Ziel schwingen oder werfen.

14.2. TIPP FÜR VORSCHULKINDER

Mit unterschiedlichen Bällen (Tennisball, Hartgummiball, ...) werden Schleuderbälle hergestellt, mit denen die unter 14.1. angegebenen Übungen ausprobiert werden.

TIPP: Es tut weh, wenn einen ein Schleuderball trifft. Daher sollen immer alle Kinder von einer Raumseite zur anderen schleudern. Das Einhalten der vorgegebenen Regeln ist daher besonders wichtig!

15. SEIL

ZIELE:

- Koordinationsfähigkeit: Gleichgewicht, Reaktion, Orientierung, Rhythmus, Differenzierung
- Geschicklichkeit
- Einzel- und Gruppenspiele

MATERIAL:

Pro TeilnehmerIn ein – falls möglich – buntes Springseil (zirka zwei Meter lang).

ZUSÄTZLICHES MATERIAL FÜR DEN „SPINNENTANZ" (15.6.):

Bunte und weiße Seile.

15.1. ÜBUNGSFORMEN

CD Nr. 4

Die Seile liegen verteilt im Raum. Die MitspielerInnen bewegen sich frei zur Laufmusik, ohne dass sie die Seile berühren. Wenn die Musik gestoppt wird, führen sie – nach Vorgabe der/des ÜbungsleiterIn – verschiedene Übungen mit dem Seil aus:

- Das Seil wird mit den Zehen in Kurvenform gelegt.
- Das Seil wird mit den Zehen etwas hochgehoben.
- Das Seil wird mit den Armen hochgestreckt.
- Das Seil wird mit den Händen seitlich links und rechts vor den Körper gezogen.
- Das Kind hält das Seil wie zum Seilspringen und steigt vor- und rückwärts darüber.
- Jedes Kind legt mit seinem Seil eine Figur (Sonne, Schnecke, Teich, Haus u. a.); die Form kann vorgegeben oder vom Kind frei gewählt werden.

15.2. LAUFSPIEL

CD Nr. 8

Die Kinder laufen zur Musik und ziehen dabei das Seil, das sie in einer Hand halten, nach. Bei Impuls der/des ÜbungsleiterIn führen sie verschiedene Anweisungen aus:

- Laufen und über die sich schlängelnden Seile der anderen Kinder steigen.
- Laufen und über die bewegten Seile springen.
- Rückwärtsgehen und mit dem Seil „Schlangenlinien" zeichnen.
- Laufen und vorsichtig auf die bewegten Seile steigen. Nach einem kurzen Blickkontakt mit dem Kind, dessen Seil gestoppt wurde, laufen beide Kinder weiter.

TIPP: Das Seil soll abwechselnd mit der linken und rechten Hand gehalten werden.

15.3. „BERÜHR MICH NICHT!"

CD Nr. 5

Die Seile liegen verteilt im Raum. Die Kinder bewegen sich frei zur Musik, ohne dass sie die Seile berühren. Wenn die Musik gestoppt wird, bleiben sie wie „versteinert" stehen.

Folgende Laufvariationen können eingebaut werden:

- Durcheinander in Serpentinen oder Achtern im Raum um die Springseile herumgehen.
- Im Grätschgang gehen (das Seil dient als Mittellinie).
- Über die Seile springen.
- Im Nachstellschritt zwischen den Seilen gehen.
- Auf einer Seilseite vor-, auf der anderen zurückgehen.

15.4. „SÄGE, SÄGE, HOLZ ENTZWEI"

Die MitspielerInnen stehen sich zu zweit gegenüber und halten zwischen sich in jeder Hand ein gespanntes Seil. Zum Text (siehe Seite 86) werden in unterschiedlichem Rhythmus (schnell, langsam ...) sägende Bewegungen mit den Seilen ausgeführt.

15.5. ZAHLENSPIEL

CD Nr. 4

Die Seile liegen verteilt im Raum. Die Kinder bewegen sich frei zur Musik, ohne dass sie die Seile berühren. Bei Musikstopp ruft die/der ÜbungsleiterIn eine Zahl (z. B. drei) und die MitspielerInnen führen die unterschiedlichen, zuvor besprochenen Übungsformen so oft wie die genannte Zahl durch (im Beispiel also dreimal).

15.6. „SPINNENTANZ"

CD Nr. 11

Eine Hälfte der TeilnehmerInnen bekommt ein weißes, die anderen erhalten ein buntes Seil. Alle Seile werden am Ende zusammengeknotet und jedes Kind nimmt sich danach ein Seilende.

In dieser Kreisform gehen alle zum **Teil A der Musik** 16 Schritte nach rechts, Handwechsel, dann 16 Schritte nach links (insgesamt drei Mal). Dabei kann die Schrittart variiert werden (z. B. Seitstellschritte, Seil zu den Schritten hoch bzw. tief halten). Dann halten die Kinder das Seil mit beiden Händen; mit Blickrichtung zur Kreismitte gehen sie im Nachstellschritt acht Schritte nach rechts, acht Schritte nach links (diese Abfolge ebenfalls drei Mal). Das Seil lassen sie dabei etwas schwingen.

Musik Teil B: Die MitspielerInnen mit den bunten Seilen nehmen zusätzlich auch die weißen Seile in die Hand. Anschließend werden die Seile in Form eines „Spinnennetzes" auseinander gezogen. Die MitspielerInnen ohne Seil versuchen nun über die am Boden gehaltenen Seile zu steigen.

- Die auf dem Boden liegenden Seile werden leicht bewegt. Die anderen Kinder sollen die Seile beim Übersteigen nicht berühren.
- Die Seile werden zirka 10 cm über den Boden gehalten und leicht bewegt. Die Kinder steigen schnell hintereinander auf zwei Seile.
- Die Seile werden in verschiedenen Höhen gehalten, z. B. abwechselnd hoch und tief, damit ein Durchschlüpfen möglich wird.

16. STEINE

ZIEL:

- Koordinationsfähigkeit: Reaktion, Differenzierung
- Material und Formen erkunden
- Einhalten einfacher Regeln
- Ganzheitliches Arbeiten
- Ansprechen der Sinne
- Fühlen der Beschaffenheit
- Spiel allein und in der Gruppe
- Ordnung lernen

MATERIAL:

- Ein Sack voll verschiedener kleiner Steine (flach, glatt, rau, eckig, rund ...).
- Drei bis vier glatte Steine pro MitspielerIn, jeder wird in einer anderen Farbe (Rot, Blau, Gelb und Grün ...) bemalt; jede Farbe wird für mehrere Steine verwendet.
- Jogurtbecher, Tücher.

16.1. KENNENLERNEN DER STEINFORMEN

In einem Sack (oder einem zugedeckten Korb) befinden sich viele Steine in verschiedensten Formen und mit unterschiedlichen Oberflächen. Die/Der ÜbungsleiterIn gibt zum Spruch „Ein (runder) Stein wandert im Kreis" nacheinander die Steine aus (zuerst die runden, dann andere Formen), die Kinder geben sie im Sitzkreis weiter. Jedes Kind soll genug Zeit haben, die unterschiedlichen Formen der Steine zu be-greifen. Das letzte Kind im Sitzkreis legt jeweils den Stein auf einem Tuch ab.

Zum Abschluss werden die Steine mit dem Tuch in die Kreismitte geholt. Reihum sucht jedes Kind einen Stein heraus, benennt die besondere Eigenschaft dieses Steines und gibt ihn dann in den Sack (Korb) zurück.

16.2. „WELCHER STEIN IST DA VERSTECKT?"

Unter einem Tuch sind Steine mit markanten Formen (rund, eckig, flach, spitz ...) versteckt. Zuerst tastet jedes Kind die Steine ab und prägt sich die vorhandenen Formen ein. Daraufhin wird nach einer bestimmten Form gefragt, z. B.: „Wer findet den flachen Stein?". Die MitspielerInnen suchen unter dem Tuch den beschriebenen Stein. Wer ihn gefunden hat, holt ihn hervor und zeigt ihn her. Die anderen MitspielerInnen prüfen, ob der richtige Stein gewählt wurde.

VARIATION:

- Auf die Frage: „Welchen Stein hast du ertastet?", benennt das Kind die Eigenschaft eines bestimmten Steines und zeigt diesen dann her. Die anderen MitspielerInnen begutachten, ob Stein und benannte Eigenschaft übereinstimmen.
- Dieser Spielvorschlag eignet sich auch für Gruppen zu vier Kindern und für den Stationenbetrieb. Ein Kind fragt, ein anderes sucht den entsprechenden Stein. Die beiden anderen kontrollieren, ob die richtige Wahl getroffen wurde (der Stein kommt wieder zurück unter das Tuch). Dann werden die Rollen getauscht.

16.3. „WER PASST ZU MIR?"

Als Material werden vier Tücher, ein Sack mit bunten Steinen und für jedes Kind ein Jogurtbecher benötigt.

Jedes Kind nimmt sich vier beliebige Steine aus dem Sack und legt sie in seinen Becher. Die/Der SpielleiterIn legt einen farbigen Stein auf das Tuch – die MitspielerInnen sollen ihren Stein in dieser Farbe dazulegen.

VARIATION:

Die/Der SpielleiterIn ruft eine Farbe und nur das Kind, das am schnellsten reagiert, darf seinen Stein in dieser Farbe dazulegen. Ziel ist es, so schnell wie möglich alle seine Steine abgelegt zu haben. Neben Reaktion und Schnelligkeit wird dabei auch Geduld trainiert.

16.4. „MEMORY DER FEEN"

CD Nr. 1

Jedes Kind bekommt zwei oder drei Tücher und einen bemalten Stein für jedes Tuch. In jedes Tuch wird ein Stein eingewickelt, diese „Stein-Tücher" werden im Raum verteilt aufgelegt.

Die MitspielerInnen laufen zur Musik im Raum, ohne dabei ein Tuch zu berühren. Wenn die Musik gestoppt wird, ruft die/der SpielleiterIn z. B.: „Rot". Die MitspielerInnen laufen so schnell wie möglich zu einem Tuch und schauen nach, ob ein Stein dieser Farbe darin versteckt ist. Wer einen Stein in der richtigen Farbe gefunden hat, darf das Tuch mit dem Stein mitnehmen, am Rand des Raumes das Tuch auflegen (= „Sammelplatz") und den Stein darauf offen ablegen. Die nächsten gefundenen Steine gibt jedes Kind auf seinen Sammelplatz dazu, die jeweiligen Tücher legt es daneben. Stimmt die Farbe nicht, wird der Stein wieder eingewickelt und weiter geht das Spiel!

Es wird so lange gespielt, bis alle Steine gefunden wurden. Die Tücher werden zusammengelegt und der/dem SpielleiterIn gegeben.

TIPP: Bei älteren Kindern kann das auch als Wettbewerb (SiegerIn = MitspielerIn mit den meisten gesammelten Steinen; auch als Gruppenwettbewerb) gespielt werden.

16.5. „VERSCHIEDENE STEINE" (ZUM AUSKLANG)

CD Nr. 2

Die MitspielerInnen sitzen im Kreis, jedes Kind hat einen Stein in der Hand; die Steine haben verschiedene Oberflächen bzw. Formen (rau, rund, glatt, eckig ...). Dazu spricht die/der Übungsleiterin folgenden Text:

Ein Stein in meiner Hand – ich betaste ihn mit meinen Fingern –
Wie fühlt er sich? Kalt – glatt – rund?
Ich lasse ihn in meiner Hand rutschen. Ich spüre sein Gewicht.
Ein kleiner leichter Stein!
Zuerst ist er noch kalt. – Dann wird er immer wärmer, so warm wie meine Hand.
Ein Stein in meiner Hand.

Leise beruhigende Musik setzt ein, die MitspielerInnen stehen auf und gehen mit dem Stein im Raum herum. Nach einer Weile werden im Vorbeigehen die Steine unter den MitspielerInnen getauscht.

Motto: Gehen und bewegen – Beruhigung zum Stundenausklang!

17. STRUMPFZÖPFE

ZIELE:

- Koordinationsfähigkeit: Reaktionsfähigkeit
- Geschicklichkeit
- Begriffe verstehen
- Kräftigung der Muskeln
- Vertrauen gewinnen
- Konzentration fördern
- Einzel- und Partnerspiel
- Farben erkennen und zuordnen können – Sinnesschulung

MATERIAL:

- Drei Strumpfhosen (wenn möglich verschiedenfärbig) pro Zopf; ein Zopf pro MitspielerIn.
- Eine Schere.

HERSTELLUNG DES STRUMPFZOPFES:

Die Fußenden der drei Strumpfhosen verknoten und die drei Teile zum Zopf flechten. Die Hosenteile abschneiden und diese Enden auch verknoten.

17.1. „AUF DEN ZOPF!" (AUFWÄRMSPIEL)

CD Nr. 4

Jedes Kind legt „seinen" Zopf auf den Boden und läuft zur Musik, dabei werden die Zöpfe nicht berührt.

Wenn die Musik stoppt, ruft die/der SpielleiterIn: „Jeder auf seinen Zopf", worauf jedes Kind möglichst schnell zu seinem Zopf läuft. Dort werden dann Übungen durchgeführt, z. B.:

- Auf dem Zopf vorwärts gehen.
- Auf dem Zopf rückwärts gehen.
- Im Nachstellschritt auf dem Zopf gehen.
- Auf den Zehenspitzen über den Zopf gehen.
- Auf den Fersen über den Zopf gehen
- Mit der großen Zehe den Zopf an verschiedenen Stellen antippen.

17.2. „ICH KANN WAS!“

CD Nr. 6

Die MitspielerInnen laufen zur Musik mit dem Zopf im Raum umher. Wenn die Musik gestoppt wird, führen sie nach Angabe der/des ÜbungsleiterIn verschiedene Übungen aus:

- Der Zopf wird vor der Brust gedehnt.
- Der Zopf wird über dem Kopf gedehnt.
- Der Zopf wird mit beiden Händen gefasst und auseinander gezogen, so weit es geht (in waagrechter und in senkrechter Position).
- Der Zopf wird mit beiden Händen gefasst, in die Hochhaltung gebracht (die Arme können gestreckt oder leicht angewinkelt sein), über die Vorhaltung nach unten geführt und wieder zurück.
- Das Kind „trocknet“ sich mit dem Zopf den Rücken „ab“.
- Der Zopf wird in den Nacken gegeben und gezogen (wie beim Rückenfrottieren mit einem Handtuch).
- Das Kind hält den Zopf über dem Kopf und beugt sich leicht nach links und rechts.
- Das Kind lässt den Zopf vor dem Körper (oder seitlich) kreisen.
- Das Kind zieht mit dem Zopf den Fuß hoch (im Sitzen, Stehen, im Gehen oder Liegen).

TIPP: Je nach Alter der Kinder wird die Übung vier- bis zehnmal durchgeführt. Ältere Kinder können ohne weiteres mehrere Variationen ohne dazwischengeschalteten Laufteil machen. Der Laufteil ermöglicht den Kindern, sich zwischendurch aufzulockern. Dadurch können bei jüngeren Kindern mehrere Geschicklichkeitsübungen erprobt werden.

17.3. „GEMEINSAM BAUEN“

CD Nr. 1

Die MitspielerInnen laufen zur Musik mit dem Zopf in einer Hand im Raum umher. Wenn die Musik gestoppt wird, ruft die/der SpielleiterIn zum Beispiel: „Alle bauen gemeinsam ein Haus.“

Das heißt, die MitspielerInnen formen mit den Zöpfen auf dem Boden ein Haus (oder eine Garage, einen Teich, eine Burg ...).

Als Variante können alle Figuren mit den Füßen gelegt werden.

17.4. „IM SAUSEWIND“

CD Nr. 8

Die Zöpfe werden in gleichmäßigen Abständen auf den Boden gelegt. Die MitspielerInnen bewegen sich – nach den Vorgaben der/des ÜbungsleiterIn – zur Musik:

- Sie laufen im Slalom um die Zöpfe herum,
- steigen darüber,
- springen darüber,
- gehen im Nachstellschritt neben den Zöpfen …

17.5. „SÄGE, SÄGE, HOLZ ENTZWEI"

Die MitspielerInnen stehen sich zu zweit gegenüber und halten zwischen sich in jeder Hand einen Zopf. Zum Spruch „Säge, säge, Holz entzwei" (siehe Seite 86) machen die Kinder sägende Bewegungen.

Nach der Textstelle „eins, zwei, drei" werden die Zöpfe ausgelassen (das Holzstück ist abgeschnitten!).

TIPP: Der Text sollte einmal in langsamem, einmal in schnellem Rhythmus gesprochen werden.

17.6. „ZUG, ZUG, EISENBAHN"

Die MitspielerInnen sitzen in kleinen Gruppen in den Wartehäusern (z. B. Matten), ein Kind ist LokführerIn. Es hält einen Zopf in der Hand und holt nacheinander die Wartenden ab, die sich mit ihren Zöpfen „ankoppeln".

Zum Text: „Zug, Zug, Eisenbahn, wer will mit nach … (bekannte Ortschaften, Stadtteile und Urlaubsziele verwenden!) fahren?“, bewegt sich die Gruppe im Raum, bis alle „Waggons“ in Bewegung sind.

17.7. „ZÖPFCHEN RAUBEN“

CD Nr. 8

Die MitspielerInnen laufen zu einer schnellen Musik umher; jedes Kind hat im Hosenbund den Zopf eingesteckt. Wenn die Musik stoppt, soll jedes Kind so viele Zöpfe wie möglich „rauben“!

18. WEICHBALL (SOFTBALL)

ZIEL:

- Koordinationsfähigkeit: Gleichgewicht, Reaktion
- Feinmotorik (Finger- und Fußmuskulatur)
- Geschicklichkeit
- Kreativität
- Gruppenspiele

MATERIAL:

- Weichbälle aus Schaumstoff, Plastik, Weichgummi mit rauer oder glatter Oberfläche.

18.1. BEGRÜSSUNGSSPIEL

Die MitspielerInnen sitzen im Kreis und geben einen Weichball in der Runde mit dem Spruch: „Nimm den Ball – den weichen Ball, hab Acht, wie man das macht, und gib ihn weiter" reihum.

Zu dieser Spielform gibt die/der ÜbungsleiterIn verschiedene Übungen vor:

- Ball mit einer Hand kräftig zusammendrücken und wieder lösen (Faustschluss); Handwechsel.
- Ball mit dem Daumen und mit jedem einzelnen Finger drücken (Spitzgriff); Handwechsel.
- Mit dem Daumen und allen Fingern gleichzeitig drücken (Hakengriff); Handwechsel.
- Den Ball zwischen den Fingern und dem Handballen zusammendrücken; Handwechsel.

TIPP: Bei den Übungen einmal die Handfläche nach oben bzw. unten drehen, dadurch führen unterschiedliche Muskelgruppen die Bewegung aus.

VARIATION:

- Die Weichbälle können auch auf andere Art zusammengedrückt werden: zwischen den Handflächen (vor der Brust, über dem Kopf, hinter dem Rücken), zwischen Handrücken und Handfläche, zwischen Oberarm und Unterarm (in der Ellenbogenbeuge), zwischen Kinn und Brust ...

- Werden diese Übungen zu zweit mit einem Ball ausgeführt, fördert das die Beziehung der Kinder.

18.2. KENNENLERNSPIEL ZUR ORIENTIERUNG

CD Nr. 9

Die Weichbälle liegen frei am Boden. Die MitspielerInnen gehen zur Musik im Raum umher, ohne einen Ball zu berühren. Wenn die Musik gestoppt wird, nimmt jedes Kind einen Weichball, ruft den Namen eines anderen Kindes und rollt ihm den Ball zu.

Wenn die Musik wieder einsetzt, schleudert jedes Kind den Ball weg und alle gehen wieder zur Musik.

VARIATIONEN:

- Die MitspielerInnen rufen bei jedem Musikstopp dasselbe Kind und rollen ihm den Ball zu. Da sich dessen Position inzwischen geändert hat, ist das eine gute Orientierungsübung.
- Sind verschiedenfarbige Bälle vorhanden, können mit den Farben unterschiedliche Aufgaben verbunden werden, z. B.: Gelbe Bälle werden geworfen, andersfarbige werden zur/zum MitspielerIn gerollt. Je nach Alter können mehrere Möglichkeiten vorgegeben werden.

18.3. LAUFSPIEL ZUR STÄRKUNG DER FUSSMUSKULATUR

CD Nr. 1 CD Nr. 4

Die Weichbälle liegen im Raum verteilt am Boden. Die MitspielerInnen laufen zur Musik frei im Raum, ohne die Bälle zu berühren.

Wenn die Musik gestoppt wird, läuft jedes Kind zu einem Weichball und stellt einen Fuß auf den Ball (linker/rechter Fuß soll immer wieder gewechselt werden). Dann führt das Kind nach Ansage der/des ÜbungsleiterIn folgende Bewegungen aus:

- mit dem Fuß den Ball kreisförmig rollen,
- den Ball von der Zehe bis zur Ferse rollen,
- den Ball mit dem Fußballen drücken,
- den Ball mit der Ferse drücken.
- Das Kind steht neben dem Ball und tippt abwechselnd mit dem rechten und linken Fuß auf den Ball.

18.4. „KUGELBAHN"

CD Nr. 7

Die MitspielerInnen sitzen mit angewinkelten Knien im Raum verteilt; jedes Kind hat einen Weichball. Dieser liegt zwischen den Schienbeinen auf Höhe des Sprunggelenkes.

In dieser Position legt sich das Kind in die Rückenlage und lässt den Ball Richtung Knie und wieder zurück rollen.

VARIATION

Zwei MitspielerInnen sitzen sich gegenüber und rollen sich den Weichball über die „Schienbeinrutsche" zu.

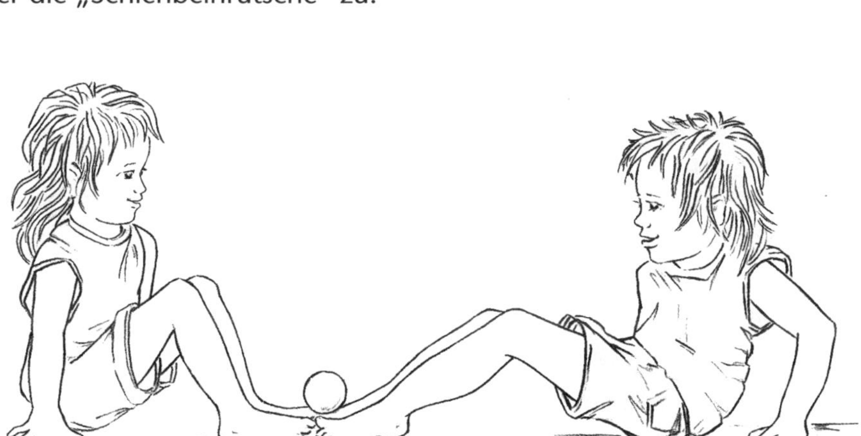

19. WURFSCHEIBE

ZIELE:

- Koordinationsfähigkeit: Gleichgewicht, Orientierung, Reaktion
- Materialien und deren Verwendung unterscheiden können
- Bewegungserfahrung
- Durch Angreifen Begreifen lernen
- Ordnungsübungen
- Geschicklichkeit erleben
- Einhalten einfacher Regeln
- Feinmotorik

MATERIAL:

- Wurfscheiben (Frisbee®-Scheiben) aus unterschiedlichen Materialien. **Achtung:** Mit Scheiben aus Hartplastik sollen auf Grund der Verletzungsgefahr alle Übungen am Boden ausgeführt werden; Scheiben aus weichen Materialien (z. B. aus Weichgummi oder Schaumstoff) sind zum Werfen geeignet.

ZUSÄTZLICHES MATERIAL FÜR ÜBUNG 19.6.:

- Tischtennisbälle.

TIPP: Sie können auch andere runde Materialien verwenden, z. B. Bierdeckeln aus Karton, Holzscheiben, Plastikuntersetzer.

19.1. „ICH GEH MIT MEINER WURFSCHEIBE SPAZIEREN"

CD Nr. 4

Die MitspielerInnen bewegen sich mit ihrer Wurfscheibe frei im Raum. Dazu gibt die/der ÜbungsleiterIn wechselnde Anweisungen, wie das Gerät gehalten werden soll:

- mit beiden Händen,
- mit zwei Fingern,
- unter der Achsel, dem Kinn bzw. dem abgewinkelten Knie einklemmen,
- auf dem Kopf halten.

VARIATIONEN:

Die Kinder gehen mit der Wurfscheibe zur Musik durch den Raum; wenn die Musik stoppt, führen sie – nach Angabe der/des ÜbungsleiterIn – folgende Übungen durch:

- Flattern wie ein Vogel (Arme vor dem Körper bzw. seitlich auf und nieder bewegen); die Wurfscheibe wird dabei in einer Hand gehalten.

- Im Hocken wird die Wurfscheibe mit der Hand weggestoßen. Weitergespielt wird mit einer Scheibe, die in der Nähe gelandet ist.
- Drehen – Zwirbeln: Das kann auf verschiedene Weise geschehen – mit der aufgestellten Scheibe, mit der am Boden liegenden Scheibe; die Scheibe kann mit einem Finger, mit der Hand, dem Fuß angetrieben werden; das Kind kann sich selbst in die Scheibe setzen und drehen.
- Rollen: Die Scheibe wird entweder frei im Raum oder zu einem bestimmten Ziel gerollt.
- Schleudern: Die Scheibe wird am Boden entweder frei im Raum oder zu einem bestimmten Ziel geschleudert.

TIPP: Vergessen Sie nicht, dass die Übungen abwechselnd mit der linken und rechten Hand durchgeführt werden sollen!

19.2. „EINE AUTOFAHRT IST LUSTIG!"

CD Nr. 10

Jedes Kind hat eine Scheibe und einen „Parkplatz" (z. B. Matten, Reifen oder Tücher). Zur schnellen Musik laufen die MitspielerInnen mit der Scheibe (Lenkrad) herum. Wenn die Musik stoppt, ruft die/der SpielleiterIn: „Jeder zu einem Parkplatz!"

Haben alle MitspielerInnen einen Parkplatz gefunden, wird festgestellt, dass die „Autos" schmutzig sind. Die Wurfscheiben bleiben auf dem Parkplatz liegen und mit den Händen wird der eigene Körper (Auto) sauber „gewaschen". Wie die/der ÜbungsleiterIn dies erzählend ausschmückt, bleibt ihrer/seiner Kreativität überlassen, z. B.: „Vergesst nicht die Scheinwerfer und Fenster zu säubern!"

VARIATION:

Es können verschiedene Fahrzeuge dargestellt werden:

- „Lastkraftwagen" – zwei MitspielerInnen, je zwei Wurfscheiben: Die MitspielerInnen stehen einander gegenüber und halten gemeinsam die zwei Wurfscheiben mit je einer Hand.

- „Straßenbahn" – drei MitspielerInnen nebeneinander, je eine Wurfscheibe: Die MitspielerInnen sind mit den Wurfscheiben verbunden.

- „Zug" – einige MitspielerInnen hintereinander sind mit Wurfscheiben aneinander „gekoppelt". Wenn zwei Züge unterwegs sind, ergibt das ein lustiges Treiben.

19.3. PARTNERÜBUNG MIT DER WURFSCHEIBE

Alle Scheiben liegen auf dem Boden verteilt; die Kinder laufen frei zu schneller Musik. Wenn die Musik stoppt, nimmt jedes Kind eine Wurfscheibe auf, die/der ÜbungsleiterIn gibt verschiedene Impulse:

- Die PartnerInnen rollen sich die Scheiben zu.
- Die PartnerInnen schleudern sich die Scheiben zu.
- Die PartnerInnen stoßen sich die Scheiben zu.

TIPP: Es soll mit keiner/keinem bestimmten PartnerIn gespielt werden, sondern mit dem Kind, das gerade in der Nähe ist.

19.4. „DIE KÖRPERREISE"

Zur Musik laufen die MitspielerInnen mit der Wurfscheibe im Raum. Die/Der SpielleiterIn zeigt verschiedene Übungen vor, die die Kinder nachmachen:

- Mit gestreckten Händen die Scheibe hochhalten.
- Die Scheibe auf den Kopf setzen (Wie hält sie besser – auf der Ober- oder Unterseite?).
- Die Scheibe auf den Schultern tragen (einmal rechts, dann links).
- Mit einem Fuß in der Scheibe stehen und sich vorwärts oder rückwärts schieben (Schlittschuhschritt).
- Im „Vierfüßlerstand" gehen und die Scheibe als „Last" auf dem Rücken tragen.

- Zwei Kinder üben abwechselnd Schlittschuhschritte in den beiden Scheiben.

19.5. GUMMI- ODER SCHAUMSTOFFSCHEIBE

Sind den Kindern die Bewegungsformen mit der Hartplastikwurfscheibe bekannt, können zusätzlich verschiedene Übungen mit der Gummi- oder Schaumstoffscheibe ausprobiert werden:

- Hochwerfen (mit einer, mit zwei Händen).
- Zuwerfen (ohne und mit Fangen).
- In ein Ziel werfen.

19.6. Wurfscheibe und Tischtennisball

CD Nr. 6

Die MitspielerInnen sitzen im Kreis oder bewegen sich zu langsamer Musik frei im Raum; jedes Kind hat einen Tischtennisball und eine Wurfscheibe. Die/Der SpielleiterIn zeigt verschiedene Übungen vor bzw. lässt die MitspielerInnen Übungen erfinden:

- Der Ball wird in der Scheibe gerollt.
- Die Wurfscheibe wird schräg gehalten und vor und zurück bewegt. Der Ball darf dabei nicht herausfallen.
- Die Scheibe wird am Boden mit einem Finger kreisförmig bewegt.
- Der Ball wird mit Hilfe der Scheibe in die Luft geworfen und wieder gefangen.
- Die Scheibe wird mit dem Ball gekippt, dieser wird dann wieder gefangen.
- Das Kind setzt sich die Scheibe mit dem Ball darin auf den Kopf (evtl. mit den Händen halten), dann bewegt sich das Kind (leicht nicken, einen Schritt nach links oder rechts gehen ...) – und der Ball soll dabei in der Scheibe bleiben.
- Der Ball wird unter die Scheibe gelegt, die Scheibe kann nun wie ein Kreisel gedreht werden

19.7. „Der bewegte Ball"

Zwei MitspielerInnen haben einen Ball und je eine Wurfscheibe. Jüngere Kinder rollen sich den Ball mit Hilfe der Scheibe zu, ältere Kinder können sich ihn auch in der Luft zuspielen (Pingpong).

19.8. Wurfscheibenstapel (Abschluss)

Die Kinder stapeln die Wurfscheiben aufeinander. Wichtig dabei ist, dass alle Scheiben in derselben Stapelrichtung liegen. Dadurch wird der Turm stabil und kann auch von einem Kind zum Aufbewahrungsort gebracht werden.

20. ZEITUNG

ZIELE:

- Koordinationsfähigkeit: Reaktion, Orientierung
- Feinmotorik
- Geschicklichkeit
- Fußgymnastik
- Sinnesschulung
- Ordnungsübungen

MATERIAL:

- Zeitungsmaterial je nach Art des Spiels.
- Auswahlmöglichkeiten: Zeitungsblatt, Illustriertenblatt, Seidenpapier, Packpapier, weiche Alu-Folie, Backpapier, Butterbrotpapier, Geschenkpapier, Tuch (ca. 90 x 150 cm).

HINWEIS:

Eine Zeitung ist ideal für die Kinder, um neue Bewegungserfahrungen zu sammeln; auch das Bückverhalten kann mit diesen Übungen gut beobachtet werden.

Vor Spielbeginn müssen die MitspielerInnen aber auf die Rutschgefahr hingewiesen werden.

20.1. „WELCHES GERÄUSCH HÖR ICH DA?"

Alle MitspielerInnen sitzen im Kreis. Die/Der ÜbungsleiterIn gibt verschiedene Papierarten aus. Diese werden weitergereicht, bis jedes Kind ein Stück Papier in den Händen hält. Mit diesen Blättern werden Geräusche erzeugt. Welches Geräusch das jeweils ist, gibt die/der ÜbungsleiterIn vor. Nach jedem „Geräuschdurchgang" werden die unterschiedlichen Papierarten im Kreis weitergegeben; die Kinder ertasten somit verschiedenste Papiermaterialien. Folgende Möglichkeiten können den Kindern angeboten werden:

- Geräusche: rascheln, knistern, klopfen (Papier zu einem Stab rollen), knüllen, reißen ...
- Bewegungsarten: knüllen, glätten, falten, fächern, das Papier über dem Knie glatt streichen und der/dem ÜbungsleiterIn zurückgeben ...

VARIATION FÜR 4- BIS 7-JÄHRIGE:

Zum Erzeugen der Geräusche sprechen die Kindern gemeinsam den Spruch: „Raschle …“ (siehe Seite 86). Der Text wird ein paar Mal wiederholt, nach jeder „Strophe“ wird das Papier weitergereicht.

20.2. „WIR HABEN EINE ZIEHHARMONIKA“

Jedes Kind hat ein Blatt aus einer Illustrierten. Im Sitzen (zum Kennenlernen) oder im Stehen (zum Abschluss) wird die Bewegung beim Ziehharmonikaspielen nachgeahmt (auseinander und zusammenziehen).

Bei jeder Wiederholung des Textes wird das Blatt in der Mitte zusammengefaltet; die Ziehharmonika wird somit immer kleiner.

VARIATION FÜR 4- BIS 7-JÄHRIGE:

Die Übung wird zum Spruch „Wir haben eine Ziehharmonika“ (siehe Seite 85) durchgeführt. Bei der Textstelle: „Sie spielt auch heute wieder …“ wird die Zeitung vor dem Körper geschwungen.

20.3. „HOKUSPOKUS“

Auf einen Impuls der/des GruppenleiterIn hin („Wir alle können zaubern!“) knüllt jede/jeder ein Illustriertenblatt zu einem Ball zusammen. Von drei oder vier Kindern (oder zwei Erwachsenen) wird ein Tuch gespannt, in das die Kinder ihre „Bälle“ hineinwerfen.
Auf „1 – 2 – 3 – hoch!“ schütteln die „Tuch-HalterInnen“ die Papierbälle wieder aus, die somit im Raum verteilt liegen und zum neuerlichen Einwerfen bereit sind.

Nach mehreren Wiederholungen werden die Papierbälle in einen vorbereiteten Behälter geräumt.

20.4. „AUF DEM GEHSTEIG“

Die MitspielerInnen laufen zu Musik mit einem Zeitungsblatt in der Hand auf den Turnsaallinien herum. Wenn die Musik stoppt, werden verschiedene Übungen, die die/der ÜbungsleiterIn ansagt, durchgeführt:

- Es regnet: Die Zeitung ist der Regenschirm, der mit beiden Händen hochgehalten werden kann.
- Es ist kalt, wir wärmen uns: Mit der zusammengerollten Zeitung beklopfen die Kinder den eigenen Körper.
- Die Zeitung wird unter dem Arm getragen.
- Starker Wind kommt auf: Die Zeitung wird ausgebreitet vor das Gesicht gehalten, aber so, dass der Gehsteig noch gesehen werden kann.
- Es ist kalt, daher bindet sich jede/jeder noch ein Tuch um: Die Zeitung wird wie eine Schürze vor den Bauch gehalten. Wer kann so schnell laufen, dass die Zeitung von alleine hält?
- Die Zeitung wird als „Regenpfütze“ auf die Linie gelegt: Die Kind springen über die „Pfütze“. Vorsicht, Rutschgefahr!

- Wer „Stiefel anhat", kann in diese Pfütze springen. Das heißt, die Kinder springen mit beiden Beinen auf das Zeitungsblatt.
- Nun sind alle klatschnass geworden – die Pfützen sind leer. Daher geht es jetzt schnell nach Hause zum Umziehen: Die Kinder klettern die Sprossenwand (= Stiege) hinauf, das Zeitungspapier wird ihnen gereicht und die Kinder lassen es in ein aufgespanntes Tuch flattern. In Eltern-Kind-Gruppen reichen die Erwachsenen die Zeitungen bzw. spannen das Tuch. In der Schule können sich zwei Gruppen abwechseln.

20.5. „FLINKE FÜSSE"

Zwei Kinder (oder ein Erwachsener und ein Kind) stehen gemeinsam auf einem Zeitungsblatt. Nur mit Hilfe der Füße soll es in ganz viele Teile zerrissen werden.

VARIATIONEN:

- Wettspiel für ältere Kinder: Wer hat in einer bestimmten Zeit die Zeitung in die meisten Teile zerrissen?
- Staffelspiel: Die Mitglieder von zwei Mannschaften stehen jeweils in einer Reihe hintereinander. Ein Kind steht im Abstand von einigen Metern auf einer Zeitung. Nacheinander läuft jedes Kind zur/zum „ZeitungshüterIn" seiner Gruppe und reißt mit dem Fuß ein kleines Stück ab, nimmt es in die Hand und läuft zur Gruppe zurück. Ist das Kind bei der Gruppe angekommen, darf die/der Nächste starten. Zum Zeichen, dass die Gruppe fertig ist, halten alle ihren abgerissenen Zeitungsteil in die Höhe.

20.6. „IN DER STADT"

CD Nr. 4

Jedes Kind benötigt einen dünnen Karton (DIN-A4). Dieser wird einmal zusammengefaltet (= „Hausdach"); diese Dächer werden im Raum als „Ortschaft" aufgestellt. Zu langsamer Musik bewegen sich die MitspielerInnen vorsichtig durch die „Häuserreihen".

Wenn die Musik stoppt, werden Impulse folgender Art gegeben:

- Wir schauen einander durch das Haus an (die Kinder legen sich dazu auf den Bauch).
- Wir berühren im Haus unsere Hände. Das geschieht im Hocken, sodass das Berühren rückenschonend durchgeführt werden kann.
- Wir steigen wie ein „Riese" über die Häuser.
- Wir schieben wie ein Bagger zwei Häuser zusammen. Das kann mit Händen oder Füßen erfolgen; so werden Doppel- oder Reihenhäuser gestaltet.

20.7. „DER PUTZTRUPP“

CD Nr. 4

Die MitspielerInnen stellen sich mit einem Fuß auf ein Zeitungsblatt und wischen damit den Boden. Die „Bodenreinigung“ erfolgt von einer Raumseite zur anderen.

VARIATION:

Ein Kind stellt sich mit jedem Fuß auf ein Zeitungsblatt und bewegt sich so von einer Raumseite zur anderen fort.

20.8. ZIELWERFEN (ABSCHLUSSSPIEL)

Jedes Kind knüllt seine Zeitung zu einem Ball zusammen und wirft diesen in ein aufgestelltes Ziel (z. B. Papierkorb, Kastenteile).

LITERATURHINWEISE

Lisa Brugger, Anita Schmid, Walter Bucher: 1000 Spiel- und Übungsformen zum Aufwärmen. Hofmann Verlag, Schorndorf, 10. Aufl. 2002.

Peter Hirtz, Arturo Hotz, Gudrun Ludwig: Gleichgewicht. Hofmann Verlag, Schorndorf 2000.

OÖ Gebietskrankenkasse: Fit mit Koordi. Ein Projekt zur Förderung der koordinativen Fähigkeiten bei Volksschülern. Eigenverlag, Linz 1998.

Jürgen Weineck: Optimales Training. Leistungsphysiologische Trainingslehre unter besonderer Berücksichtigung des Kinder- und Jugendtrainings. Spitta Verlag, Balingen, 12. Aufl. 2002.

SPRUCHTEXTE

1.1.

Bällchen, Bällchen, du musst wandern,
von der einen Hand zur andern/von dem einen Fuß zum andern.
Das ist hübsch, das ist schön. Lass den Ball nun weitergehn.

5.4.

Große Uhren machen tik-tak, tik-tak,
kleine Uhren machen ticke-tacke, ticke-tacke.
Und die ganz, ganz kleinen Uhren machen
ticke-tacke-ticke-tacke, ticke-tacke-ticke-tacke, TACK!

Große Glocken machen bim-bam, bim-bam,
kleine Glocken machen bimmel-bammel, bimmel-bammel.
Und die ganz, ganz kleinen Glocken machen bimmel-bammel-bimmel-bammel, bimmel-bammel-bimmel-bammel, BOMM!

Große Scheren machen schnipp-schnapp, schnipp-schnapp,
kleine Scheren machen schnippe-schnappe, schnippe-schnappe.
Und die ganz, ganz kleinen Scheren machen schnippe-schnappe-schnippe-schnappe, schnippe-schnappe-schnippe-schnappe, SCHNAPP!

Große Wellen machen plitsch-platsch, plitsch-platsch,
kleine Wellen machen plitsche-platsche, plitsche-platsche.
Und die ganz, ganz kleinen Wellen machen plitsche-platsche-plitsche-platsche, plitsche-platsche-plitsche-platsche, PLATSCH!

5.5., 20.2.

Wir haben eine Ziehharmonika,
eine Tschindarassa, Tschindarassa, bum-bum-bum.
Sie spielt auch heute wieder
die allerschönsten Lieder.

6.1., 12.1.

Ich kann was, ich kann was, schaut nur her!
Ich kann was, ich kann was, das ist nicht schwer.

6.4., 15.4., 17.5.

Säge, säge, Holz entzwei,
kleine Stücke, große Stücke,
eins, zwei, drei.

6.7.

Die Rolle rollt vorwärts und wieder zurück,
sie gleitet hinunter und aufwärts ein Stück.

9.2.

Hi, ha, ho und das geht so:
Hopsen, hopsen, hopsen, das geht so.
Klopfen, klopfen, klopfen, das geht so.
Reiben, reiben, reiben, das geht so.
Trampeln, trampeln, trampeln, das geht so. ...

9.3.

Bimmel, bammel, bommel,
die Katze schlägt die Trommel.
Vier Mäuse gehen in der Reih,
die ganze Erde dröhnt dabei.

12.3.

Der Floh, der Floh, der Floh
hüpft hier, hüpft dort und irgendwo.

13.4.

Regentropfen, Regentropfen,
wie sie an mein Fenster klopfen,
machen alles pitschenass,
Häuser, Bäume und das Gras.

20.1.

Raschle genau so wie ich, das kannst du doch sicherlich.
Dann raschle ich genau so wie du,
das können wir beide im Nu!

HINWEISE ZUR CD „RÜHR DICH – SPÜR DICH!"

BEWEGUNGSSPIELE FÜR 4- BIS 10-JÄHRIGE

Die Musik dieser CD ist speziell für die Spiele im Buch „Rühr dich – spür dich!" komponiert. Sie lässt Erlebnisse zu, unterstützt die Eigenständigkeit der MitspielerInnen und ermöglicht Veränderungen.

Die kindgemäßen Musikstücke dominieren nicht die Aktionen, sie können bei Bedarf unterbrochen und wieder beliebig fortgesetzt werden. Die Einsatzmöglichkeiten sind vielfältig: als Begleitung vieler Spielübungen, zur Koordination unterschiedlichster Abläufe – vom langsamen Aufwärmen über schnelles Laufen bis zum Entspannen. Auch das Hören wird trainiert, so können die Kinder zum Beispiel „am Bahnhof" stehen und hören, wie der Zug abfährt.

IDEE: Elfi Schuster
MUSIK: Bruno Juen
MUSIKERINNEN: Rosanna Avellaneda, Gesang / Roland Erhard, Flöte / Robert Friedl, Saxofon, Klarinette / Thomas Meusburger, Gitarre

Nähere Informationen bei VERITAS-Verlags- und Handelsges.m.b.H., Hafenstr. 1–3, 4010 Linz

ISBN 3-7058-6493-9

1	**Lasst uns springen und fröhlich sein** . . . . 3:32 heiteres Musikstück; für Konzentrationsübungen und Unterbrechungen	7	**Lass die Kugel rollen** . . . . . . 2:33 entspannende Musik; für gleichmäßige Übungen mit dem rollenden Ball
2	**In den Wolken** . . . . 2:21 Entspannungsmusik; auch für Beobachtungen	8	**Wildpferde** . . . . 3:59 schneller Rhythmus; zum Aufwärmen
3	**Mischmasch** . . . . 5:25 beschwingte Background-musik; für Ball- und Luftballonspiele	9	**Höfische Musik** . . . . 6:08 zum Üben der koordinativen Fähigkeiten
4	**Los geht's** . . . . 5:24 animiert zum Laufen	10	**Tschu-tschu-tschu, die Eisenbahn** . . . . 5:18 Fantasiereise zum Bahnhof; man hört den Zug abfahren, Lokomotiven pfeifen, Waggons werden angekuppelt
5	**Mit den Füßen** . . . . 1:56 für Fußgymnastik	11	**Spinnentanz** . . . . 2:45 Kreistanz für jeweils 16 Schritte
6	**Das Rad** . . . . 3:42 sich wiederholender Rhythmus; zum Einüben verschiedener Fertigkeiten	12	**Volksmusik für einen Umzug** 2:48 zur Begleitung mit Klanginstrumenten geeignet